MAIN GROUP ELEMENTS

Periodic Table of the Elements

MAIN GROUP ELEMENTS

Metals (main-group)
Metals (transition)
Metals (inner transition)
Metalloids
Nonmetals
비금속

TRANSITION ELEMENTS

Period	IA (1)	IIA (2)	IIIB (3)	IVB (4)	VB (5)	VIB (6)	VIIB (7)	VIIIB (8)	VIIIB (9)	VIIIB (10)	IB (11)	IIB (12)	IIIA (13)	IVA (14)	VA (15)	VIA (16)	VIIA (17)	VIIIA (18)
1	1 **H** 1.008																	2 **He** 4.003
2	3 **Li** 6.941	4 **Be** 9.012											5 **B** 10.81	6 **C** 12.01	7 **N** 14.01	8 **O** 16.00	9 **F** 19.00	10 **Ne** 20.18
3	11 **Na** 22.99	12 **Mg** 24.31											13 **Al** 26.98	14 **Si** 28.09	15 **P** 30.97	16 **S** 32.07	17 **Cl** 35.45	18 **Ar** 39.95
4	19 **K** 39.10	20 **Ca** 40.08	21 **Sc** 44.96	22 **Ti** 47.88	23 **V** 50.94	24 **Cr** 52.00	25 **Mn** 54.94	26 **Fe** 55.85	27 **Co** 58.93	28 **Ni** 58.69	29 **Cu** 63.55	30 **Zn** 65.39	31 **Ga** 69.72	32 **Ge** 72.61	33 **As** 74.92	34 **Se** 78.96	35 **Br** 79.90	36 **Kr** 83.80
5	37 **Rb** 85.47	38 **Sr** 87.62	39 **Y** 88.91	40 **Zr** 91.22	41 **Nb** 92.91	42 **Mo** 95.94	43 **Tc** (98)	44 **Ru** 101.1	45 **Rh** 102.9	46 **Pd** 106.4	47 **Ag** 107.9	48 **Cd** 112.4	49 **In** 114.8	50 **Sn** 118.7	51 **Sb** 121.8	52 **Te** 127.6	53 **I** 126.9	54 **Xe** 131.3
6	55 **Cs** 132.9	56 **Ba** 137.3	57 **La** 138.9	72 **Hf** 178.5	73 **Ta** 180.9	74 **W** 183.9	75 **Re** 186.2	76 **Os** 190.2	77 **Ir** 192.2	78 **Pt** 195.1	79 **Au** 197.0	80 **Hg** 200.6	81 **Tl** 204.4	82 **Pb** 207.2	83 **Bi** 209.0	84 **Po** (209)	85 **At** (210)	86 **Rn** (222)
7	87 **Fr** (223)	88 **Ra** (226)	89 **Ac** (227)	104 **Rf** (261)	105 **Db** (262)	106 **Sg** (266)	107 **Bh** (262)	108 **Hs** (265)	109 **Mt** (266)	110 **Ds** (269)	111 **Rg** (272)	112 **Cn** (285)	113 **Nh** (286)	114 **Fl** (289)	115 **Mc** (290)	116 **Lv** (293)	117 **Ts** (294)	118 **Og** (294)

INNER TRANSITION ELEMENTS

Period															
6	Lanthanides	58 **Ce** 140.1	59 **Pr** 140.9	60 **Nd** 144.2	61 **Pm** (145)	62 **Sm** 150.4	63 **Eu** 152.0	64 **Gd** 157.3	65 **Tb** 158.9	66 **Dy** 162.5	67 **Ho** 164.9	68 **Er** 167.3	69 **Tm** 168.9	70 **Yb** 173.0	71 **Lu** 175.0
7	Actinides	90 **Th** 232.0	91 **Pa** (231)	92 **U** 238.0	93 **Np** (237)	94 **Pu** (244)	95 **Am** (243)	96 **Cm** (247)	97 **Bk** (247)	98 **Cf** (251)	99 **Es** (252)	100 **Fm** (257)	101 **Md** (258)	102 **No** (259)	103 **Lr** (266)

List of the Element with their Symbols and Atomic Masses

영문명	한글명	기호	원자번호	원자량
Aluminium	알루미늄	Al	13	26.98
Americium	아메리슘	Am	95	(243)
Antimony	안티몬	Sb	51	121.75
Argon	아르곤	Ar	18	39.95
Arsenic	비소	As	33	74.92
Astatine	아스타틴	At	85	(210)
Barium	바륨	Ba	56	137.33
Berkelium	버클륨	Bk	97	(247)
Berylium	베릴륨	Be	4	9.012
Bismuth	비스무트	Bi	83	208.98
Boron	붕소	B	5	10.81
Bromine	브롬	Br	35	79.90
Cadmium	카드뮴	Cd	48	112.41
Calcium	칼슘	Ca	20	40.08
Carbon	탄소	C	6	12.01
Cerium	세륨	Ce	58	140.12
Cesium	세슘	Cs	55	132.90
Chlorine	염소	Cl	17	35.45
Chromium	크롬	Cr	24	52.00
Cobalt	코발트	Co	27	58.93
Copper	구리	Cu	29	63.55
Curium	퀴륨	Cm	96	(247)
Dysprosium	디스프로슘	Dy	66	162.50
Einsteinium	아인슈타이늄	Es	99	(252)
Erbium	에르븀	Er	68	167.26
Europium	유로퓸	Eu	63	151.96
Fermium	페르뮴	Fm	100	(257)
Fluorine	플루오르	F	9	19.00
Francium	프랑슘	Fr	87	(223)
Gadolinium	가돌리늄	Gd	64	157.25
Gallium	갈륨	Ga	31	69.72
Germanium	게르마늄	Ge	32	72.59
Gold	금	Au	79	196.97
Hafnium	하프늄	Hf	72	178.49
Helium	헬륨	He	2	4.003
Holmium	홀뮴	Ho	67	164.93
Hydrogen	수소	H	1	1.008
Indium	인듐	In	49	114.82
Iodine	요오드	I	53	126.91
Iridium	이리듐	Ir	77	192.22
Iron	철	Fe	26	55.85
Krypton	크립톤	Kr	36	83.80
Lanthanum	란탄	La	57	138.91
Lead	납	Pb	82	207.20
Lithium	리튬	Li	3	6.941
Lutetium	루테튬	Lu	71	174.97
Magnesium	마그네슘	Mg	12	24.31
Manganese	망간	Mn	25	54.94
Mendelevium	멘델레븀	Md	101	(258)
Mercury	수은	Hg	80	200.59
Molybdenum	몰리브덴	Mo	42	95.94
Noedymium	네오디뮴	Nd	60	144.12
Neon	네온	Ne	10	20.18
Nickel	니켈	Ni	28	58.69
Niobium	니오브	Nb	41	92.90
Nitrogen	질소	N	7	14.01
Nobelium	노벨륨	No	102	(259)
Osmium	오스뮴	Os	76	190.20
Oxygen	산소	O	8	16.00
Palladium	팔라듐	Pd	46	106.42
Phosphorus	인	P	15	30.97
Platinum	백금	Pt	78	195.08
Potassium	칼륨	K	19	39.10
Selenium	셀레늄	Se	34	78.96
Silicon	규소	Si	14	28.10
Silver	은	Ag	47	107.87
Sodium	나트륨	Na	11	23.00
Strontium	스트론튬	Sr	38	87.62
Sulfur	황	S	16	32.06
Tellurium	텔루륨	Te	52	127.60
Thallium	탈륨	Tl	81	204.38
Tin	주석	Sn	50	118.71
Titanium	티타늄	Ti	22	47.88
Tungsten	텅스텐	W	74	183.85
Uranium	우라늄	U	92	238.03
Vanadium	바나듐	V	23	50.94
Zinc	아연	Zn	30	65.39
Zirconium	지르코늄	Zr	40	91.22

| 개정판 |

최신

분석화학

대학화학교재연구회

도서출판 동화기술

머리말

분석화학은 생명과학, 임상화학, 대기 및 수질오염, 공업분석 등의 많은 학문의 기초가 된다. 그러나 기존의 분석화학 책은 먼저 일반화학과 같은 기초를 먼저 터득하여야만 이해할 수 있도록 쓰여 있어 분석화학과 관련한 응용분야를 공부하는 학생들은 이해하기가 매우 힘들다. 그러므로 이 책은 사전의 기초 지식이 없어도 분석화학의 이론적 기초를 혼자서도 충분히 공부할 수 있도록 가능한 한 쉽게 쓰고자 노력하였으며, 각 장마다 많은 예제를 통하여 이해를 돕도록 하였다.

먼저 분석화학을 공부하기 위해서는 물질의 기본 구조, 원자량, 분자량 및 이온을 이해하여야 하므로 이를 쉽게 설명하였고, 특히 전자의 기본 성질에 대하여 자세하게 설명하였다. 그리고 측정결과 분석을 위하여 단위와 통계처리의 꼭 필요한 기초를 알기 쉽게 설명하였다.

분석화학을 처음 접하는 학생들이 가장 먼저 이해하고 해결해야 하는 부분이 농도이다. 그러나 학생들은 농도 문제가 어렵게만 느껴져 분석화학을 어려운 학문으로 생각하고 포기하는 경향이 있으므로 특별히 농도부분은 많은 예제를 들어 가능한 모든 방법으로 문제해결의 방법을 제시하였다.

분석화학의 응용분야는 대부분 수용액을 다루므로 수용액 중의 pH에 관한 식을 유도하고 이 역시 많은 예제를 제시하여 문제 풀이 요령을 습득하도록 하였다. 또한, 용해도 부분에서도 쉽고 다양한 예제를 들어 이론적 기초를 설명하였다.

산－염기, 산화－환원, 침전법 및 킬레이트 적정의 이론적 기초를 설명하고 각 장 뒷부분에 자주 쓰이는 실험을 수록하였다. 각각의 실험에서 학생들은 무엇을 어떻게 분석하여야 하는지의 내용을 쉽게 알 수 있도록 관련되는 원리나 화학반응식을 나타내었다.

부록과 표지에는 이 책의 내용을 공부하는데 꼭 필요한 원소주기율표와 각종 표를 수록하여 다른 책을 참고하지 않고도 문제 풀이가 가능하도록 하였다.

이 책을 쓰는데 있어서 물질명 및 용어는 대한화학회에서 발행한 화학술어집과 화합물명명법을 따랐으며, 물질명의 경우 나트륨과 칼륨은 자주 사용하는 이름이므로 그대로 사용하였다. 한편, 화학술어집에 없는 것은 가장 많이 사용하는 용어를 사용하였다.

한편, 이 책의 초판이 인쇄되어 나온 지도 벌써 10년이란 시간이 지나 그 동안 예제를 포함하여 본문 내용을 조금씩 추가하였으나 이번 개정판을 준비하면서 기존의 내용이 틀린 곳이 적지 않아 이를 모두 바로 잡고 일부는 문제 해결 방법도 완전히 바꾸었다. 그러나 미흡한 점 또한 적지 않을 것이므로 독자 여러분의 아낌없는 지적을 바란다.

끝으로 이 책의 출판을 위하여 힘써 주신 도서출판 동화기술의 정우용 회장님과 가족들께 감사드리는 바이다.

목차

제4장 용액의 평형

제5장 침전의 생성과 용해도곱

제6장 산화 - 환원

제7장 무게분석

제8장 부피분석

제9장 산 - 염기 적정

제10장 침전 적정

제11장 산화 - 환원 적정

제12장 킬레이트 적정

부록

찾아보기

제 1 장

서론

1. 분석화학

1) 분석화학의 개념

자연과학의 한 분야인 **화학**(chemistry)이란 물질의 구조, 성질 및 어떤 물질을 다른 물질로 변화시키는 반응 등을 연구하는 학문으로, 물리화학, 분석화학, 유기화학 및 무기화학 등으로 대별된다. 이 중에서도 **분석화학**(analytical chemistry)은 물질을 구성하고 있는 성분을 검출·확인하고 각 성분의 양을 측정하는 방법을 연구하는 학문이다. 분석화학은 **정성분석**(qualitative analysis)과 **정량분석**(quantitative analysis)으로 나뉘는데, 시료에 들어 있는 화학종, 즉 분석하고자 하는 물질이 무엇인지를 확인하는 것을 정성분석이라 하며, 시료에 존재하는 화학종의 양을 결정하는 것을 정량분석이라 한다.

2) 정성분석

(1) 건식법(乾式法; dry method)

시료를 수용액으로 하지 않고 고체 그대로 성분을 검출하는 방법인데 예로 불꽃반응이 있다. 이는 양이온이나 음이온의 보조적 확인 실험으로 **예비시험**(preliminary examination)이라고도 한다.

(2) 습식법(濕式法; wet method)

시료를 적당한 방법으로 액체에 녹여, 성분 및 조성을 아는 다른 물질을 넣음으로써 화학반응을 일으켜 물질을 침전시킨 다음, 이 침전을 분리하여 물질의 성질을 검사하는 방법을 말함인데 이 방법은 계통이 확립되어 있으므로 **계통적 분석**(systematical analysis)이라 한다. 습식법은 양이온 분석에서 다시 Noyes(H_2S)법과 Na_2S법 및 기타 방법이 알려져 있다.

3) 정량분석

정량분석이란 어떤 물질의 구성 성분의 함량을 결정하는 방법을 말하며, 맹목적으로 어떤 기기나 경험적 방법으로 행하는 것이 아니라 구성 성분의 특성을 이용하여 그 물질의 함량을 결정하는 것이다. 정량분석에 자주 이용되는 물질의 물리적 특성으로는 비중(specific gravity), 용해도(solubility), 열전도도(conductivity of heat), 전기전도도(conductivity of electricity), 빛의 굴절률(refractive index), 비선광도(specific rotation power) 및 빛의 투과율(transmittance) 등이 있다.

그러나 이런 물리적 성질만 가지고 모든 물질의 함량을 결정하기는 곤란하다. 그러므로 여러 가지 화학적 변화를 가하여 물질의 성분을 변화시켜 측정한 다음, 계산으로 원래의 물질량을 알아내는 것이 화학적 특성을 이용하여 분석하는 방법이다.

이런 물리적 화학적 방법에 따라 부피분석(volumetric analysis), 무게분석(gravimetric analysis), 기기분석(instrumental analysis)으로 나눌 수 있다. 부피분석은 다시 산-염기 적정법(acid-base titration), 산화-환원 적정법(reduction-oxidation titration), 킬레이트 적정법(chelatometric titration) 및 침전 적정법(precipitation titration)으로 나눌 수 있으며, 기기분석은 전기적 방법, 광학적 방법 및 분리 분석으로 나눌 수 있다.

2. 물질의 구조

물질(matter)이란 우주를 구성하고 있는 모든 것으로서 질량을 가지고 공간을 차지하고 있으며 기체를 제외하고는 볼 수도 만질 수도 있다. 물질을 계속해서 쪼개어 나가면 **분자**(molecule)라는 입자가 되며, 분자는 한 종류 또는 그 이상의 **원자**(atom)들로 구성되어 있다. 여기서 그 물질의 고유한 성질을 갖는 가장 작은 입자는 분자이며, 원자는 그 물질의 성질과는 무관하다.

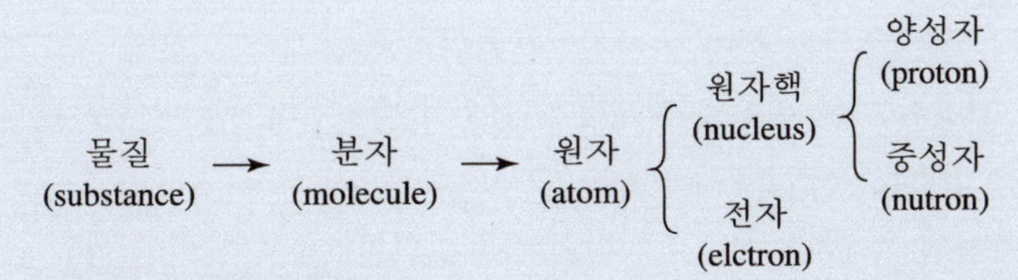

물질 (substance) → 분자 (molecule) → 원자 (atom)
- 원자핵 (nucleus)
  - 양성자 (proton)
  - 중성자 (nutron)
- 전자 (elctron)

원자번호 = 양성자의 수
질량수 = 양성자의 수 + 중성자의 수

1) 원자의 구조

원자는 한 개의 **원자핵**(atomic nucleus)과 원자핵 주위를 돌고 있는 **전자**(electron)들로 이루어져 있으며, 원자핵은 **양성자**(proton)와 **중성자**(neutron)로 구성되어 있다. 양성자는 보통 수소의 원자핵으로서 양전하를 가지며 그 질량은 1.6726×10^{-24} g이고, 중성자는 전하를 가지지 않으며 질량은 양성자와 비슷한 1.6749×10^{-24} g이다. 전자는 음전하를 가지고 있으며 질량은 9.1094×10^{-28} g이므로 양성자 질량의 약 1/1836에 불과하다. 각 원자의 **원자번호**(atomic number)는 핵 속에 들어 있는 양성자의 수와 같으며, **질량수**(mass number)는 전자의 질량이 양성자에 비하여 매우 작으므로 무시하고 원자핵에 포함되어 있는 양성자의 수와 중성자의 수를 합한 것이다. 또한 양성자와 전자가 가지는 전하의 절댓값은 같으며, 각 원자가 안정한 상태, 즉 전기적으로 중성이 되기 위해서는 양성자의 수와 전자의 수는 같아야 한다.

원자번호 = 양성자의 수
질 량 수 = (양성자+중성자)의 수

원자 구조의 정보는 원자기호를 사용한 과학적 표기법으로 나타낼 수 있다. E는 원소의 원자기호, 상첨자 A는 질량수, 하첨자 Z는 원자번호이다. 예로 탄소-12는 ${}^{12}_{6}\mathrm{C}$이다.

$${}^{A}_{Z}\mathbf{E}$$

그림 1-1. 원자기호를 사용한 원소의 표기법

2) 원자량(atomic weight)

대부분의 원소들은 특정한 질량을 가진 단일 원자만 존재하는 것이 아니고 비록 동일 원소라 할지라도 질량이 다른 원자도 존재하고 있음이 밝혀졌다. 이처럼 원자번호는 같지만 질량이 서로 다른 원소를 **동위원소**(isotope)라 부른다.

예를 들면, 자연에 존재하는 탄소는 세 가지의 동위원소로 구성되어 있고 질량수는 12, 13 및 14이다. 국제 협약에 의하여 ${}^{12}_{6}\mathrm{C}$ 원자를 원자량의 기준물질로 삼아 그 원자량을 12.0000 단위로 정하였다. 그러므로 **원자질량단위**(atomic mass unit; amu)는 ${}^{12}_{6}\mathrm{C}$ 원자 1개의 질량의 1/12로 정의되며 원자량은 이 단위로 나타낸다.

$$1\ \text{amu} = \frac{12}{6.022 \times 10^{23}} \times \frac{1}{12} = 1.66057 \times 10^{-24}\ \text{g}$$

자연에 존재하는 원소 시료는 이들이 지구의 어느 곳에서 발견되거나 대개 동일한 성분비를 갖는다. 예를 들면, 자연에 존재하는 탄소는 98.889%의 ${}^{12}_{6}C$와 1.111%의 ${}^{13}_{6}C$로 이루어져 있다. 이러한 시료에 있어서 탄소 원자의 평균질량은 (12 amu × 98.889 + 13 amu × 1.111) / 100 = 12.01 amu이다.

이와 같이 자연에 존재하는 원소의 평균 원자량을 원자질량단위(amu)로 표시한 것을 **원자량**(atomic weight)이라 부른다. 원자번호 20번 이하 원자의 원자량은 대개 원자번호에 2를 곱한 것과 같다. 아래 주기율표는 화학에서 많이 다루어지는 주족원소들로 암기가 필요할 만큼 중요한 원소들이다.

1 H 1.008			번호 기호 원자량				2 He 4.003
3 Li 6.94	4 Be 9.01	5 B 10.81	6 C 12.01	7 N 14.01	8 O 16.00	9 F 19.00	10 Ne 20.18
11 Na 22.99	12 Mg 24.31	13 Al 26.98	14 Si 28.09	15 P 30.97	16 S 32.07	17 Cl 35.45	18 Ar 39.95
19 K 39.10	20 Ca 40.08		32 Ge 72.61	33 As 74.92		35 Br 79.90	
			50 Sn 118.7	51 Sb 121.8		53 I 126.9	
			82 Pb 207.2	83 Bi 209.0			

그림 1-2. 화학에서 많이 다루는 원소들에 대한 주기율표

3) 분자(molecule)와 이온(ion)

분자(molecule)는 같은 원소 또는 서로 다른 원소의 원자들이 화학결합에 의하여 강하게 결합된 여러 원자의 집합체이다. 이에 반하여 분자와 분자 사이의 힘은 비교적 약하다. 따라서 일반적으로 분자들은 서로 강하게 묶여 있지 않으므로 대체로 독립된 입자로 행동한다. 물 분자(H_2O)는 1개의 산소 원자와 2개의 수소 원자의 결합으로 되어 있으며, 보통의 조건에서는 안정하며 다른 물 분자와 화학적으로 반응하지 않는다. 그러므로 물의 성질은 그 성질을 갖는 가장 작은 입자인 분자 자신의 성질에 의하여 결정된다.

원자나 분자는 전자를 잃거나 얻으면 전하(charge)를 띠게 된다. 원자나 분자가 양전하 또는 음전하로 하전된 것을 **이온**(ion)이라 한다. 이온은 그리스어로 움직인다는 뜻을 가지고 있으며, 만일 중성 원자 또는 분자로부터 전자가 제거될 경우 양성자가 남아 있는 전자보다 많으므로 양전하를 띠는 **양이온**(positive ion 또는 cation)이 생성된다. 마찬가지로 한 원자가 전자를 얻어서 양성자보다 더 많은 전자를 가질 때 그 원자는 음전하를 가지는 **음이온**(negative ion 또는 anion)이 된다.

양이온의 예로서는 나트륨 원자로부터 1개의 전자가 빠져나가서 생긴 나트륨 이온(Na^+)을 들 수 있다. 음이온으로서는 염소(Cl) 또는 플루오린(F) 원자가 여분의 전자 1개를 얻는 경우 생성되는 Cl^- 또는 F^- 이온 등이 있다. 그러한 양이온과 음이온이 교대로 결합되어 있는 화합물을 이온결합 화합물이라 한다.

Na	양성자 11개 전자 11개	전자 1개 잃음 →	Na^+	양성자 11개(+11) 전자 10개(−10)
F	양성자 9개 전자 9개	전자 1개 얻음 →	F^-	양성자 9개(+9) 전자 10개(−10)

그림 1-3. 나트륨 양이온과 플루오린 음이온의 생성

4) 분자량(molecular weight)과 몰(mole)

물질의 **분자량**(molecular weight; Mw)은 화합물의 화학식에 표시된 원자들의 원자량을 전부 더한 값이며 원자질량단위(amu)로 표시된다. 어떤 화합물의 분자량을 계산하기 위해서는 그 화합물의 정확한 화학식과 각 원자의 원자량을 알아야 한다.

예를 들어, 물(H_2O), 아세트산(CH_3COOH) 및 황산(H_2SO_4)의 분자량을 계산하여 보면 다음과 같다.

H_2O	H : 2원자 × 1.008 amu/원자	= 2.016 amu
	O : 1원자 × 15.994 amu/원자	= 15.994 amu
	물의 분자량	= 18.01 amu
CH_3COOH	C : 2원자 × 12.011 amu/원자	= 24.022 amu
	H : 4원자 × 1.008 amu/원자	= 4.032 amu
	O : 2원자 × 15.994 amu/원자	= 31.988 amu
	아세트산의 분자량	= 60.042 amu
H_2SO_4	H : 2원자 × 1.008 amu/원자	= 2.016 amu
	S : 1원자 × 32.060 amu/원자	= 32.06 amu
	O : 4원자 × 15.994 amu/원자	= 63.976 amu
	황산의 분자량	= 98.05 amu

지금까지 우리들이 원자와 분자의 질량을 논의할 때 원자량단위(amu)를 사용하여 왔다. 그러나 실제로 실험실에서 개개의 분자를 각각 다루기에는 어려우므로 화학자들은 물질의 무게를 원자량단위가 아닌 그램(gram; g)이라는 단위를 사용하게 되었다. 분자 수준에서 실험실 수준으로 무게 척도를 크게 하였을 때 우리는 **몰**(mole : 라틴어로 '무리', '더미'라는 의미)이라 불리는 단위를 쓴다.

1몰(mole)은 정확하게 $^{12}_{6}C$ 12.00 g 속에 포함되어 있는 탄소 원자 수와 같은 개수를 포함하는 물질의 양으로 정의한다. 예를 들면 1몰의 황산 속에는 12.00 g의 $^{12}_{6}C$ 속에 포함되어 있는 탄소 원자와 같은 수의 황산 분자를 포함하고 있다. 12.00 g 속에 포함되어 있는 $^{12}_{6}C$의 원자 수는 6.022×10^{23}개이고 이 수를 **Avogadro수**(Avogadro's number : NA)라고 한다. 어떤 물질 1몰은 Avogadro수만큼의 그 물질을 포함하고 있다. 그러므로 몰(mole)이란 개념은 타스나 그로스와 같이 사물의 수를 세는 단위이다. 연필 한 타스는 12자루이고 연필 한 그로스는 144개의 연필을 의미하고 계란 한 꾸러미는 10개의 계란을 나타내듯이 연필 1몰은 6.022×10^{23}자루의 연필이 있음을 의미한다. 이와 같이 몰(mole)이란 어떤 단위체 6.022×10^{23}개를 포함하고 있는 물질의 양이다. 몰이란 용어를 사용할 때 혼동을 피하기 위하여 화학식의 단위를 명시하는 것이 중요하다. 예를 들면, 1몰의 산소 원자(화학식 : O)는 6.022×10^{23}개의 산소 원자를 포함하고, 1몰의 산소 분자(화학식: O_2)는 6.022×10^{23}개의 산소 분자, 즉 $2 \times 6.022 \times 10^{23}$개의 산소 원자를 포함하고 있다. 수소와 산소의 반응을 몰(mol)을 이용하여 읽어보자.

$$2\,H_2(g) + O_2(g) \rightarrow 2\,H_2O(g)$$

"수소 분자(H_2) 2 mol과 산소 분자(O_2) 1 mol은 물 분자(H_2O) 2 mol을 형성한다."

물질의 **몰질량**(molar mass)은 물질 1몰의 질량이다. $^{12}_{6}C$는 정의에 의하여 정확하게 12.00 g의 몰질량을 갖는다. 모든 물질에 대하여 그램으로 몰질량은 원자질량단위로의 분자량(혹은 화학식량)과 수치적으로 똑같다.

이러한 이유 때문에 **그램화학식량**(gram formula weight) 또는 **그램분자량**(gram molecular weight)이라 한다. 따라서

- H 원자 1개의 질량 = 1.008 amu
- H 원자 1몰의 질량 = 1.008 g
- H_2 분자 1개의 질량 = 2.016 amu
- H_2 분자 1몰의 질량 = 2.016 g

한편, Avogadro는 일정한 온도와 압력 하에서 같은 부피 내의 기체는 같은 수의 분자를 포함하고 있다고 주장하였으며, 이를 Avogadro의 법칙이라고 한다. 즉, 모든 기체 1 mole이 차지하는 부피는 표준상태(0℃, 1기압)에서 22.4 L의 부피를 차지하며, 그 속에는 6.022×10^{23}개의 기체 분자가 포함되어 있는 것이다.

예제 1-1

산소 57.6 g에 들어 있는 산소 기체의 몰수는 얼마인가?

풀이 산소 기체의 화학식은 O_2이고 1 mol 질량은 32.0 g이다.

$$몰수 = 57.6\ g\ O_2 \times \frac{1\ mol\ O_2}{32.0\ g\ O_2}$$

$$= 1.8\ mol\ O_2$$

예제 1-2

CO_2 17.6 g이 있다.

1) CO_2 속에 포함되어 있는 산소 원자의 mol수는?

2) CO_2 속에 포함되어 있는 탄소 원자의 수는?

풀이 먼저 CO_2의 mol수를 계산한다.

$$CO_2의\ mol수 = 17.6\ g\ CO_2 \times \frac{1\ mol\ CO_2}{44.0\ g\ CO_2}$$

$$= 0.4\ mol\ CO_2$$

1) 다음은 CO_2 속에 존재하는 산소 원자의 mol수를 계산한다.

$$\text{O 원자의 mol수} = 0.4\,\text{mol CO}_2 \times \frac{2\,\text{mol O}}{1\,\text{mol CO}_2}$$

$$= 0.8\,\text{mol O}$$

2) 먼저 CO_2의 mol수로부터 C 원자의 mol수를 계산한다.

$$\text{C 원자의 mol수} = 0.4\,\text{mol CO}_2 \times \frac{1\,\text{mol C}}{1\,\text{mol CO}_2}$$

$$= 0.4\,\text{mol C}$$

마지막으로 C 원자의 수를 계산한다.

$$0.4\,\text{mol C} \times \frac{6.022 \times 10^{23}\text{개 원자}}{1\,\text{mol C}} = 2.41 \times 10^{23}\,\text{C 원자}$$

5) 당량(equivalent weight)

화학반응에서 정량반응이 일어났을 때 각 반응물질의 양적비는 일정하다. 이때 두 반응물질은 화학적으로 '서로 당량'이라 한다.

$$H_2SO_4 + 2\,NaOH \rightleftarrows Na_2SO_4 + H_2O$$

위 반응은 산-염기반응으로 H_2SO_4 1분자는 NaOH 2분자와 '서로 당량'이다.

당량을 그램수로 나타낸 것을 **그램당량**이라 한다. 산-염기반응에서는 분자량(g/mol) 대신 그램당량(g/eq)을 사용하는데, 이는 반응에 참여한 물질이 내놓은 H^+와 OH^-의 양을 편하게 계산하기 위함이다.

(1) 일반 원소의 당량

일반 원소의 경우 **당량**은 수소(H) 1 mol 또는 산소(O) 1/2 mol과 결합하거나 치환되는 물질의 양을 뜻한다. 원소의 원자량을 원자가(valence)로 나누면 그램당량을 얻을 수 있다.

$$\text{그램당량} = \frac{\text{원자량}}{\text{원자가(결합능력)}} \tag{1-1}$$

여기서 **원자가**는 이웃한 동일한 원자 또는 다른 원자와 화학결합을 형성할 때 가질 수 있는 화학결합의 수이다. 그림 1-4에서 메테인 분자의 탄소 원자는 4개의 수소 원자와 결합하기 때문에 원자가는 4이다. 암모니아 분자에서 질소의 원자가는 3이며, 물 분자에서 산소의 원자가는 2이고, 분자 내 공통으로 존재하는 수소의 원자가는 1이다.

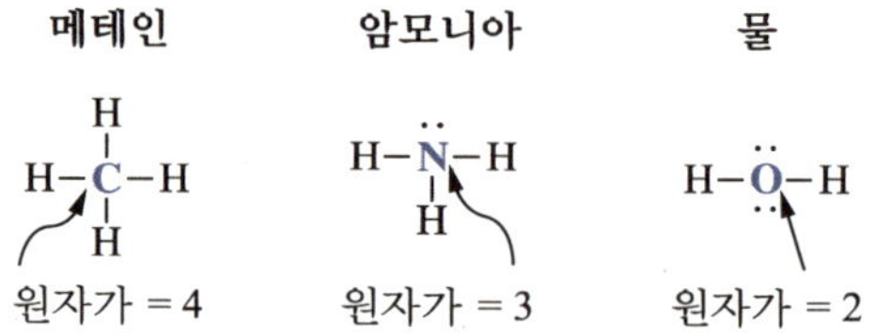

메테인	암모니아	물
CH_4	NH_3	H_2O
원자가 = 4	원자가 = 3	원자가 = 2

그림 1-4. 원자가

(2) 산·염기의 당량

중화반응에서 당량은 수소 이온(H^+) 1 mol 또는 수산화 이온(OH^-) 1 mol을 내놓거나 반응하는 물질의 양을 뜻한다.

$$\text{그램당량} = \frac{\text{분자량}}{\text{각 분자가 내놓는 } H^+ \text{ 또는 } OH^- \text{ 수}} \quad (1\text{-}2)$$

예를 들어 황산 H_2SO_4(분자량 98 g/mol)은 산으로 작용하는 H^+가 두 개 있으므로 그램당량은 49 g/eq이다. 수산화나트륨 NaOH(분자량 40 g/mol)는 염기로 작용하는 OH^-가 하나 있으므로 그램당량은 40 g/eq이다. 노말농도(3.6장)에서 자세히 설명하도록 하겠다.

표 1-1. 여러 가지 원소와 화합물의 그램당량(g/eq)

원소	원자량	원자가	그램당량	화합물	분자량	$H^+(OH^-)$ 수	그램당량
Na	23.0	1	23.0	HCl	36.5	1	36.5
Ca	40.0	2	20.0	H_2SO_4	98.0	2	49.0
Al	27.0	3	9.0	NaOH	40.0	1	40.0
S	32.0	2	16.0	Na_2CO_3	106.0	2	53.0

(3) 산화제·환원제의 당량

산화-환원반응에서 당량은 1 mol의 전자를 잃거나 얻는 데 필요한 물질의 양이다.

$$\text{그램당량} = \frac{\text{분자량}}{\text{반응에 참여한 전자 수}} \quad (1\text{-}3)$$

과망간산 이온이 망간 이온으로 환원하는데 참여한 전자 수는 5개이므로 $KMnO_4$(분자량 158 g/mol) 그램당량은 31.6 g/eq이다.

$$MnO_4^- + 8H^+ + 5e^- \rightarrow Mn^{2+} + 4H_2O$$

산화－환원반응(6장)에서 자세히 설명하도록 하겠다.

3. 시료 채취방법

1) 고체시료

고체시료를 채취할 때는 여러 가지 어려운 문제가 있는데, 고체는 다양한 모양으로 존재하기 때문에 대표성을 갖는 시료를 얻기 위해 어떤 방법을 써야 하는지 결정하기 어려울 때가 많다. 분석할 대상이 기체나 액체와 같이 균일한 물질일 때는 비교적 큰 문제는 없지만 흙이나 광석과 같이 균일하지 않은 경우에는 대표성을 갖는 시료를 취하는 것이 매우 어렵다. 이러한 문제를 해결하기 위해 균일하지 않은 큰 입자, 균일하고 크기가 작은 입자, 고체표면의 오염물질의 시료채취법에 대하여 알아보기로 하자.

광석과 같은 균일하지 않은 큰 입자의 경우에는 덩어리가 클수록 균일성이 적어진다. 분석대상물의 여러 위치에서 시료를 무작위로 채취하여 여러 가지 분쇄기 및 막자사발을 이용하여 시료 덩어리를 작게 만들면서 시료를 균일하게 하여 시료의 부피를 줄인다. 시료를 균일하고 작은 입자로 만들 때에는 여러 가지 불순물이나 물의 혼입, 일부 시료의 산화 및 일부 휘발물의 손실 등을 피하도록 주의하여야 한다.

어떤 고체시료가 더 이상 분쇄할 필요가 없이 크기가 작은 입자로 구성되어 있다면 먼저 그 입자를 일정하게 하여야 한다. 왜냐하면 입자의 크기가 비교적 크거나 작은 것들이 섞여 있을 경우 대표성을 갖기가 어렵기 때문이다. 입자의 크기를 일정하게 하기 위해서는 적당한 크기의 체를 이용하면 간편하다.

알약이나 캡슐로 된 의약품의 시료 채취에는 또 다른 문제가 있는데, 그 중 하나가 병에 들어 있을 때 윗부분은 분해되었거나 어떤 변성이 일어났을 수도 있다. 그러나 바닥부분의 정제는 윗부분과 같은 변화가 일어나지 않았을 수도 있다. 그러므로 동일한 부분에서 한두 알 취하는 것은 바람직하지 않다. 아스피린 병의 뚜껑을 열 때 공기 중의 습기에 의해서 다음과 같이 가수분해가 일어난다. 보통 아스피린 병 윗부분의 정제들은 병의 아랫부분보다 물과 더 잘 반응한다. 그래서 미국의 FDA에서는 표준시료가 되도록 20알 정도를 취하여 균일한 입자로 만든 다음 한 알의 무게와 같은 양을 취하여 분석한다.

$$\text{Acetyl salicylic acid} + H_2O \rightarrow \text{Salicylic acid} + \text{Acetic acid}$$

한편, 음식물이나 액체를 납(Pb)이나 카드뮴(Cd)이 들어 있는 도자기 그릇에 담았을 때 그 음식물이나 액체가 납이나 카드뮴으로 오염되는 경우를 생각하여 보자. 이때 도자기 그릇의 표면에 코팅된 납이나 카드뮴의 양을 분석하는 것이 목적이 아니므로 거기에 담았던 음식물이나 액체 중에 오염된 납이나 카드뮴의 양을 분석에 초점을 두어야 한다. 이러한 문제를 해결하기 위하여 미국의 FDA는 용출되는 납이나 카드뮴의 양을 알아내기 위하여 모의실험을 할 때 표준상태에서 표준액체를 사용한다. 예로 식초와 조성이 비슷한 아세트산을 4% 정도로 묽혀 도자기 그릇에 24시간 동안 담갔다가 용출되는 중금속을 분석한다.

2) 액체시료의 채취

일반적인 액체시료는 어떻게 채취하는가가 중요하다. 분석할 액체시료가 순수하거나 균일한 조성을 갖는 것이라면 적당한 부피 측정용 기구를 사용하여 적당량을 취할 수 있다. 이런 경우 실험실에서는 피펫 등을 사용하는데, 이때 피펫은 깨끗이 닦아서 말린 상태로 사용하여야 한다. 만약 분석할 액체시료가 균일하지 않거나 현탁되어 있다면 시료채취는 보다 어렵다. 이때는 시료를 충분히 흔들어 채취하는데, 예를 들어 우유 속의 마그네슘(Mg)은 우유를 흔들어 균일한 상태로 하여 채취한다.

체액(body fluid)을 채취할 때는 그 체액이 언제 표본이 되었는가를 생각하여야 한다. 특히 음식물을 섭취하게 되면 혈액 중의 여러 가지 화학성분이 증가하기 때문에 음식을 섭취한 후의 체액의 채취는 의미가 없다. 또한 채취한 소변이나 혈액과 같은 생화학시료는 보관할 때도 변질억제를 위해 적당한 조치를 취하여 냉장고 등에 보관한다.

3) 기체시료의 채취

기체시료의 채취는 복잡한 분야이므로 대기오염물질만 다루기로 하자. 대기시료의 채취는 일반적으로 가스상과 입자상으로 나뉘는데, 다음과 같은 일반적인 조건이 필요하다.

1. 시료 채취 시 시료의 총부피를 측정할 수 있는 정확한 유량계를 사용하여야 한다.
2. 대상 오염물질을 수집할 수 있는 시료 채취기를 사용하여야 한다. 시료 채취기에는 일

반적으로 여과지나 흡수액을 사용하는데, 대기시료 채취는 효율이 100%가 될 수 없으므로 실제 운전조건에서 효율을 검증하여야 한다.

3. 시료 채취기에 일정한 유량과 유속을 갖는 펌프를 사용하여야 한다.
4. 또한, 대기시료는 어떻게, 어디서, 얼마나 오래 동안, 얼마나 많은 지점에서, 무엇을 채취하는가가 매우 중요하다.

일반적으로 가스상의 대기시료는 어느 농도 이상이 될 때 독성을 나타내느냐가 중요한데, 일산화탄소(CO), 아황산가스(SO_2), 일산화질소(NO), 이산화질소(NO_2), 오존(O_3) 및 유기알데하이드(organic aldehyde)가 주요 측정대상이다. 이 중에서 일산화탄소는 750 ppm이 되면 혈액 중의 헤모글로빈의 산소공급 능력이 떨어져 사망하게 되며, 9 ppm 이상이 되면 운전능력을 떨어뜨리는 것으로 알려져 있다. 대기 중의 일산화탄소를 채취하기 위해서 염화제1구리(CuCl) 용액을 흡수액으로 사용하는데 일산화탄소와 반응하여 구리(I) 착이온을 형성하게 된다.

가스상과 더불어 입자상도 대기 중에 존재하며, 입자상도 잠재적인 위험성을 갖고 있기 때문에 이들도 채취하여 분석하는 것이 중요하다. 이때 사용하는 시료채취기는 그림 1-5와 같으며, 고용량 에어샘플러의 지붕은 대기 중에서 바로 강하하는 분진을 막기 위해 설치한다. 여기에 사용하는 여과지 받침은 유리섬유로 되어 있으며, 일반적으로 8 × 10 inch 크기이다. 사용 시간은 일반적으로 24시간을 원칙으로 하나 경우에 따라 시간을 단축하기도 한다. 이 여과지 받침에 여과되는 것은 공장의 굴뚝에서 나오는 검댕, 발암성 방향족탄화수소, 비산재(fly ash) 등과 용융로나 가마에서 나오는 산화철, 실리카, 석회 등이다.

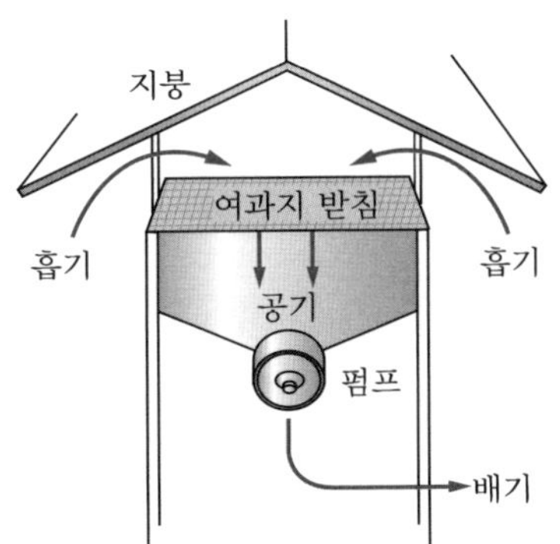

그림 1-5. 대기 중 입자상 물질을 채취하기 위한 고용량 에어샘플러

4. 시료의 건조

물이 함유된 시료의 건조 여부는 분석의 종류에 따라 결정되는 사항이다. 시료의 건조는 분석의 종류를 네 가지로 나누어서 생각할 수 있는데, 화학적 또는 물리적 성질의 결정, 정성분석, 정량분석 및 진단학적 분석 등이다.

녹는점, 끓는점, 밀도, 굴절률, 이온화상수, 용해도 및 용해도곱상수 등 화학적 또는 물리적 성질을 규명하는 데는 저절로 건조되는 경우가 많다.

정성분석에서는 시료에 포함된 물이 분석을 방해하지 않는 한 건조시킬 필요가 없으며, 실제 수화물 등의 분석에서 건조시킬 경우 시료의 성질이 변할 수 있다.

정량분석에서 무기물질을 분석할 경우 젖은 상태에서의 시료 중의 대상성분의 양을 구하는 것이 아니라 건조상태에서 대상성분의 비율을 구하는 것이므로 철저하게 건조시켜야 한다. 그러나 유기물질이나 체액의 분석에서는 시료의 대부분이 물이므로 시료를 건조시킬 경우 시료가 분해할 가능성이 크므로 건조시킬 필요가 없다. 무기물질이나 유기물질의 건조가 필요하다면 100~110℃의 건조기(dry oven)에서 한 시간 또는 두 시간 동안 말린다. 만약 열을 가할 경우 성분의 변화가 예상되면 그림 1-6과 같은 건조용기(desiccator)에서 건조시킨다. 건조용기에 넣는 건조제는 염화칼슘($CaCl_2$), 과염소산마그네슘[$Mg(ClO_4)_2$] 또는 황산칼슘($CaSO_4$) 등의 무수물을 사용한다.

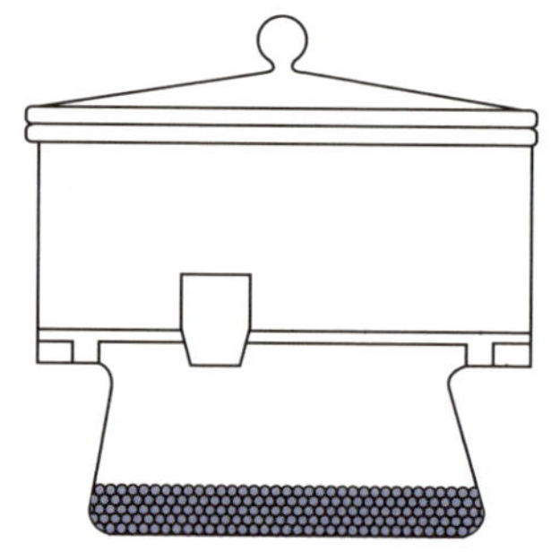

그림 1-6. 건조용기(desiccator)

5. 무게달기와 부피 측정

고체나 일부 액체시료의 경우 시료의 양을 구하기 위해서 화학저울(chemical balance)을 사용한다. 무게를 달 때는 보통 3~4회 같은 양의 시료를 달아서 평균값을 이용하여 다음 식으로 결과를 구한다.

$$\frac{\text{대상성분의 무게}}{\text{시료의 무게}} \times 100 = \text{대상성분의 무게\%} \tag{1-4}$$

이 방법은 제7장에서 다루는 무게분석의 경우에 사용하며, 화학저울이 매우 정확하므로 시료의 양을 구하는데 매우 유용하다.

액체시료 또는 일부 기체시료의 양을 구하기 위하여 일반적으로 피펫이나 눈금이 있는 용기들을 사용한다. 만약 무게를 알고 있는 시료를 포함하는 액체나 용액의 경우 3~4회 정확하게 부피를 측정하여 평균을 구한 후, 다음 식으로 대상성분의 비율을 구한다.

$$\frac{\text{대상성분의 무게}}{\text{시료의 부피}} \times 100 = \text{대상성분의 무게/부피\%} \tag{1-5}$$

기체시료의 경우는 부피보다는 유속이나 시간으로 대신하는데 주로 대기 중의 오염물질을 채취할 때 사용한다.

6. 시료의 용해

대부분의 분석은 액체 또는 용액 상에서 이루어지므로 고체시료는 적당한 용매에 녹여야 한다. 또 고체시료는 용해도를 감안하여 수용액으로 하여야 할 것인가, 비수용액으로 할 것인가를 결정하여야 한다.

대부분의 무기화합물과 일부 유기화합물은 물이나 무기산(mineral acid)에 녹는다. 분석과정에서 산의 음이온이 방해물질로 작용할 수 있기 때문에 가능하면 물을 용매로 사용하는 것이 좋다. 그러나 대부분의 금속산화물, 금속탄산염 및 은(Ag), 수은(Hg), 납(Pb)의 할로젠화물(RX; X^- =7족 원소)은 물에 잘 녹지 않는다. 이때는 묽은 질산이 금속과 반응하여 질산 화합물($M^+NO_3^-$)을 만들므로 좋은 용매가 된다.

금(Au), 백금(Pt), 안티몬(Sb)의 황화합물(예 : Sb_2S_3) 및 은, 수은, 납의 할로젠화물(예 : $HgCl_2$) 등은 묽은 질산에도 잘 녹지 않으므로 질산과 염산을 혼합한 왕수(*aqua regia*)를 사용한다. 산이나 왕수에도 녹지 않을 때는 탄산나트륨(Na_2CO_3)이나 과산화나트륨(Na_2O_2)과 함께 고온 용융함으로써 물이나 묽은 산에 잘 녹는 나트륨 화합물로 바꿀 수 있다. 탄산나트륨이나 과산화나트륨을 시료와 같이 도가니에 넣고 고온에서 녹여 식힌 다음 물이나 묽은 산에 녹여 수용액으로 만든다.

한편, 대부분의 유기화합물과 생화학물질은 유기용매에 잘 녹지만 모든 유기화합물질과 생화학물질을 녹이는 범용의 용매는 없다. 일반적인 용해 규칙은 다음과 같다. '극성 화합물은 극성 용매에, 비극성 화합물은 비극성 용매에 녹는다.' 예를 들면, 케톤류[1]는 아세톤에 잘 녹으며, 알코올류는 에틸알코올에 잘 녹는다. 또한, 카보닐기와 같은 극성 작용기를 가진 화합물은 메틸알코올과 에틸알코올과 같이 수소결합[2)]을 갖는 용매에 잘 녹는다.

7. 용매추출

에틸알코올(C_2H_5OH)과 같은 액체는 물과 잘 섞이지만 사염화탄소(CCl_4)나 클로로폼($CHCl_3$)과 같은 것은 물과 거의 섞이지 않는다. 그러므로 사염화탄소(CCl_4)를 물에 넣고 잘 흔들었다가 방치하면 두 층으로 분리된다.

일반적으로 무기화합물은 물에 잘 녹지만 유기용매에는 잘 녹지 않는데 I_2나 Br_2 등은 물에 일부만 녹지만 유기용매에 잘 녹는다. 그러므로 I_2 수용액에 CCl_4를 가하여 흔들어 주고 방치하면 CCl_4는 물과 거의 섞이지 않으므로 두 층으로 분리되지만 I_2는 CCl_4에 잘 녹으므로 수용액 중의 I_2는 CCl_4 층에 녹아 있는 것을 색깔로 구별할 수 있다. 이와 같은 과정을 **용매추출**(solvent extraction)이라고 한다.

---

1) 케톤류($-\overset{O}{\overset{\|}{C}}-$), 아세톤($CH_3\overset{O}{\overset{\|}{C}}CH_3$), 카보닐기($-\overset{O}{\overset{\|}{C}}O^-$), 알코올($-OH$)

2) O, N, F 등 전기음성도가 강한 2개의 원자 사이에 수소 원자가 들어감으로써 생기는 강한 분자 간 인력이다.

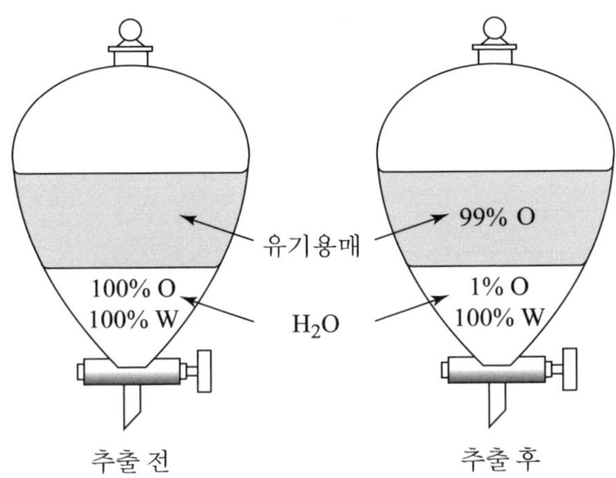

그림 1-7. 유기용매에 녹지 않는 W로부터 유기용매에 녹는 물질 O 용매추출

용매추출은 일반적으로 물도 용매 중 하나이므로 사용하는 유기용매(organic solvent)가 물과 섞이지 않아야 하고 비중이 물보다 크거나 작아야 한다. 유기용매에 녹는 물질 O와 유기용매에 녹지 않는 물질 W를 포함하는 수용액이 들어 있는 분별깔때기(separatory funnel)에 유기용매를 가하고, 그 유기용매의 비중이 물보다 작아서 물과 유기용매는 두 층으로 나누어지게 된다고 가정하자. 이제 이 분별깔때기의 마개를 닫고 심하게 흔들고 기포 등이 사라질 때까지 방치한다. 이때 그림 1-7과 같이 물질 O는 유기용매에 녹으므로 대부분은 유기용매가 있는 위층으로 이동하고 일부(예를 들어 1%)만이 수용액 층에 남게 될 것이다. 또한, 물질 W는 유기용매에 녹지 않으므로 수용액 층에 남는다. 가끔 물질 W가 유기용매에 소량 녹는다면 W는 위의 유기용매 층으로 이동하기도 하지만 이 경우 추출 효율이 떨어진다.

만약 그림 1-7과 같이 물질 O가 99%만 유기용매 층에 녹았다면 분별깔때기의 코크를 열어 다른 분별깔때기에 수용액 층을 옮기고 다시 같은 유기용매로 추출을 반복하면 추출효율을 높일 수 있다.

용매추출의 효율을 높이려면 두 액체상 사이의 비중차가 커야 하며, 유기용매가 물과 에멀션(emulsion)을 이루지 않아야 한다. 아래 유기용매 중 CCl_4나 $CHCl_3$ 등은 물보다 비중이 비교적 커서 유기용매와 물의 층 분리가 뚜렷하여 용매추출의 효율이 높게 나타나지만 tributyl phosphate는 비중이 물과 비슷하여 추출효과를 기대할 수 없다.

Carbon tetrachloride	CCl_4	1.5867
Chloroform	$CHCl_3$	1.564
Dichloromethane	CH_2Cl_2	1.3266

Tributyl phosphate	$(BuO)_3PO$	0.9727
Benzene	C_6H_6	0.8765
Methylisobutyl ketone	$CH_3COCH_2CH(CH_3)_2$	0.802
Diethyl ether	$(C_2H_5)_2O$	0.7134

이와 같이 두 층으로 되어 있는 두 액체상 사이에 어떤 용질이 녹을 때 각 액체상에서의 농도비는 용질의 양에 관계없이 일정한데 이것을 **분배법칙**(partition law) 또는 **분포법칙**(distribution law)이라고 한다. 이것을 식으로 표현하면

$$\frac{[C]_o}{[C]_w} = k \tag{1-6}$$

로 나타낸다. 여기서 $[C]_o$와 $[C]_w$는 각각 유기용매와 수용액에 대한 용질의 농도이며, k는 비례상수로서 **분배계수**(partition coefficient) 또는 **분포계수**(distribution coefficient)라고 한다. 분배계수가 크면 클수록 추출의 수율이 높아지는데 표 1-2에서 보는 바와 같이 수용액 중의 I_2을 CCl_4로 추출할 때 I_2의 분배는 거의 일정함을 알 수 있다.

표 1-2. 물과 CCl_4 중의 I_2의 분배

CCl_4 1 L 중의 I_2의 양(g), C_1	물 1 L 중의 I_2의 양(g), C_2	$\frac{C_1}{C_2} = k$
6.966	0.0818	85.13
10.88	0.1276	85.30
16.54	0.1934	85.51
25.61	0.2913	87.91

* 분석화학, 박규창, 광림사

유기용매와 수용액 상에 있는 모든 용질의 mole비를 **분포비**(distribution ratio; D)라고 하고 다음과 같이 표현한다.

$$D = \frac{C_o(\text{유기용매 중의 용질 } C\text{의 mole수})/V_o}{C_w(\text{수용액 중의 용질 } C\text{의 mole수})/V_w} \tag{1-7}$$

여기서, V_o와 V_w는 각각 유기용매와 수용액의 부피이다.

즉, 추출되는 용질의 분율은 위의 식과 같이 부피와 관계가 있다. 많은 양의 유기용매를

사용하면 분포비를 만족하도록 그 층에 더 많은 용질이 이동하게 된다. 수용액 층에서 유기용매 층으로 용질이 용해되어 이동할 경우 이동한 백분율, 즉 추출백분율은 다음과 같다.

$$Ex(\%) = \frac{\text{유기용매 중의 용질의 mole수}}{\text{유기용매 중의 용질의 mole수} + \text{수용액 중의 용질의 mole수}} \times 100$$

$$= \frac{[C]_o V_o}{[C]_o V_o + [C]_w V_w} \times 100 \qquad (1\text{-}8)$$

식 (1-7)로부터 $[C]_o$와 $[C]_w$를 각각 구하면 다음과 같이 쓸 수 있다.

$$[C]_o = D[C]_w \times \frac{V_o}{V_w}, \qquad [C]_w = \frac{[C]_o}{D} \times \frac{V_w}{V_o}$$

이 식들을 식 (1-8)에 대입하고 분자, 분모를 $[C]_w \times V_o / V_w$로 나누어 주면 다음과 같이 추출백분율을 위한 식을 구할 수 있다.

$$Ex(\%) = \frac{D[C]_w \times V_o / V_w}{D[C]_w \times V_o / V_w + [C]_o / D \times V_w / V_o} \times 100$$

$$= \frac{D}{D + (V_w / V_o)} \times 100 \qquad (1\text{-}9)$$

만약 사용하는 유기용매가 수용액의 부피와 같다면($V_w = V_o$) 위의 식은 다음과 같이 간단히 나타낼 수 있다.

$$Ex(\%) = \frac{D}{D+1} \times 100 \qquad (1\text{-}10)$$

식 (1-9)와 식 (1-10)은 한 번 추출하는 경우에 사용할 수 있는 식이며, 수용액 중에 남아있는 백분율[$Ex_w(\%)$]은 다음과 같이 구할 수 있다.

$$Ex_w(\%) = \frac{1/D}{1/D+1} \times 100$$

$$= \frac{1}{D+1} \times 100$$

따라서 2회 이상 n회 추출하는 경우 유기용매에 대한 추출백분율은 다음과 같이 나타낼 수 있다.

$$Ex(\%) = 100\% - \frac{1}{(D+1)^n} \times 100\% \tag{1-11}$$

예제 1-3

I_2와 같이 어떤 용질이 물보다 CCl_4에 10배 더 잘 녹는다고 가정하자. 그 용질 1.0 g을 함유한 수용액 100.0 mL를 취하여 1) CCl_4 100.0 mL로 한 번 추출하는 경우와 CCl_4 50.0 mL로 두 번 추출할 때 추출량과 2) CCl_4 200.0 mL로 한 번 추출하는 경우와 CCl_4 100.0 mL씩 두 번 추출하는 경우의 추출 수율을 구하라.

풀이 1) CCl_4 100.0 mL로 추출하는 경우 CCl_4층에 추출된 용질의 양이 x g이라고 하면 수용액층에는 $(1-x)$ g이 되므로 위의 식 (1-7)에 따라

$$\frac{x/100}{(1.0-x)/100} = 10, \qquad x = 0.909\text{ g}$$

이 되어 한 번에 0.909 g이 추출됨을 알 수 있다.

위에서 마찬가지로 이번에는 CCl_4 50.0 mL로 추출할 경우에는

$$\frac{x/50}{(1.0-x)/100} = 10, \qquad x = 0.83\text{ g}$$

이 추출되어 남은 용질의 양은 1 − 0.83 = 0.17 g이 된다. 여기에 다시 CCl_4 50.0 mL로 한 번 더 추출하면

$$\frac{x/50}{(0.17-x)/100} = 10, \qquad x = 0.14\text{ g}$$

이 추출되므로 CCl_4 50.0 mL씩 2회 추출한 양을 합하면 0.83 + 0.14 = 0.97 g이 추출된다.

2) 200.0 mL로 한 번 추출하는 경우의 추출백분율은 식 (1-9)에 의하여

$$\begin{aligned} Ex(\%) &= \frac{D}{D+(V_w/V_o)} \times 100 \\ &= \frac{10}{10+(100/200)} \times 100 \\ &= 95.2\% \end{aligned}$$

와 같이 구하고 100.0 mL씩 두 번 추출하는 경우에는 식 (1-11)로부터 구할 수 있다.

$$\begin{aligned} Ex(\%) &= 100\% - \frac{1}{(D+1)^n} \times 100\% \\ &= 100 - \frac{1}{(10+1)^2} \times 100 \\ &= 99.2\% \end{aligned}$$

한편, 추출 후 수용액 중에 남아 있는 양 또는 추출 농도(또는 양)를 구하기 위해서는 추출백분율에 처음 농도를 곱하여 구할 수 있으나 수용액과 유기용매의 양이 서로 다른 경우에는 다소 복잡한 과정을 거쳐야 한다. 따라서 보다 쉽게 추출량을 구하기 위해서 추출 후 남

아 있는 양을 구하면 추출된 양을 구할 수 있으므로 추출 후 수용액 중에 남아 있는 백분율은 식 (1-9)로부터 다음과 같이 나타낼 수 있다.

$$Ex_w(\%) = 100\% - \frac{D}{D+(V_w/V_o)} \times 100$$

이 식을 정리하면 다음과 같다.

$$Ex_w(\%) = \frac{V_w}{DV_o + V_w} \times 100$$

수용액 중에 남아 있는 비율에 처음 농도 S_O를 곱하면 수용액 중에 남아 있는 농도 S_w (또는 g)을 구할 수 있으며,

$$S_w = S_O \times \frac{V_w}{DV_o + V_w} \tag{1-12}$$

유기용매 상에 추출된 양(W_o)은 다음과 같다.

$$W_o = S_O - S_O \times \frac{V_w}{DV_o + V_w} \tag{1-13}$$

만약 추출 횟수가 n회일 때는 추출된 양은 다음과 같이 구할 수 있다.

$$S_w = S_O - S_O \times \left(\frac{V_w}{DV_o + V_w}\right)^n \tag{1-14}$$

예제 1-4

수용액 100.0 mL 중에 어떤 용질이 1.00 g이 포함되어 있다. 분포비가 5.0이라고 가정할 때 적당한 유기용매 100.0 mL, 200.0 mL로 각각 한 번 추출할 때와 20.0 mL로 5회 추출할 때 추출량을 구하라.

풀이 ① 100.0 mL 1회 추출

$$W_o = S_O - S_O \times \frac{V_w}{DV_o + V_w}$$

$$= 1.00\,\text{g} - 1.00\,\text{g} \times \frac{100.0}{5 \times 100.0 + 100.0}$$

$$= 0.8333\,\text{g}$$

② 200.0 mL 1회 추출

$$W_o = S_O - S_O \times \frac{V_w}{DV_o + V_w}$$

$$= 1.00\ \mathrm{g} - 1.00\ \mathrm{g} \times \frac{100.0}{5 \times 200.0 + 100.0}$$

$$= 0.9091\ \mathrm{g}$$

③ 20.0 mL 5회 추출

$$W_o = S_O - S_O \times \left(\frac{V_w}{DV_o + V_w}\right)^n$$

$$= 1.00\ \mathrm{g} - 1.00\ \mathrm{g} \times \left(\frac{100.0}{5 \times 20.0 + 100.0}\right)^5$$

$$= 0.9688\ \mathrm{g}$$

위의 예제에서 보는 바와 같이 한 번에 다량의 용매를 사용하여 추출하는 것보다는 소량씩 나누어서 여러 번 추출하는 것이 추출량과 수율을 높이는 것이 된다.

연습문제 1

1. 다음 물질의 분자량을 구하라(소수점 2자리).

1) $Al_2(SO_4)_3$
2) Na_2HPO_4
3) $K_4Fe(CN)_6$
4) $C_6H_{12}O_6$
5) $BaCl_2 \cdot 2H_2O$

2. 유효숫자를 감안하여 다음 물질의 mole 또는 mmole수를 구하라.

1) 10.0 g의 $CaCO_3$
2) 15.0 g의 Cu
3) 15.0 g의 CH_3COOH
4) 50.0 g의 $CuSO_4$
5) 1.0 mg의 $MgCl_2$

3. 다음 물질의 mole수에 대한 질량을 구하라(소수점 4자리).

1) 0.1 mole H_2SO_4
2) 0.05 mole CaF_2
3) 0.01 mole Fe
4) 0.1 mmole $Al_2(SO_4)_3$

4. 다음 물질의 1 g-당량을 구하라.

1) NH_4Cl
2) $CaCl_2$
3) Na_3PO_4
4) $Na_2C_2O_4$
5) KOH
6) $MgCl_2$

5. 다음 물질의 g-당량(eq)에 대하여 질량(g 또는 mg)을 구하라.

1) 0.1 eq NaOH
2) 0.1 eq $KHCO_3$
3) 0.05 eq NH_4SCN
4) 0.02 eq $H_2C_2O_4 \cdot 2H_2O$
5) 0.1 meq Na_2SO_4
6) 0.1 meq $K_3Fe(CN)_6$

6. 다음 물질 중 질소의 질량 백분율을 구하라.

1) KNO_3
2) NO
3) $(NH_4)_2SO_4$
4) NH_4NO_3

7. 유기용매와 수용액에 대한 분포비가 다음과 같다. 수용액과 같은 부피의 유기용매를 사용하였을 때 추출백분율을 각각 구하라.

1) $D = 0.1$
2) $D = 5$
3) $D = 50$
4) $D = 100$

8. 위 문제 7에서 유기용매의 부피를 수용액의 2배로 하였을 때 추출백분율을 각각 구하라.

9. 유기용매/수용액의 분포비가 10.0인 용질이 있다. 수용액 10.0 mL에 대하여 유기용매 10.0 mL로 한 번 추출하는 경우와 5.0 mL로 두 번 추출하는 경우 어느 경우가 더 효율적인지 계산으로 나타내어라.

10. 분포계수가 5.0인 용질이 수용액 10.0 mL로부터 유기용매로 추출되었다.

1) 한 번에 99.0%가 추출되기 위하여 유기용매는 몇 mL가 필요한가?
2) 3회 추출할 때 99.0%가 추출되기 위하여 유기용매는 한 번에 몇 mL가 필요한가?

제 2 장

단위와 통계처리

1. 단위의 표현

1) 표준지수표기법

과학적 측정에서는 흔히 대단히 크거나 작은 수들이 나타난다. 예를 들면, 진공 중에서의 빛의 속도는 29,979,000,000 cm/s이며 사염화탄소에서 탄소 원자의 중심과 염소 원자의 중심 사이의 거리는 0.0000000176 cm이다. 이와 같은 수들을 간단하게 표시하는 편리한 방법으로서 **표준지수표기법**(standard exponential notation)을 사용한다. 이 표기법에서는 어떤 수를 대소수(1 이상 10 미만의 수)에 10의 어떤 지수를 곱한 꼴, 즉 $\triangle.\triangle\triangle\triangle \times 10^n$으로 적는다.

표준지수표기법에 의하면 29,979,000,000 cm/s는 2.9979×10^{10} cm/s라고 적어야 할 것이며 0.0000000176 cm는 1.76×10^{-8} cm라 적어야 할 것이다.

예제 2-1

음의 수들을 표준지수형으로 적어라.

1) 24.68×10^2
2) 0.987×10^{-5}
3) 0.0000789
4) 123456

풀이

1) $24.68 \times 10^2 = 2.468 \times 10^3$
2) $0.987 \times 10^{-5} = 9.87 \times 10^{-6}$
3) $0.0000789 = 7.89 \times 10^{-5}$
4) $123456 = 1.23456 \times 10^5$

지수형으로 적힌 수들의 덧셈 뺄셈에서는 이 수들을 모두 같은 10의 지수로 나타내야 한다. 해답은 더하거나 빼거나 하는 수들과 같은 10의 지수를 가지게 한다.

예제 2-2

다음 수를 더하라.

$1.23 \times 10^3 + 2.46 \times 10^4$

풀이 두 번째 수를 10^3이란 항을 갖도록 바꾼 다음, 이 수들의 소수부분을 보통의 방식대로 더한다.

$2.46 \times 10^4 = 24.6 \times 10^3$

$$\begin{array}{r} 1.23 \times 10^3 \\ +)\ 24.6 \times 10^3 \\ \hline 25.8 \times 10^3 \end{array} = 2.58 \times 10^4$$

지수형으로 나타낸 수들을 곱할 때는 소수부분은 보통의 방법대로 곱하고 10의 지수들은 대수적으로 더한다.

$$(1.2 \times 10^3)(4.0 \times 10^2) = (1.2 \times 4.0)(10^{3+2}) = 4.8 \times 10^5$$
$$(4.2 \times 10^5)(3.0 \times 10^{-9}) = (4.2 \times 3.0)(10^{5-9}) = 12.6 \times 10^{-4} = 1.26 \times 10^{-3}$$

지수형으로 나타낸 수들을 나눌 때에는 소수부분은 보통의 방법대로 나누고, 분자에 있는 10의 지수에서 분모의 10의 지수를 뺀다.

$$\frac{3.6 \times 10^{-5}}{1.2 \times 10^{-3}} = \frac{3.6}{1.2} \times 10^{-5-(-3)} = 3.0 \times 10^{-2}$$

10의 지수를 가지고 나누는 또 하나의 방법은 분모에 있는 10의 지수를 분자로 옮기고 그 지수의 부호를 바꾸는 것이다. 그러면 10의 지수들을 대수적으로 합하는 방법으로 곱할 수 있고, 분자의 소수부분은 분모의 그것에 의해 보통과 같이 나누어진다. 위에서 말한 예는 다음과 같이 계산할 수 있다.

$$\frac{3.6 \times 10^{-5}}{1.2 \times 10^{-3}} = \frac{3.6 \times 10^{-5} \times 10^3}{1.2} = 3.0 \times 10^{-2}$$

예제 2-3

다음을 계산하여라.

$$\frac{4.8 \times 10^7}{8.0 \times 10^{-5}}$$

풀이

$$\frac{4.8 \times 10^7}{8.0 \times 10^{-5}} = \frac{4.8}{8.0} \times 10^{7-(-5)} = 0.60 \times 10^{12} = 6.0 \times 10^{11}$$

또는

$$\frac{4.8 \times 10^7}{8.0 \times 10^{-5}} = \frac{4.8 \times 10^7 \times 10^5}{8.0} = 0.60 \times 10^{12} = 6.0 \times 10^{11}$$

2) 단위계

어떤 수치를 나타낼 때 단위는 측정량의 일부분이나 마찬가지이다. 예를 들어, 두 점 사이의 거리가 3이라고 할 때 측정의 단위(cm, m, km 등)가 수와 함께 표시되지 않으면 아무런 의미도 없다. 그런데 종래에 쓰이던 단위는 나라마다 그 척도가 달랐기 때문에 1875년 전 세계에서 공통으로 사용할 단위계를 제정하였다. 과거에는 각 기본단위의 크기는 당시의 관습적인 양을 기준으로 하였으나 현재에는 특정 물질의 기본성질을 이용하여 정의한다. 예를 들면, 길이의 표준인 "1 m"는 온도에 의한 변형을 최소화한 백금-이리듐 합금 막대 위의 두 선 사이의 길이로 정했었으나, 지금은 크립톤(^{86}Kr) 원자에서 방출되는 주황색 복사선 파장의 1,650,763.73배로 규정하여 사용한다.

길이 단위로 m를 많이 사용하지만 아직도 lb (pound)나 inch 등을 사용하고 있는 나라들이 있어 이에 국제적으로 효율적이고 신뢰할 수 있는 단위가 필요하였다. 이에 국제도량형총회(CGPM)에서 채택한 국제단위계(International System of Units, **SI단위계**)가 공용되고 있다. SI단위는 7개의 기본단위와 2개의 보조단위로 구성되어 있으며 그 내용을 표 2-1에 나타내었다.

표 2-1. 국제단위계의 기본단위 및 보조단위

구 분	측정	단위	기호
기본단위	길이	meter	m
	질량	kilogram	kg
	시간	second	s
	전류	ampere	amp
	온도	kelvin	K
	물질의 양	mole	mole
	광도	candela	cd
보조단위	평면각	radian	rad
	입체각	steradian	sr

표 2-1의 기본단위는 가장 기초가 되는 물리량만을 규정하며, 실제 과학에서 사용되는 여러 단위들(속도, 압력, 힘, 에너지, 전위차 등)은 기본단위를 조합하여 유도할 수 있다. 이를 **유도단위**라 부르며 몇 가지 예를 표 2-2에 나타내었다. 예를 들면, 속도는 단위 시간당 이동한 거리로서 m/s(또는 ms^{-1})로, 부피는 길이의 세제곱이므로 m^3으로 나타낸다. 많이 쓰이는 유도단위 중에는 별도의 이름이 있는 것도 있다.

예를 들면, 힘의 SI단위는 뉴턴(Newton, N)이며, 1 N은 1 kg의 질량에 1 m/s^2의 가속도를 생기게 하는 힘을 뜻한다.

$$1\ N = 1\ kg \cdot m/s^2$$

표 2-2. 국제단위계의 주요 유도단위

양	정의	단위	단위명(약호)
면적	Length × length	m^2	Square meter
부피	Length × length × length	m^3	Cubic meter
속력	Length / time	$m\ s^{-1}$	Meter per second
가속도	Length / time^2	$m\ s^{-2}$	Meter per second squared
힘	Mass × acceleration	$kg\ m\ s^{-2}$	Newton(N)
압력	Force / area	$N\ m^{-2} = kg\ m^{-1}\ s^{-2}$	Pascal(Pa)
에너지	Force × distance	$N\ m = kg\ m^2\ s^{-2}$	Joule(J)
마력	Energy / time	$W = kg\ m^{-2}\ s^{-3}$	Watt(W)
전하량	Electric current × time	$A\ s$	Coulomb(C)
전위차	Energy / electric charge	$J\ C^{-1} = kg\ m^2\ s^{-3}\ A^{-1}$	Volt(V)

표 2-3. SI접두사

Multiple	Prefix	Symbol	Multiple	Prefix	Symbol
10^{18}	exa	E	10^{-1}	deci	d
10^{15}	peta	P	10^{-2}	centi	c
10^{12}	tera	T	10^{-3}	mili	m
10^{9}	giga	G	10^{-6}	micro	μ
10^{6}	mega	M	10^{-9}	nano	n
10^{3}	kilo	k	10^{-12}	pico	p
10^{2}	hecto	h	10^{-15}	femto	f
10	deca	da	10^{-18}	atto	a

측정값을 이들 단위로 나타내면 경우에 따라서는 대단히 크거나 또는 작은 수일 때가 있다. 이런 경우에는 표 2-3에 보인 바와 같이 적당한 접두사를 사용하여 표시한다. 한 예로 거리 1,000 m를 1,000의 뜻을 지니는 kilo라는 접두어를 사용해 간단히 1 km로 나타내거나, 수소 원자의 직경을 약 0.0000000001 m라고 하기보다는 0.1 nm (1 nm $= 10^{-9}$ m)로 표시한다. 표 2-3의 기호들은 대단히 자주 쓰이므로 익숙해질 필요가 있다.

한편, 측정의 경우에는 자주 사용하지 않지만 화합물 이름에는 표 2-4와 같이 수 접두사를 쓰는 경우가 있는데, 특히 복잡한 원자단을 나타낼 때 자주 사용한다.

표 2-4. 수 접두사

수	접두사	발음	수	접두사	발음
1	mono	모노	11	undeca	운데카
2	di(bis)	다이(비스)	12	dodeca	도데카
3	tri(tris)	트라이(트리스)	13	trideca	트라이데카
4	tetra(tetrakis)	테트라(테트라키스)	14	tetradeca	테트라데카
5	penta(pentakis)	펜타(펜타키스)	15	pentadeca	펜타데카
6	hexa(hexakis)	헥사(헥사키스)	16	hexadeca	헥사데카
7	hepta(heptakis)	헵타(헵타키스)	17	heptadeca	헵타데카
8	octa(octakis)	옥타(옥타키스)	18	octadeca	옥타데카
9	nona(noakis)	노나(노나키스)	19	nonadeca	노나데카
10	deca(decakis)	데카(데카키스)	20	icosa	아이코사

3) 측정과 유효숫자(measurement and significant figure)

모든 측정은 어느 정도의 불확실성을 가진다. 불확실성의 크기는 측정 기구의 정확성과 측정하는 사람의 기술에 따라 달라진다. 예를 들면, 물체의 무게에 관련된 불확실성의 크기는 사용하는 저울의 종류에 따라 달라진다. 실험실에서 흔히 사용하는 탁상 저울로는 거의 0.1 g까지의 측정이 가능하고, 이것보다 더 작은 질량의 차이는 이런 저울을 가지고는 측정이 불가능하다. 이런 저울을 가지고 측정한 100원짜리 주화의 질량은 5.4 ± 0.1 g으로 나타낼 수 있으며, 이는 ±0.1 g까지 측정의 정확성을 보장할 수 있다는 뜻이다. 이와 같이 측정이 어느 정도의 정확도를 가지는가를 표시하는 것이 중요하며, ±의 표시는 이 정확도를 표시하는 방법이다. 분석용 저울에서는 더 정확하게 측정할 수가 있는데 조심스럽게 다룬다면 0.0001 g까지 측정할 수 있다. 따라서 2.2405 ± 0.0001과 같이 표시할 수 있다. 그러나 측정된 양의 마지막 자리수의 한 단위는 불확실하다는 것을 인정하기 때문에 일반적으로 ± 표시는 하지 않는다. 불확실한 숫자를 포함한 모든 숫자를 **유효숫자**(significant figure)라 한다. 2.2는 2개의 유효숫자를 가지며, 2.2405는 5개의 유효숫자를 가진다.

예제 2-4

4.0 g과 4.00 g의 차이점은 무엇인가?

풀이 얼른 보아서는 차이가 없다고 하겠지만 두 측정값 사이에는 유효숫자의 수가 다르다. 4.0은 2개의 유효숫자를 가지며, 4.00은 3개의 유효숫자를 가진다. 이것은 나중의 측정이 더 정확하다는 뜻이다. 4.0 g의 표현은 실제 질량이 3.95 g과 4.05 g 사이에 있으며, 3.9 g이나 4.1 g보다는 4.0 g에 더 가깝다는 것이다. 4.00 g의 표현은 실제 질량이 3.995 g과 4.005 g 사이에 있으며, 3.99 g과 4.01 g보다는 4.00 g에 더 가깝다는 뜻이다.

유효숫자를 결정하는 데에는 다음의 규칙이 적용된다.

1. 0이 아닌 모든 숫자는 유효하다. 즉,

   457 cm(유효숫자 3개), 0.25 g(유효숫자 2개)

2. 0이 아닌 숫자 사이의 0은 유효하다. 즉,

   1005 kg(유효숫자 4개), 1.03 cm(유효숫자 3개)

3. 어떤 수에서 첫 번째 0이 아닌 숫자의 왼쪽에 있는 0은 유효하지 않다. 그들은 단지 소수점의 위치를 표시하는 것이다. 즉,

   0.02 g(유효숫자 1개), 0.0026 cm(유효숫자 2개)

4. 어떤 수가 소수점 오른쪽에 있는 0으로 끝날 때 그 0은 유효하다. 즉,

   0.0200 g(유효숫자 3개), 3.0 cm(유효숫자 2개)

5. 어떤 수가 소수점 오른쪽에 있지 않는 0으로 끝날 때 그 0들은 반드시 유효한 것은 아니다. 즉,

   130 cm(유효숫자 2개 또는 3개), 10300 g(유효숫자 3, 4 또는 5개).

   이러한 애매한 점을 해결하는 방법이 아래에 기술되어 있다. 지수를 사용하여 어떤 숫자의 끝에 있는 0이 유효한지를 나타내 준다. 예를 들면 10300 g의 질량은 3, 4, 5개의 유효숫자를 나타내는 지수로서 쓰일 수 있다. 즉,

   1.03×10^4 g(유효숫자 3개), 1.030×10^4 g(유효숫자 4개), 1.0300×10^4 g(유효숫자 5개)

이들 수에서 소수점 오른쪽에 있는 모든 0은 유효하다(규칙 2와 규칙 4). 유효숫자의 수는 측정과 관련된 불확실성을 나타내주기 때문에 측정값이 정수가 아닌 경우에 위의 규칙들이 적용된다. 계산으로부터 나온 결과나 정의되어진 정확한 정수가 아닌 숫자를 구별하는 것이

중요하다. 예를 들면 1야드가 정확히 3피트라든지, 나의 직계가족은 정확히 4명이라든지, 1킬로그램은 정확히 1,000그램이라든지, 1줄의 달걀은 정확히 10개라고 하는 경우이다. 이러한 예들은 불확실한 것이 없는 정확한 숫자이다. 그들은 무한한 유효숫자를 가진다고 생각할 수 있다.

여러 개의 수치를 계산할 때, 결과의 정확성은 정확성이 작은 측정을 기준으로 하여야 한다. 즉, 곱셈과 나눗셈에 있어서 그 결과는 가장 작은 유효숫자를 가진 측정보다 더 많은 유효숫자를 가지지 못한다. 따라서 계산 결과가 더 많은 자리수를 가질 때에는 반올림해야 한다. 예를 들면, 두 변의 길이가 각각 6.22 cm와 5.2 cm인 직사각형의 넓이는 32 cm^2로 기록되어야 한다.

넓이 = (6.221 cm)(5.2 cm) = 32.3492 cm^2 → 32 cm^2로 반올림

5.2 cm가 2개의 유효숫자를 가졌기 때문에 2개의 유효숫자로 반올림한다. 숫자를 반올림할 때 아래의 규칙이 적용된다(각각의 예는 2개의 숫자로 반올림한다).

1. 제거할 가장 왼쪽의 숫자가 5보다 클 때에는, 그 앞의 숫자는 1이 증가된다. 즉 2.376은 2.4로 반올림된다.
2. 제거할 가장 왼쪽의 숫자가 5보다 작은 때에는 그 앞의 숫자는 변하지 않는다. 즉 7.24는 7.2로 반올림된다.
3. 제거할 가장 왼쪽의 숫자가 5일 때, 그 앞의 숫자가 짝수일 때에는 변하지 않고 홀수일 때에는 1이 증가된다. 즉 2.25는 2.2로 되며, 4.35는 4.4로 반올림된다.

곱셈과 나눗셈에 있어서 유효숫자의 수를 결정하는데 사용된 규칙은 덧셈과 뺄셈에는 적용할 수가 없다. 덧셈과 뺄셈에 있어서, 그 결과는 소수점 아래 최소자리의 숫자를 가지는 수와 같은 소수점 아래의 수를 가진다.

20.4	← 소수점 이하 1자리
1.322	← 소수점 이하 3자리
+) 83	← 소수점 이하 0자리
104.722	→ 105로 반올림

곱셈과 나눗셈의 계산에서는 일반적으로 가장 적은 유효숫자를 갖는 숫자의 자리수와 같이 표시한다. 예를 들면 다음과 같다.

$$
\begin{array}{rl}
34.60 & \leftarrow \text{유효숫자 4개} \\
\div)\quad 2.46287 & \leftarrow \text{유효숫자 6개} \\
\hline
14.05 & \leftarrow \text{유효숫자 4개}
\end{array}
$$

예제 2-5

다음 수는 각각 몇 개의 유효숫자를 가지는가?

1) 4.003　　2) 6.023×10^{23}　　3) 5000

4) 15.3 + 0.234　　5) (16)(5.7793)

풀이

1) 4 : 소수점 오른쪽의 0은 유효숫자

2) 4 : 지수는 유효숫자의 수에 가산되지 않는다.

3) 1, 2, 3 또는 4 : 이 경우 지수법을 사용하여 애매한 것을 피할 수 있다.
즉, 5×10^3이면 유효숫자가 1이고, 5.00×10이면 유효숫자가 3이다.

4) 3 : 적절한 3개의 유효숫자로 표시된 합은 15.5이다.

5) 2 : 적절한 2개의 유효숫자로 표시된 곱은 92이다.

4) 단위의 환산

어떤 단위를 사용하거나 물리량의 상관관계를 계산할 때는 단위를 일률적으로 나타내도록 항상 주의하여야 한다. 가령 다음 식들은 어떻게 계산하여야 할 것인가?

$$12\ \text{kg} + 42\ \text{lb} = \ ?$$
$$6.7\ \text{m} + 18\ \text{ft} = \ ?$$

단위를 같은 의미의 다른 단위로 바꾸어주는 것을 **단위의 환산**이라 하며, 이들 사이의 크기 관계를 알아야 한다.

$$12\ \text{kg} + 42\ \text{lb} = \ ?$$

kg과 lb의 환산계수는 다음과 같다.

$$1\ \text{lb} = 0.45359237\ \text{kg} = 0.45\ \text{kg}$$

이 관계로부터

$$\frac{1\ \text{lb}}{0.454} = 1 \quad \text{또는} \quad \frac{0.454}{1\ \text{lb}} = 1$$

따라서 위 문제의 답을 kg 단위로 구하고자 하면, 42 lb가 몇 kg인지 알면 된다. 이 계산은 다음과 같이 할 수 있다.

$$(42\ \text{lb}) = (42\ \text{lb})\left(\frac{0.454\ \text{kg}}{1\ \text{lb}}\right) = \frac{(42)(0.454)}{(1)}\ \frac{(\text{lb})(\text{kg})}{(\text{lb})} = 19\ \text{kg}$$

$$12\ \text{kg} + 19\ \text{kg} = 31\ \text{kg}$$

만일 lb 단위로 답을 구하고자 하면,

$$(12\ \text{kg})\left(\frac{1\ \text{lb}}{0.454\ \text{kg}}\right) = \frac{(12)(1)}{(0.45)}\ \frac{(\text{kg})(\text{lb})}{(\text{kg})} = 26\ \text{lb}$$

$$\therefore\ 26\ \text{lb} + 42\ \text{lb} = 68\ \text{lb}$$

이들 계산에서 알 수 있듯이 어떤 양에 1을 얼마든지 곱해주거나 나누어주어도 무방하므로 같은 단위들이 서로 나누어져서 필요한 단위만이 남을 때까지 환산계수를 곱해주거나 나누어주면 된다.

길이와 질량 및 시간의 환산계수는 다음과 같다.

1 m = 0.001 km = 100 cm = 100 mm	1 kg = 1000 g = 0.001 ton
1 ft = 12 in = 0.3048 m = 30.48 cm	1 lb = 0.454 kg = 454 g
1 in = 2.54 cm	1 h = 60 min = 3600 sec

예제 2-6

상온에서 물의 밀도 d_{H_2O}는 약 1.00 g/cm^{3}이다. 이를 kg/m^{3}과 lb/ft^{3}으로 나타내어라.

풀이 kg = 1000 g, 1 lb = 454 g, 1 m = 100 cm, 1 ft = 30.48 cm

이들 환산계수의 비는 1이므로 필요한 단위가 얻어질 때까지 그 비를 곱하거나 나누어준다.

$$d_{H_2O} + \left(1.00\frac{\text{g}}{\text{cm}^3}\right)\left(\frac{1\ \text{kg}}{1000\ \text{g}}\right)\left(\frac{100\ \text{cm}}{1\ \text{m}}\right)^3 = 1000\ \text{kg/m}^3$$

$$d_{H_2O} = \left(1.00\ \frac{\text{g}}{\text{cm}^3}\right)\left(\frac{1\ 1\text{b}}{454\ \text{g}}\right)\left(\frac{30.48\ \text{cm}}{1\ \text{ft}}\right)^3$$

$$= 62\ 1\text{b/ft}^3$$

$$\therefore\ 1.00\ \text{g/cm}^3 = 1000\ \text{kg/m}^3$$

$$= 62\ 1\text{b/ft}^3$$

예제 2-7

지름 $D = 98.0\ \text{cm}$, 높이 $h = 1.20\ \text{m}$인 원기둥 속에 밀도 $d = 1\ \text{g/cm}^3$인 액체가 가득 차 있다. 이 액체의 질량은 몇 kg인가?

풀이 이 액체의 질량을 m, 원통의 부피를 V, 밑면의 단면적을 A라고 하면

$A = \frac{\pi}{4}D^2$이므로 $m = dV$

$$m = dAh$$
$$= (d)\left(\frac{\pi}{4}D^2\right)(h)$$

질량을 kg 단위로 구하여야 하므로 전부 mks 단위로 환산하면

$$d = 1\ \text{g/cm}^3$$
$$= 1000\ \text{kg/m}^3$$
$$D = (98.0\ \text{cm})\left(\frac{1\ \text{m}}{100\ \text{cm}}\right)$$
$$= 0.980\ \text{m}$$

따라서 $m = \left(1000\ \frac{\text{kg}}{\text{m}^3}\right)\left(\frac{\pi}{4}\right)(0.980\ \text{m})^2\ (1.20\ \text{m})$

$$= 9.0 \times 10^2\ \text{kg}$$

2. 오차

측정값과 참값(이론값)의 차이를 **오차**(error)라고 하며, 측정에는 오차가 반드시 따르기 마련이고 오차가 작을수록 정확한 측정이다. 오차는 측정할 수 있는 오차(determinate error 또는 systematic error)와 측정할 수 없는 오차(indeterminate error 또는 random error)로 크게 나눌 수 있다.

1) 측정할 수 있는 오차

측정할 수 있는 오차를 **계통적인 오차**(systematic error)라고도 하며, 이것은 원칙적으로 보정이 가능한 오차이다. 화학분석에서 측정할 수 있거나 예측이 가능한 오차의 원인을 살펴보면 다음과 같은 것이 있다.

(1) 기기오차(instrument error)

용량플라스크, 피펫, 뷰렛 등의 잘못된 눈금, 잘못 보정(calibration)된 pH meter, 그리고 수평이 제대로 잡히지 않은 저울과 같은 것이 측정의 오차를 가져오는 중요한 원인이 된다.

(2) 개인오차(personal error)

눈금이 있는 기기에서 두 눈금 사이에 있는 바늘의 위치, 적정에서 종말점의 색깔, 피펫이나 뷰렛에서 수면의 위치(메니스커스; meniscus) 등과 같이 개인 판단이 요구되는 실험이 매우 많다. 따라서 실험하는 사람의 개인적 습관이나 결함에 의하여 오차가 발생한다.

요즘은 pH meter, 화학저울 등을 비롯하여 여러 가지 전기적 기기를 analog 대신 digital 화함으로써 개인오차를 줄일 수 있다.

(3) 방법오차(method error)

실험에 있어서 일어나는 비정상적인 물리적 또는 화학적 거동으로 야기되는 오차이다. 느린 반응속도, 불완결성의 반응, 어떤 화학종의 불안정성 및 원하지 않는 부반응의 발생 등이 비정상적인 거동의 원인이 될 수 있다.

따라서 분석방법 자체에 원인이 있는 것이고 실험자의 노력만으로는 피할 수 없는 오차이므로 분석방법에 따르는 오차는 감지하기 어렵고 측정할 수 있는 오차 중에서도 가장 보정하기 어려운 오차이다. 이 오차를 줄이기 위해서는 다른 분석방법이나 반응을 이용하는 것이 좋다.

2) 측정할 수 없는 오차

측정값에 나타나는 오차 중에서도 그 원인을 알 수 없는 것이 있다. 이와 같은 오차는 같은 분석자가 같은 조건하에서 같은 방법을 사용하여 연속적으로 측정하였을 때 항상 같은 측정값을 얻을 수 없으며, 반드시 조금씩 서로 다른 값을 얻게 된다. 이와 같이 원인을 분명히 파악하기 힘든 측정값을 **측정할 수 없는 오차**(indeterminate error)를 **우연오차**(accidental error or random error)라고도 한다.

이 오차는 경우에 따라 크기도 다르고 부호도 정 또는 부로 나타난다. 따라서 이것은 측정할 수 있는 오차의 경우와 반대로 분석자의 노력으로 보정하여 피할 수 없다. 그러므로 일련의 측정결과로서 가장 가능성이 큰 값을 얻기 위하여 수학적인 확률의 법칙들을 이용한다.

3) 정확도와 정밀도

정확도(accuracy)란 측정값과 참값이 얼마나 접근하였는가를 나타내는 것이며, **정밀도**(precision)는 같은 양을 반복하여 측정하였을 때 측정값 사이의 일치하는 정도, 즉 **재현성**(reproducibility)을 나타낸다.

만약 실험결과는 매우 재현성이 있더라도 정확성이 낮은 경우가 있다. 예를 들어, 적정용액을 제조할 때 오차가 생기면 그 용액은 원하는 농도에서 벗어나게 된다. 따라서 매우 재현성 있는 적정을 반복 실시하더라도 부정확한 결과를 얻게 된다. 반대로 비교적 참값에 근접되지만 재현성이 불량한 측정을 할 수도 있으므로 이상적인 조작은 정밀도와 정확도가 모두 높아야 한다.

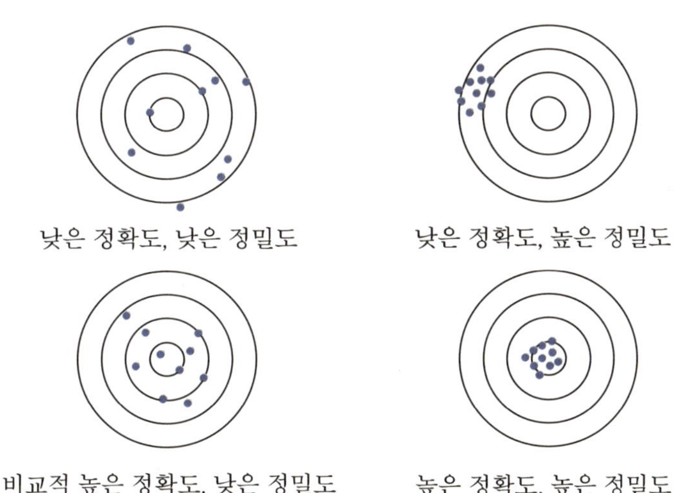

그림 2-1. 정확도와 정밀도

4) 정확도의 표현방법

참값이 실제적으로 존재한다면 측정의 정확도를 나타내는 방법은 여러 가지가 있다. 그 중에서 절대오차와 상대오차가 주로 사용된다.

(1) 절대오차

참값과 측정값과의 사이에서 나타나는 차이는 부호가 정이든지 또는 부이든지 모두 **절대오차**(absolute error)라고 하며, 단위는 측정값과 같은 단위를 사용한다. 52.45 g의 참값을 갖는 시료가 52.35 g으로 측정되었을 때 절대오차는 −0.1 g이 된다. 몇 개의 측정값을 평균하였을 때는 그 오차를 **평균오차**(mean error)라고 한다.

(2) 상대오차

절대오차나 평균오차를 참값에 대한 백분율로 나타낸 것이 **상대오차**(relative error)이다. 위의 측정에서 상대오차는 (−0.10 / 52.45) × 100 = −0.2%이다.

여기에 비하여 측정값이나 평균값을 참값에 대한 백분율로 나타낸 것을 **상대정확도**(relative accuracy)라고 하며, 위의 경우 상대정확도는 (52.35 / 52.45) × 100 = 99.8%이다.

5) 정밀도의 표현방법

일반적으로 과학 측정에서는 그 측정값의 참값을 알 수 없기 때문에 정확도보다 정밀도가 높은 측정값을 얻는 것이 중요하다. 측정값을 얻었을 경우 그 측정에 대한 정밀도를 구할 수 있으며, 정밀도를 나타내는 방법은 여러 가지가 있는데 여러 가지 **편차**(deviation)를 일반적으로 많이 사용한다.

(1) 편차

측정의 평균값과 그 참값의 차이를 오차라고 하고 측정값과 평균값의 차이를 편차라고 한다. 어떤 대상을 여러 번 측정한 그 측정값의 참값은 특별한 경우를 제외하고는 알 수 없으므로 N개의 측정값 x_1, x_2, x_3, ⋯, x_N의 평균값 $\overline{x}$에 대한 편차 $|x_i - \overline{x}| = d_i$를 산출하여 그 평균편차 $\overline{d}$로 정밀도를 나타내지만 보통은 **상대평균편차**(relative mean deviation)로 표시하며, 백분율(%) 또는 천분율(‰)로 나타낸다.

편차 $$d_i = |x_i - \overline{x}|$$

평균편차 $$\overline{d} = \frac{\sum |x_i - \overline{x}|}{N}$$

상대평균편차 $$d = \frac{\overline{d}}{\overline{x}} \times 100$$

예제 2-8

다음 측정값의 평균편차와 상대평균편차를 구하라.
6.44, 6.34, 6.22, 6.11, 6.00 g

풀이

$$\bar{x} = \frac{6.44+6.34+6.22+6.11+6.00}{5} = 6.22$$

x_i	$\lvert x_i - \bar{x} \rvert$
6.44	0.22
6.34	0.12
6.22	0.00
6.11	0.11
6.00	0.22

$$\bar{d} = \frac{0.22+0.12+0.00+0.11+0.22}{5} = 0.13$$

$$\text{상대평균편차} = \frac{0.13}{6.22} \times 100 = 2.09\%$$

(2) 표준편차

평균편차만으로 정밀도를 나타내는 데는 한계가 있다. 그림 2-1의 '비교적 높은 정확도와 낮은 정밀도'와 같이 측정값이 퍼져 있는 경우에는 상대표준편차가 측정결과의 정밀도를 충실히 나타낸다고 볼 수 없다. 그러므로 보통은 다음과 같이 표준편차를 쓴다. 무한개 측정값의 **표준편차**(standard deviation) σ로 표시하고 이론적으로 다음과 같이 나타낸다.

$$\sigma = \sqrt{\frac{\sum_{i=1}^{N}(x_i - \mu)^2}{N}} \tag{2-1}$$

여기서 x_i는 각각의 측정값, μ는 무한개 측정값의 평균이며, N은 측정횟수이다. 이 식은 N이 대단히 커서 $N \to \infty$의 경우에만 성립한다. 실제로는 얻는 측정값의 수는 한정이 있으므로 유한개의 측정값의 평균 $\bar{x}$에서 각각의 편차를 계산하여야 한다. 이때 정확하지는 않지만 $\bar{x} \to \mu$로 계산한다. 따라서 보통 측정에서는 3~5회 정도 측정하므로 이런 경우에는 다음과 같이 표준편차를 구할 수 있다.

$$s = \sqrt{\frac{\sum_{i=1}^{N}(x_i - \bar{x})^2}{N-1}} \tag{2-2}$$

여기서 $N-1$은 **자유도**(degree of freedom)라고 하며, s의 값은 σ의 추정값이므로 실험 횟수를 증가시키면 σ에 가까워진다.

예제 2-9

다음의 측정결과의 평균값 및 표준편차를 구하라.
5.67 g, 5.69 g, 6.03 g

풀이 ① 평균값 $\bar{x} = \dfrac{5.67+5.69+6.03}{3} = 5.80$

② 편차 $x_i - \bar{x}$

x_i	$x_i - \bar{x}$	$(x_i - \bar{x})^2$
5.67	0.13	0.0169
5.69	0.11	0.0121
6.03	0.23	0.0529
Σ17.39	Σ0.47	Σ0.0819

③ 표준편차 $s = \sqrt{\dfrac{\sum_{i=1}^{N}(x_i-\bar{x})^2}{N-1}}$

$= \sqrt{\dfrac{0.0169+0.0121+0.0529}{3-1}}$

$= 0.20$

지금까지의 표준편차의 계산은 1회 측정에서 생긴 오차의 평가이다. 무한개의 모집단에서 얻은 1회의 측정값의 산술평균은 각각의 측정에서 얻은 것보다 참값에 가까워진다. N이 매우 커지면 측정평균은 모집단 평균 μ에 가까운 값이 된다. 1회의 측정값에서 얻은 산술평균은 1회의 측정값보다 $\sqrt{N}$배 신뢰성이 높아진다. 그러므로 일련의 4회 측정에서 평균값의 우연오차는 1회 측정하였을 때의 절반이 된다. 즉, N회 측정의 평균값의 정밀도는 각각의 측정값의 편차의 N배에 반비례한다.

$$S_m = \frac{s}{\sqrt{N}} \tag{2-3}$$

S_m을 평균표준편차라고 하고 **표준오차**(standard error)라고도 하며, 표준편차를 다음과 같이 표준편차의 평균값에 대한 백분율인 **상대표준편차**(relative standard deviation or percentage of standard deviation; S_R)로 나타내기도 한다.

$$S_R = \frac{\text{표준편차}}{\text{평균}} \times 100$$

$$= \frac{s}{\bar{x}} \times 100 \qquad (2\text{-}4)$$

3. 최소제곱법

4개의 x값에 대해서 측정한 y값을 y 대 x의 그래프상에 플롯하여, 그 점들을 지나는 어떤 직선을 긋는다고 가정하자. 만일 그 직선이 $y = ax + b$이라면, 어떤 횡축좌표 $x_i (i = 1, 2, 3, 4)$에 대응하는 측정치 y는 y_i이고, 그 직선상에 일치하는 y는 $ax_i + b$가 될 것이다. 그러므로 i번째 데이터점으로부터 그 직선까지의 직선거리 d_i (i번째 편차라 함)는

$$d_i = y_i - (ax_i + b), \qquad i = 1,\ 2,\ 3,\ 4 \qquad (2\text{-}5)$$

가 된다. 만일 d_i가 양수이면 i번째 데이터점은 그 직선의 위쪽에, 음수이면 아래쪽에, 그리고 0이면 직선이 그 점을 통과하게 되는데, 이 편차가 0에 가까울 때 어떤 선에 데이터점이 잘 일치한다고 한다.

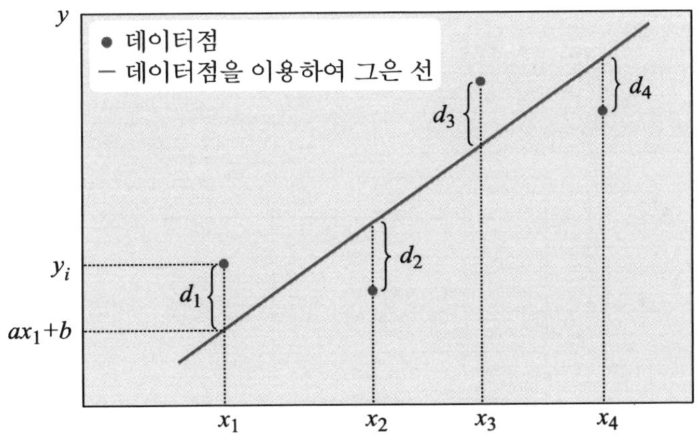

그림 2-2. 최소제곱법에 의한 직선

일련의 데이터들이 잘 일치하게 되는, 최적직선의 정의가 서로 다른, 몇 가지의 최적직선 결정방법이 있는데, 그 중 가장 일반적인 방법은 **최소제곱법**(method of least square)이다.

n개의 플롯점 (x_1, y_1), (x_2, y_2), $\cdots$, (x_n, y_n)이 있는데, 이 점들을 지나는 어떤 직선 $y=ax+b$를 그어 n개의 편차 d_1, d_2, $\cdots$, d_n을 얻어냈다고 하자. 최소자승법에 따르면, n개의 데이터점들을 지나는 최적의 직선은 편차를 제곱한 항들의 합이 최소가 되는 것이다. 그러므로 주어진 과제는 다음 식을 최소로 하는 a와 b값을 구하는 것이다.

$$\phi(a, b) = \sum_{i=1}^{n} d_i^2 = \sum_{i=1}^{n} (y_i - ax_i - b)^2 \tag{2-6}$$

a와 b의 함수인 ϕ에 대한 식 (2-6)을 미분하여, 그것을 0으로 놓고, 식 (2-6)을 다음과 같이 a, b에 대한 대수방정식을 풀면, 알려진 양의 항으로 된 a, b의 최대값에 관한 식을 얻을 수 있다.

$$\frac{\partial\phi}{\partial a} = \sum_{i=1}^{n} 2(y_i - ax_i - b)(-x_i) = 0$$

$$a\sum_{i=1}^{n} x_i^2 + b\sum_{i=1}^{n} x_i = \sum_{i=1}^{n} (x_i y_i)$$

$$\frac{\partial\phi}{\partial b} = \sum_{i=1}^{n} 2(y_i - ax_i - b)(-1) = 0$$

$$a\sum_{i=1}^{n} x_i + bn = \sum_{i=1}^{n} y_i$$

a, b에 대한 2차 방정식의 해를 구하기 위하여 **크래머 공식**(Cramer's rule)을 적용하면 다음과 같이 표현할 수 있다.

$$\begin{bmatrix} \sum_{i=1}^{n} x_i^2 & \sum_{i=1}^{n} x_i \\ \sum_{i=1}^{n} x_i & n \end{bmatrix} \begin{bmatrix} a \\ b \end{bmatrix} = \begin{bmatrix} \sum_{i=1}^{n} (x_i y_i) \\ \sum_{i=1}^{n} y_i \end{bmatrix}$$

이 행렬식을 풀면 a, b를 다음과 같이 각각 구할 수 있다. 이것으로써 직선식 $y=ax+b$를 얻으며, 이 직선을 **교정곡선**(calibration curve; 검정선 또는 검량선)이라고 한다.

(1) 최적직선 : $y = ax + b$

$$\text{기울기 : } a = \frac{n\sum(x_i y_i) - \sum x_i \sum y_i}{n\sum x_i^2 - \left(\sum x_i\right)^2} \tag{2-7}$$

$$\text{절편 : } b = \frac{\sum x_i^2 \sum y_i - \sum x_i \sum(x_i y_i)}{n\sum x_i^2 - \left(\sum x_i\right)^2} \tag{2-8}$$

(2) 원점을 통과하는 최적직선 : $y = ax$

$$\text{기울기 : } a = \frac{\sum(x_i y_i)}{\sum x_i^2} \text{ (절편은 0)} \tag{2-9}$$

한편, x, y 두 변수 사이의 상관의 척도로 상관계수(correlation coefficient; r)를 사용한다. 두 변수 x, y가 함수관계가 아닌 상관관계에 있을 때 x값에 대응하는 y값의 최적값은 구할 수 없으나 가장 가능성이 높은 y값을 얻을 수 있다. 상관관계의 계산에는 가장 편리한 것이 Pearson의 상관계수이며, 다음과 같다.

$$r = \frac{n\sum(x_i y_i) - \sum x_i \sum y_i}{\sqrt{n\left[\sum x_i^2 - \left(\sum x_i\right)^2\right]\left[n\sum y_i^2 - \left(\sum y_i\right)^2\right]}} \tag{2-10}$$

예제 2-10

암모니아성 질소를 측정하기 위하여 나트륨 페놀라이트 용액과 나이트로프루싯 나트륨 용액을 가하여 섞은 다음, 차아염소산 나트륨을 넣어 실온에서 약 30분간 방치하고, 이 용액을 630 nm에서 흡광도를 측정하였을 때 다음과 같았다. 교정곡선의 기울기와 절편 및 상관계수를 구하라.

표준용액의 농도(mg/L)	0.01	0.02	0.03	0.04	0.05
흡광도	0.082	0.167	0.247	0.331	0.410

풀이 먼저 식 (2-7)과 식 (2-8)로부터 기울기(a)와 절편(b)을 구하기 위하여 다음과 같은 표를 만든다.

시료	표준용액의 농도 (mg/ L), x_i	흡광도, y_i	$x_i\,y_i$	x_i^2	y_i^2
1	0.01	0.082	0.0008	0.0001	0.0067
2	0.02	0.167	0.0033	0.0004	0.0279
3	0.03	0.247	0.0074	0.0009	0.0610
4	0.04	0.331	0.0132	0.0016	0.1096
5	0.05	0.410	0.0205	0.0025	0.1681
$\sum$	0.15	1.237	0.0453	0.0055	0.3733

$$\begin{aligned} a &= \frac{n\sum(x_iy_i)-\sum x_i\sum y_i}{n\sum x_i^2-\left(\sum x_i\right)^2} \\ &= \frac{5\times 0.0453-0.15\times 1.237}{5\times 0.0055-(0.15)^2} \\ &= 8.19 \end{aligned}$$

$$\begin{aligned} b &= \frac{\sum x_i^2\sum y_i-\sum x_i\sum(x_iy_i)}{n\sum x_i^2-\left(\sum x_i\right)^2} \\ &= \frac{0.0055\times 1.237-0.15\times 0.0453}{5\times 0.0055-0.15^2} \\ &= 0.0017 \end{aligned}$$

한편 상관계수는 식 (2-10)으로부터 구한다.

$$\begin{aligned} r &= \frac{n\sum(x_iy_i)-\sum x_i\sum y_i}{\sqrt{\left[n\sum x_i^2-(\sum x_i)^2\right]\left[n\sum y_i^2-(\sum y_i)^2\right]}} \\ &= \frac{5\times 0.0453-0.15\times 1.237}{\sqrt{\left[5\times 0.0055-0.15^2\right]\times\left[5\times 0.3733-1.237^2\right]}} \\ &= 0.9986 \end{aligned}$$

예제 2-11

철 표준용액(0.01 mg Fe/mL) 5, 10, 20, 40 mL를 단계적으로 취하여 염산히드록실아민 용액(5 w/v%) 1 mL를 넣고 섞는다. 이 용액에 *o*-페난트롤린 용액(0.1 w/v%) 5 mL를 넣고 흔든 다음, 초산암모늄 용액(10 w/v%) 10 mL를 넣어 섞고 물을 넣어 전체가 100 mL가 되도록 한다.
철의 농도에 따라 흡광도를 측정한 결과는 다음과 같다. 철의 양과 흡광도의 관계식을 계산하고 교정곡선을 작성하고 상관계수(r)를 구하라.

풀이 먼저 시료의 농도를 계산하고 식 (2-7)과 식 (2-8)로부터 기울기(a)와 절편(b)을 구하기 위하여 다음과 같은 표를 만든다.

* 시료의 농도 계산

$0.01\ \mathrm{mg/L}\times 5\ \mathrm{mL/100\ mL}\times 1000\ \mathrm{mL/L}=0.5\ \mathrm{mg/L}$

$0.01\ \mathrm{mg/L}\times 10\ \mathrm{mL/100\ mL}\times 1000\ \mathrm{mL/L}=1.0\ \mathrm{mg/L}$

$0.01\ \mathrm{mg/L} \times 20\ \mathrm{mL}/100\ \mathrm{mL} \times 1000\ \mathrm{mL/L} = 2.0\ \mathrm{mg/L}$

$0.01\ \mathrm{mg/L} \times 40\ \mathrm{mL}/100\ \mathrm{mL} \times 1000\ \mathrm{mL/L} = 4.0\ \mathrm{mg/L}$

시료	시료의 농도 (mg/L), x_i	흡광도, y_i	$x_i\ y_i$	x_i^2	y_i^2
1	0.5	0.062	0.031	0.25	0.0038
2	1.0	0.133	0.133	1.00	0.0177
3	2.0	0.270	0.540	4.00	0.0729
4	4.0	0.442	1.768	16.00	0.1954
$\sum$	7.5	0.907	2.472	21.25	0.2898

$$\begin{aligned} a &= \frac{n\sum(x_iy_i) - \sum x_i \sum y_i}{n\sum x_i^2 - \left(\sum x_i\right)^2} \\ &= \frac{4 \times 2.472 - 7.5 \times 0.907}{4 \times 21.25 - (7.5)^2} \\ &= 0.1073 \end{aligned}$$

$$\begin{aligned} b &= \frac{\sum x_i^2 \sum y_i - \sum x_i \sum (x_iy_i)}{n\sum x_i^2 - \left(\sum x_i\right)^2} \\ &= \frac{21.25 \times 0.907 - 7.5 \times 2.472}{4 \times 21.25 - 7.5^2} \\ &= 0.0255 \end{aligned}$$

그러므로 $y = 0.1073x + 0.0255$가 되며, 상관계수는 식 (2-10)으로부터 다음과 같이 계산한다.

$$\begin{aligned} r &= \frac{n\sum(x_iy_i) - \sum x_i \sum y_i}{\sqrt{\left[n\sum x_i^2 - \left(\sum x_i\right)^2\right]\left[n\sum y_i^2 - \left(\sum y_i\right)^2\right]}} \\ &= \frac{4 \times 2.472 - 7.5 \times 0.907}{\sqrt{\left[4 \times 21.25 - 7.5^2\right] \times \left[4 \times 0.2898 - 0.907^2\right]}} \\ &= 0.9920 \end{aligned}$$

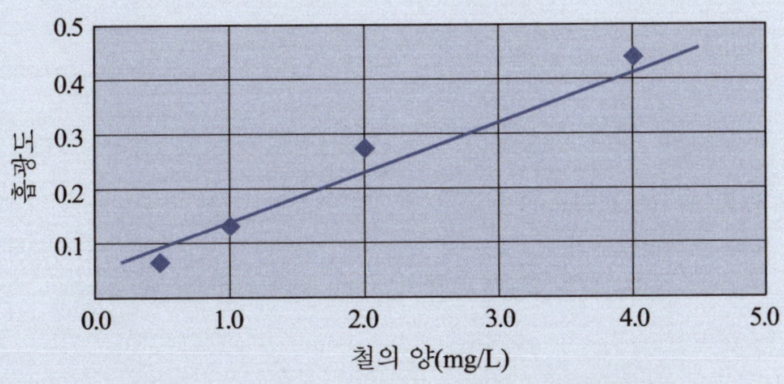

그림 2-3. 철의 양에 대한 흡광도의 교정곡선

예제 2-12

다음 식은 P와 t에 대한 관계식이다.

$$P = \frac{1}{mt^{1/2}+r}$$

데이터는 다음과 같이 얻어졌다.

P	0.279	0.194	0.168	0.120	0.083
t	1.0	2.0	3.0	5.0	10.0

최소제곱법을 사용하여 m과 r을 계산하시오.

풀이 식은 다음과 같이 다시 쓸 수 있다.

$$P = \frac{1}{mt^{1/2}+r}$$

이 식으로부터 $1/P$ 대 $t^{1/2}$의 플롯이 기울기 m과 절편 r인 직선으로 되어야 하는데, 위 표로부터 얻은 $1/P$ 대 $t^{1/2}$의 값은 다음과 같다.

$y=1/P$	3.584	5.155	5.952	8.333	12.048
$x=t^{1/2}$	1.0	1.414	1.732	2.236	3.162

$\frac{1}{P} = mt^{1/2}+r$에서 $y=1/P$, $x=t^{1/2}$라고 하면

$y=mx+r$

그러므로 식 (2-7)로부터

$$\text{기울기 } a = \frac{n\sum(x_iy_i)-\sum x_i\sum y_i}{n\sum x_i^2-\left(\sum x_i\right)^2} = 3.94$$

식 (2-8)로부터

$$\text{절편 } b = \frac{\sum x_i^2\sum y_i-\sum x_i\sum(x_iy_i)}{n\sum x_i^2-\left(\sum x_i\right)^2} = -0.516$$

따라서 최종결과는 $P = \frac{1}{3.94t^{1/2}-0.516}$이다.

이 결과를 검토하기 위한 좋은 방법은 데이터점들과 직선 $\frac{1}{P} = 3.94t^{1/2}-0.516$이 동시에 나타나도록 P 대 $t^{1/2}$를 플롯하는 것이다.

만일, 선정된 이 함수가 주어진 데이터를 일치시키는 데 타당하고, 계산상의 아무런 실수가 없었다면, 데이터점들은 그 직선 주위에 분산되어 있어야 하는데 실제로 다음 그림과 같은 경우이다.

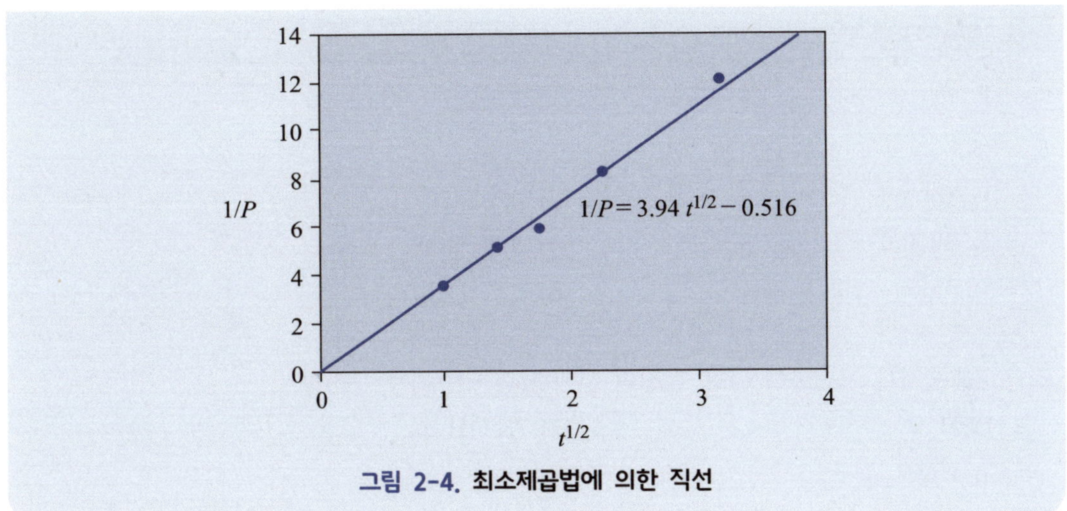

그림 2-4. 최소제곱법에 의한 직선

연습문제 2

1. 다음 수의 유효숫자는 몇 자리인가?

1) 100.02
2) 222.0
3) 3000.0
4) 0.000400
5) 5.050×10^{5}
6) 6.780×10^{-6}

2. 유효숫자를 고려하여 다음 물질의 분자량(화학식량)을 구하라.

1) H_2O
2) NaOH
3) $PbCl_2$

3. 다음을 유효숫자 수를 고려하여 계산하라.

1) $30.000 \times 28.7 \times 0.1176$
2) $(2.546 \times 0.000250) - (5.4 \times 10^{-4}) + (0.036 \times 0.02771)$
3) $(5.32 \times 10^{-5}) \times (4.720 \times 10^{-6}) \div (2.300 \times 10^{-7})$

4. 어떤 물질의 질량을 반복하여 5회 측정하였을 때 다음과 같은 값을 얻었다.

26.43 , 25.89 , 25.92 , 25.73 , 25.80 g

평균값, 표준편차 및 평균표준편차를 구하라.

5. 폐수 중의 인을 정량하기 위하여 인산 표준용액을 몰리브덴(VI)과 반응시키고 흡광도를 측정하여 검량선을 작성하였다. 다음 자료를 이용하여 농도와 흡광도와의 관계식을 구하고 상관계수를 구하라.

P(ppm)	A(흡광도)
1.0	0.234
2.0	0.342
3.0	0.464
4.0	0.578
5.0	0.684

6. 5번 문제에서 인을 포함하는 폐수를 같은 방법으로 흡광도를 측정하였을 때 흡광도가 0.401이었다면 이 폐수 중의 인의 농도를 구하라.

7. 질산성질소 표준용액(0.02 mg NO_3-N/mL) 2.0, 4.0, 8.0, 10.0 mL를 단계적으로 취하여 100 mL 용량플라스크에 옮기고 물을 넣어 표선을 채운 다음 다시 이 중에서 25.0 mL를 정확히 취하여 다른 용량플라스크에 넣고 여기에 (1+500)염산 5 mL를 넣어 흔들고 220 nm에서 흡광도를 측정하였다. 따로 물 50 mL에 (1+500)염산을 가하고 바탕시험에 사용하여 흡광도를 측정하였을 때 흡광도는 다음과 같았다. 다음을 각각 구하라.

번호	시료량(mL)	흡광도
1	2.0	0.115
2	4.0	0.143
3	8.0	0.202
4	10.0	0.228
blank		0.090

1) 흡광도 측정에 사용한 표준용액 중 NO_3-N의 양(mg)

2) 교정곡선 식

3) 상관계수(r)

8. 암모니아성질소 표준용액(0.005 mg NH_3-N/mL) 2.0, 5.0, 8.0, 10.0 mL를 단계적으로 취하여 물을 넣어 약 30 mL로 하고 sodium phenolate 용액 10 mL와 sodium nitroprusside[$Na_2Fe(CN)_5(NO) \cdot 2H_2O$] 용액 1 mL를 넣고 섞은 다음 sodium hypochlorite (NaOCl) 용액 5 mL를 넣어 전체가 50.0 mL가 되도록 한다. 이것을 20~25℃에서 약 30분간 방치하고 630 nm에서 흡광도를 측정하였다. 따로 물 30 mL를 취하여 같은 방법으로 흡광도를 측정한 결과는 각각 다음과 같다. 다음을 구하라.

번호	시료량(mL)	흡광도
1	2.0	0.030
2	5.0	0.040
3	8.0	0.045
4	10.0	0.053
blank		0.010

1) 흡광도 측정에 사용한 표준용액의 농도(mg/L)

2) 교정곡선 식

3) 상관계수(r)

9. 문제 9에서 암모니아성질소 표준원액(0.1 mg NH_3-N/mL) 50.0 mL를 취하여 500.0 mL가 되도록 묽히고 2.0 mL를 취하여 미지시료로 사용하였을 때 흡광도가 0.035이었다면 미지시료 농도(mg/L)의 이론값과 실험값을 비교하라.

제 3 장

용액과 농도

1. 용액(solution)

물질은 3가지의 상태, 즉 기체(gas), 액체(liquid) 또는 고체상(solid phase)로 되어 있으며, 이 중에서 서로 같거나 다른 2상(phase) 이상의 물질이 혼합된 것을 **용액**(solution)이라 한다. 용액에는 기체용액, 액체용액, 고체용액의 3가지가 있다. **기체용액**(gaseous solution)은 기체에 기체, 고체 또는 액체가 서로 섞여 균일한 혼합물이 된 것을 말하고, **액체용액**(liquid solution)은 액체에 기체, 액체 또는 고체상의 물질이 혼합하여 균일한 혼합물이 된 것인데 보통 이것을 용액(solution)이라 한다. 또 고체에 기체, 액체 또는 고체상의 물질이 혼합하여 균일한 혼합물이 된 것을 **고체용액**(solid solution)이라 한다. 화학에서는 액체용액, 즉 용액을 많이 취급하게 되는데 이때 어떤 물질을 녹이는데 쓰이는 액체를 **용매**(solvent)라 하고, 녹는 물질을 **용질**(solute)이라 한다. 다시 말해서 용매와 용질을 합하여 용액이라고 부른다. 한편, 액체로 된 용질을 액체로 된 용매에 녹이는 경우에는 분량이 많은 편을 편의상 용매라 한다.

용매의 종류에 따라 여러 가지 용액이 있는데 분석상 가장 많이 쓰이는 용액은 용매가 물인 수용액이므로 이것을 간단히 용액이라고 하는 때가 많다.

표 3-1. 기체용액, 액체용액, 고체용액

구분	용액	용매	용질
기체용액	공기	질소	산소, 아르곤 등
액체용액	탄산수	물	이산화탄소
	술	물	에탄올
	소금물	물	소금
고체용액	청동	구리	주석

2. 분율

용액 중의 용질의 양을 표시할 때 사용하는 것을 농도라 하고 농도의 종류는 여러 가지가 있다. 따라서 용액 중의 용질의 양, 즉 농도를 표시할 때는 거의 대부분이 "용질/용액"으로 나타낸다.

1) 백분율(percentage)

용액 중에서 물질의 백분율은 일반적으로 다음과 같이 세 가지로 나타내며, 용액의 조성을 분명히 하기 위해서는 정확한 표현을 사용하여야 한다.

(1) 무게 백분율(weight/weight percentage; w/w% 또는 wt%)

"용액 100 g 중에 들어 있는 용질의 g수"로 표시한다.

예를 들면 질량이 100 g인 용액에 용질 1 g이 녹아 있는 용액은 1 w/w%이다.

$$\text{무게 백분율(wt\%)} = \frac{\text{용질의 무게(g)}}{\text{용액의 무게(g)}} \times 100\% \tag{3-1}$$

예제 3-1

시판되는 염산 500 g 속에 HCl이 175 g이 함유되어 있다면 이 염산은 몇 wt%인가?

풀이

$$\begin{aligned}\text{염산의 무게 백분율(wt\%)} &= \frac{\text{용질의 무게(g)}}{\text{용액의 무게(g)}} \times 100\% \\ &= \frac{175\text{ g}}{500\text{ g}} \times 100\% \\ &= 35.0\%\end{aligned}$$

(2) 무게/부피 백분율(weight/volume percentage, w/v%)

"용액 100 mL 중에 들어 있는 용질의 g수"로 표시한다.

예를 들면 부피가 100 mL인 용액에 용질 1 g이 녹아 있는 용액은 1 w/v%이다.

(묽은 수용액의 경우 1 g=1 mL임을 기억하자.)

$$\text{무게/부피 백분율(w/v\%)} = \frac{\text{용질의 무게(g)}}{\text{용액의 부피(mL)}} \times 100\% \tag{3-2}$$

예제 3-2

4 w/v% NaCl 용액 50 mL 중에 들어 있는 NaCl의 양은?

풀이

$$\text{용질의 무게} = \frac{\text{무게/부피 백분율(w/v\%)}}{100} \times \text{용액의 부피}$$

$$= \frac{4 \times 50}{100}$$

$$= 2\,\text{g}$$

(3) 부피 백분율(volume/volume percentage; v/v% 또는 v%)

"용액 100 mL 중에 들어 있는 용질의 mL수"로 표시한다.

예를 들면 부피가 100 mL인 용액에 용질 1 mL가 녹아 있는 용액은 1 v/v%이다.

$$\text{부피 백분율(v/v\%)} = \frac{\text{용질의 부피(mL)}}{\text{용액의 부피(mL)}} \times 100\% \quad (3\text{-}3)$$

예제 3-3

H_2SO_4 10.0 mL로 4 v/v% H_2SO_4 용액 몇 mL를 만들 수 있는가?

풀이

$$\text{용액의 부피(mL)} = \frac{\text{용질의 부피(mL)}}{\text{부피 백분율(v/v\%)}} \times 100$$

$$= \frac{10.0\,\text{mL}}{4\,\text{v/v\%}} \times 100$$

$$= 250\,\text{mL}$$

2) 천분율(permillage; 퍼밀농도 ‰)

"용액 1 L 또는 1 kg 중에 들어 있는 용질의 g 또는 mL수"로 표시하며, 백분율과 마찬가지로 용액의 조성에 따라

$$\text{퍼밀농도(‰)} = \frac{\text{용질의 무게 또는 부피}}{\text{용액의 무게 또는 부피}} \times 100 \quad (3\text{-}4)$$

으로 나타낸다.

3) 백만분율(parts per million; ppm)

"용액 1 L 또는 1 kg 중에 들어 있는 용질의 mg수"로 표시하며, 백분율과 마찬가지로

$$ppm = \frac{\text{용질의 무게 또는 부피}}{\text{용액의 무게 또는 부피}} \times 10^6 \quad (3\text{-}5)$$

으로 구할 수 있다. 또는 용질/용액의 단위를 mg/ L 또는 mg/ kg으로 고치면 ppm이 된다.

예제 3-4

HCl 용액 100 mL 중에 HCl이 1×10^{-4} g 들어 있다면 몇 ppm인가?

풀이

$$ppm = \frac{\text{용질의 무게}}{\text{용액의 부피}} \times 10^6$$

$$= \frac{1 \times 10^{-4}\,g}{100\,mL} \times 10^6$$

$$= 1\,ppm$$

별해

$$\frac{\text{용질}}{\text{용액}} = \frac{1 \times 10^{-4}\,g}{100\,mL} \left| \frac{10^3\,mL}{L} \right| \frac{10^3\,mg}{g} = 1\,ppm$$

예제 3-5

0.1 ppm 구리 용액은 몇 %인가?

풀이

0.1 ppm = 0.1 mg/ L이므로 용액 1000 mL에 구리가 1×10^{-4} g 포함되어 있다.

그러므로 구리의 % $= \frac{\text{용질}}{\text{용액}} \times 100$

$$= \frac{1 \times 10^{-4}\,g}{1000\,mL} \times 100$$

$= 1 \times 10^{-5}$%가 된다.

4) 십억분율(parts per billion; ppb)

"용액 1 L 또는 1 kg 중에 들어 있는 용질의 μg수"로 표시하며, 백만분율을 구하는 식에서 10^6 대신 10^9을 곱하면 된다. 또는 용질/용액의 단위를 ppm에서와 같이 μg/L 또는 μg/kg으로 고치면 ppb가 된다.

예제 3-6

0.1 ppb NaCl 용액 1 L 중에 들어 있는 NaCl의 양(g)을 구하라.

풀이

$$\text{ppb} = \frac{\text{용질의 무게}}{\text{용액의 부피}} \times 10^9 \qquad (3\text{-}6)$$

$$\text{용질(NaCl)의 무게} = \frac{\text{용액의 부피} \times \text{ppb}}{10^9} = \frac{1000 \times 0.1}{10^9} = 1.0 \times 10^{-7}\ \text{g}$$

예제 3-7

10 ppb 수은 용액의 %와 ppm을 구하라.

풀이 10 ppb = 10 μL/L이므로 용액 1000 mL에 수은이 1×10^{-5} g이 포함되어 있다. 그러므로

$$\text{구리의 \%} = \frac{\text{용질}}{\text{용액}} \times 100 = \frac{1 \times 10^{-5}\ \text{g}}{1000\ \text{mL}} \times 100 = 1 \times 10^{-6}\%$$

$$\text{구리의 ppm농도} = \frac{\text{용질}}{\text{용액}} \times 10^6 = \frac{1 \times 10^{-5}\ \text{g}}{1000\ \text{mL}} \times 10^6 = 1 \times 10^{-2}\ \text{ppm}$$

5) 1조분율(parts per trillion; ppt)

"용액 1 L 또는 1 kg 중에 들어 있는 용질의 ng수"로 표시하며, 백만분율에서 10^6 대신 10^{12}를 곱하여 구한다. 또는 용질/용액의 단위를 ppm에서와 같이 ng/L 또는 ng/kg으로 고치면 ppt가 된다.

3. 밀도와 비중(density and specific gravity)

용액의 질량과 부피 사이의 관계는 용액의 화학식량론을 계산하는데 있어 중요하다. 용액의 질량과 부피 사이의 관계는 다음의 **밀도**(density; d) 식에 의해 표현된다.

$$d = \frac{m}{V} \tag{3-7}$$

여기서, m은 질량, V는 부피이다.

액체와 고체에서 질량은 보통 g으로, 그리고 부피는 cm^3로 측정한다. 밀도는 cm^3에 대한 g단위를 갖는다. 예를 들면, 물의 밀도는 1 g/cm^3에 매우 가깝다. 따라서 수용액의 경우는 밀도와 비중은 같은 값을 갖는다.

비중(specific gravity)은 그 물질과 같은 부피를 갖는 4℃ 물의 질량에 대한 그 물질의 질량비이다. 동일 부피의 물의 질량에 대한 어떤 물질의 질량의 비율이다. 단순하게 비중은 그 온도에서 물의 밀도와 어떤 물질의 밀도를 비교하며 흔히 물의 밀도에 대한 다른 액체의 밀도를 비교하는데 이용된다. 물의 표준밀도는 g/ mL의 값을 가지므로 미터법에서 비중은 간단히 단위 없는 밀도값을 사용한다.

$$\text{비중} = \frac{\text{물질의 밀도(g/mL)}}{\text{4℃ 물의 밀도(g/mL)}} \tag{3-8}$$

한편, 액체인 경우는 대개 불순물이나 물 등이 포함되어 있으므로 질량을 부피로 바꾸거나 부피를 질량으로 바꿀 때는 앞의 식을 다음과 같이 바꾸어 사용한다.

표 3-2. 여러 가지 물질의 밀도(g/cm^3)

기체 물질		액체 물질		고체 물질	
수소	0.0000899	에탄올	0.709	얼음	0.92
메탄	0.00072	물(4℃)	1.00	알루미늄	2.69
질소	0.00125	아세트산	1.05	철	7.89
산소	0.00143	사염화탄소	1.63	구리	8.93
이산화탄소	0.00198	수은	13.5	은	10.5
				납	11.3
				금	19.3

$$m = dV \times \frac{\%}{100} \tag{3-9}$$

예를 들면, 비중이 1.84인 98% H_2SO_4 1 L의 질량은 1,840 g(1.84 g/mL × 1,000 mL)이다. 이 중에서 98%가 H_2SO_4이므로 1,840 × 98/100 = 1,803 g이 순수한 H_2SO_4이다.

예제 3-8

98% H_2SO_4(비중=1.84)와 30% H_2SO_4(비중=1.22) 100 mL를 혼합하여 50% H_2SO_4(비중=1.40)를 만들려면 98% H_2SO_4가 몇 mL 필요한가?

풀이 98% H_2SO_4 중의 순수한 H_2SO_4의 질량(m_{98})과 30% H_2SO_4 중의 순수한 H_2SO_4의 질량(m_{30})을 더하면 50% H_2SO_4 중의 순수한 H_2SO_4의 질량(m_{50})이 되므로

$$m_{98} + m_{30} = m_{50}$$

이 된다. 그런데 $m = dV \times \frac{\%}{100}$이므로

$$1.84 \times x \times \frac{98}{100} + 1.22 \times 100 \times \frac{30}{100} = 1.40 \times (100 + x) \times \frac{50}{100}$$

$$x = 30.28\ \text{mL}$$

별해 %농도가 서로 다른 두 용액을 섞어서 중간 농도의 용액을 만들 때는 다음과 같이 대략적으로 계산할 수 있다.

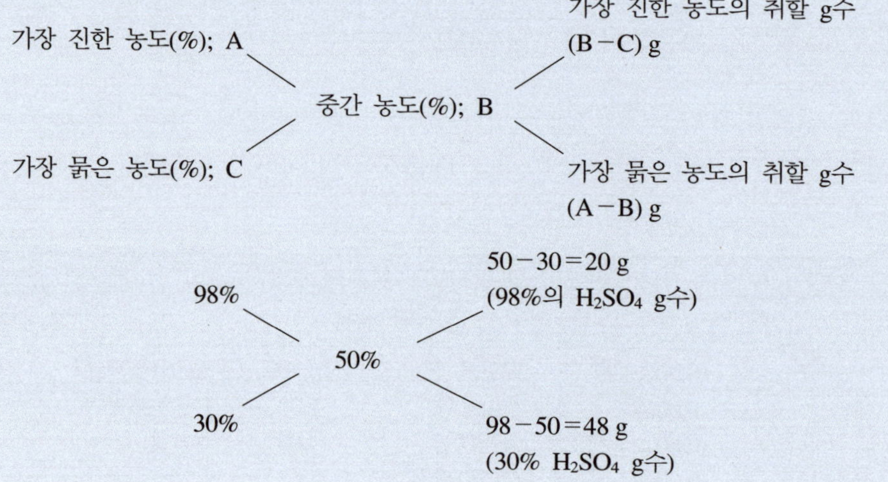

4. 몰농도(molarity, M, mole/ L)

몰농도는 "용액 1 L 중에 들어 있는 용질의 g-분자량(mole)수"로 표시하며, 단위는 M = mole/ L가 된다. 여기서는 크게 나누어 두 가지 방법으로 계산문제를 해결할 수 있다.

1) M농도를 이용하여 양을 구하는 경우

첫째, 분자량을 곱한다.

둘째, 원하는 부피 중의 양을 구한다.

예제 3-9

0.1 M NaOH 500 mL에 들어 있는 NaOH의 양을 구하라(NaOH = 40).

풀이 ① 0.1 M NaOH = 0.1 mole/ L × 40 g/mole = 4 g/ L

② 1 L 중에 4 g이 포함되어 있으므로 500 mL 중에는

$4\text{ g} \times \frac{500\text{ mL}}{1000\text{ mL}}$ = 2 g이 포함되어 있다.

예제 3-10

0.1 M H_2SO_4 용액의 %와 ppm 농도를 구하라.

풀이 $0.1\text{ M } H_2SO_4 = 0.1\text{ mole/L} = 0.1 \times 98\text{ g/L} = 9.8\text{ g/L}$

따라서 용액 1000 mL 중에 H_2SO_4가 9.8 g 포함되어 있으므로

$$\%\text{농도} = \frac{\text{용액}}{\text{용질}} \times 100$$

$$= \frac{9.8\text{ g/L}}{1000\text{ mL}} \times 100$$

$$= 0.98\%$$

$$\text{ppm농도} = \frac{\text{용질}}{\text{용액}} \times 10^6$$

$$= \frac{9.8\text{ g/L}}{1000\text{ mL}} \times 10^6$$

$$= 9.8 \times 10^3\text{ ppm}$$

예제 3-11

시판되는 진한 질산(HNO_3, 60%, 비중=1.38)을 이용하여 0.1 M HNO_3 용액 250 mL를 만들기 위하여 필요한 진한 질산의 양(mL)을 구하라.

풀이 0.1 M HNO_3 용액 250 mL 중에 포함되어 있는 양(g)을 구한 다음 이를 부피로 환산하면 된다. 따라서

$0.1\text{ M HNO}_3 = 0.1\text{ mole/L HNO}_3 = 0.1\times 63\text{ g/L} = 6.3\text{ g/L}$이므로

250 mL를 만들기 위해서는 6.3 g × 250/1000 = 1.575 g이 필요하다.

1.575 g의 HNO_3를 부피로 환산하기 위해서는

$$m = dV\times\frac{\%}{100}\text{에서}\quad V = \frac{m}{d}\times\frac{100}{\%}$$

$$= \frac{1.575}{1.38}\times\frac{100}{60}$$

$$= 1.90\text{ mL}$$

2) 용질의 양을 이용하여 M농도를 구하는 경우

첫째, 용액 1000 mL 중에 포함된 양을 구한다(g/ L).

둘째, 분자량으로 나눈다(mole/ L).

예제 3-12

$MgCl_2$ 용액 250 mL에 $MgCl_2$가 0.5 g 포함되어 있다면 몇 M 용액인가?

풀이 ① 250 mL : 0.5 g = 1000 mL : x

$$x = \frac{0.5\text{ g}\times 1000\text{ mL}}{250\text{ mL}} = 2\text{ g}$$

즉, 용액 1 L 중에 $MgCl_2$가 2 g 있으므로

② $\text{M농도} = \dfrac{2\text{ g/L}}{95\text{ g/mole}} = 0.02\text{ M}$

예제 3-13

0.1%(w/v) NaCl 용액의 M농도를 구하라.

풀이 0.1%(w/v) NaCl 용액은 용액 100 mL 중에 NaCl이 0.1 g이 포함되어 있으므로 용액 1 L에는 NaCl이 1 g이 포함되어 있다. 따라서

$$\text{M농도} = \frac{1\text{ g/L}}{58.5\text{ g/mole}} = 0.017\text{ mole/L (M)}$$

예제 3-14

c-H_2SO_4(98%, s.g=1.84) 10 mL에 물을 첨가하여 전체가 100 mL가 되도록 하였다면 이 용액은 몇 M농도인가?

풀이 먼저 *c*-H_2SO_4 10 mL 중에 포함되어 있는 H_2SO_4의 양(g)을 구한다.

$$m = dV \times \frac{\%}{100}$$
$$= 1.84 \times 10 \times \frac{98}{100}$$
$$= 18.032\ \mathrm{g}$$

즉, 용액 100 mL에 H_2SO_4가 18.032 g이 포함되어 있으므로 1 L 중에는 180.32 g이 포함되어 있다. 따라서

$$\text{M농도} = \frac{180.32\ \mathrm{g/L}}{98\ \mathrm{g/mole}} = 1.84\ \mathrm{mole/L(M)}$$

5. 몰랄농도(molality, m)

용액의 **몰랄농도**는 "용매 1000 g 중에 들어 있는 용질의 몰수"로 정의한다. 몰랄농도는 보통 소문자 m으로 표시한다. 1 m NaCl 수용액은 1000 g의 물속에 Na^+ 1몰과 Cl^- 1몰을 포함한다. 몰랄농도는 용액의 끓는점(boiling point)이나 어는점(freezing point)을 다루는 계산을 처리하는 유용한 단위이다. 그러나 액체용매를 평량하는 어려움이 있으므로 일반적으로 실험실에서 사용하기는 불편하며, 특히 분석화학에서는 잘 다루지 않는 단위이다.

예제 3-15

글루코스, $C_6H_{12}O_6$는 당으로 혈액 속에서 발견되기 때문에 혈당이라고 하며, 인체의 주요 에너지원이다. 물 25.2 g에 4.57 g의 글루코스가 녹아 있는 용액의 몰랄농도(m)는 얼마인가? ($C_6H_{12}O_6$ = 180.2)

풀이 4.57 g의 글루코스의 몰수는 다음과 같이 구할 수 있다.

$$4.57\ \mathrm{g}\ C_6H_{12}O_6 \times \frac{1\ \mathrm{mol}\ C_6H_{12}O_6}{180.2\ \mathrm{g}\ C_6H_{12}O_6} = 0.0254\ \mathrm{mol}\ C_6H_{12}O_6$$

용질(글루코스)의 몰수를 kg 단위의 용매(물)의 질량으로 나누면 몰랄농도를 구할 수 있다. 물의 질량은 25.2 g으로 25.2×10^{-3} kg이다.

$$\text{몰랄농도(m)} = \frac{0.0254\ \text{mol}\ \ C_6H_{12}O_6}{25.2 \times 10^{-3}\ \text{kg의 용매}} = 1.01\ \text{m}\ \ C_6H_{12}O_6$$

6. 노말농도(normality, N)

"용액 1 L 중에 들어 있는 용질의 g-당량수(eq)"를 **노말농도**라고 하고 N으로 표시하며, 이것은 g-당량(eq)/L이다. 계산방법은 M농도와 같이 두 가지 방법으로 해결할 수 있으며, M농도 계산방법에서 "g-분자량" 대신 "g-당량(eq)"을 사용하면 된다.

1) N농도를 이용하여 양을 구하는 경우

첫째, N 대신 g-당량(eq)/L을 곱하며, 이때 1 L 중에 들어 있는 용질의 양이 구해진다.
둘째, 원하는 부피 중의 양을 구한다.

예제 3-16

0.1 N H_2SO_4 용액 500 mL 중에 포함된 H_2SO_4의 양을 구하라(H_2SO_4 = 98).

풀이 먼저, ① $0.1\ \text{N} = 0.1\ \text{g-당량/L}$

$$= 0.1 \times \frac{98}{2}\ \text{g/L}$$

$$= 4.9\ \text{g/L}$$

② $4.9\ \text{g} : 1000\ \text{mL} = x\ \text{g} : 500\ \text{mL}$

$$x = 4.9\ \text{g} \times \frac{500\ \text{mL}}{1000\ \text{mL}}$$

$$= 2.45\ \text{g}$$

예제 3-17

0.001 N Na_2CO_3 (Mw = 106) 용액의 %와 ppb 농도를 각각 구하라.

풀이 $0.001\ \text{N} = 0.001\ \text{eq/L} = 0.001 \times \frac{106}{2}\ \text{g/L} = 0.053\ \text{g/L}$

즉, 1 L 중에 Na_2CO_3가 0.053 g이 포함되어 있으므로

$$\begin{aligned} Na_2CO_3\text{의 } \% &= \frac{\text{용질(g)}}{\text{용액(mL)}} \times 100 \\ &= \frac{0.053\ g}{1000\ mL} \times 100 \\ &= 5.3 \times 10^{-3}\% \end{aligned}$$

$$\begin{aligned} Na_2CO_3\text{의 ppb} &= \frac{\text{용질(g)}}{\text{용액(mL)}} \times 10^9 \\ &= \frac{0.053\ g}{1000\ mL} \times 10^9 \\ &= 5.3 \times 10^4\ ppb \end{aligned}$$

예제 3-18

c-H_2SO_4 (98%, s.g = 1.84)로 0.1 N H_2SO_4 용액 500 mL를 만드는 방법을 설명하라.

풀이 먼저 0.1 N H_2SO_4 용액 500 mL 중에 포함되어 있는 양(g)을 구한다.

$$\begin{aligned} 0.1\ N &= 0.1\ eq/L \\ &= 0.1 \times \frac{98}{2}\ g/L \\ &= 4.9\ g/L \end{aligned}$$

즉, 1 L를 만들기 위해서 4.9 g의 H_2SO_4가 필요하므로 500 mL를 만들기 위해서는 4.9 × 500/1000 = 2.45 g이 필요하다. 그러므로 이것을 부피로 환산하면

$m = dV \times \frac{\%}{100}$ 에서

$$\begin{aligned} V &= \frac{m}{d} \times \frac{100}{\%} \\ &= \frac{2.45}{1.84} \times \frac{100}{98} \\ &= 1.34\ mL \end{aligned}$$

즉, 98% H_2SO_4 1.34 mL를 취하여 전체가 500 mL가 되도록 물을 가한다.

2) 용질의 양을 이용하여 농도를 구하는 경우

이 경우는 농도를 주고 양을 구하는 경우와는 반대로 먼저 용액 1 L 중에 들어 있는 용질의 양을 구한 다음 g-당량으로 나누면 N농도를 구할 수 있다.

예제 3-19

$FeCl_3$ (Mw=162) 용액 100 mL 중에 $FeCl_3$가 0.5 g 포함되어 있다면 이 용액의 N농도를 구하라.

풀이 먼저, 용액 1 L 중에 포함된 $FeCl_3$의 양을 구하면

$$0.5\text{ g} : 100\text{ mL} = x\text{ g} : 1000\text{ mL}$$

$$x = 0.5\text{g} \times \frac{1000\text{ mL}}{100\text{ mL}}$$

$$= 5\text{ g}$$

즉, 이 용액 1 L 중에 5 g의 $FeCl_3$가 들어 있으므로

$$\text{N농도} = \frac{5\text{ g/L}}{\frac{162}{3}\text{ g/g-당량}}$$

$$= 0.093\text{ g-당량/L} = 0.093\text{ N}$$

7. 포말농도(formality)

1 L 중 물질의 화학식량의 g수를 용해시킨 용액의 농도를 **포말농도**(formal concentration) 또는 화학식량농도라 하며, Formality, F로 나타내어 쓴다.

어떤 물질의 분자식이 확실히 알려져 있지 않을 때나 해당되는 물질이 고체상(solid phase) 또는 액체상(liquid phase)에서 분자상태로 존재하지 않고 있을 때 이를 나타내기 위해서 사용된다. 즉, ethyl alcohol이나 설탕 $C_{12}H_{12}O_{11}$ = 342.30은 분자를 갖고 있으나 만약 ion 결정이나 공유결합의 거대분자와 같은 보통 개념의 분자라는 단위가 존재하지 않는 경우를 가정한다면, 화학식에 상당하는 원자량 단위의 양을 식량, 식량과 같은 그램수의 물질의 양을 1 g-식량으로 나타내어 사용한다.

예를 들면, 질산은의 식량은 $AgNO_3$ = 169.88, 1 g-식량 = 169.88 g 분자로 하여 존재하는 경우에는 분자량과 식량은 일치된다. 그렇지만 이온으로 해리하는 것은 그 원자량 또는 식량에 상당하므로, **그램이온**(gram ion)이라는 말을 쓴다.

예를 들면, CO_2, PO_4^{3-}의 1그램이온은 각각 44.08 g, 94.972 g이다. g-식량의 표시법은 그램원자, 그램이온, 그램분자로 할 수 있다. 그러나 분석화학에서는 주로 무기염류를 많이 취급하고 그것은 분자성이 아닌 물질이므로 g-식량이라는 표현이 적합하기는 하나 관례에 따라 g-분자량, mole을 사용한다.

8. 몰분율(mole fraction)

"용액을 구성하고 있는 전체 성분에 대하여 특정 성분의 몰수를 용액의 총 몰수로 나눈 값"을 그 특정 성분의 **몰분율**이라고 한다. 성분 1과 2로 만들어진 용액의 몰분율을 다음과 같이 표시한다.

$$X_1 = \frac{\text{성분 1의 몰수}}{\text{용액 전체의 몰수}} = \frac{n_1}{n_1 + n_2}$$
$$X_2 = \frac{\text{성분 2의 몰수}}{\text{용액 전체의 몰수}} = \frac{n_2}{n_1 + n_2} \tag{3-10}$$

n_1, n_2는 용액에서 성분 1과 2의 몰수이다. 일반적으로 부호 X_1, X_2는 성분 1과 2의 몰분율을 나타내는 것이다.

임의의 수, i에 대해서는 다음과 같이 쓸 수 있다.

$$X_1 = \frac{n_1}{n_1 + n_2 + n_3 + \cdots + n_i}$$
$$X_2 = \frac{n_1}{n_1 + n_2 + n_3 + \cdots + n_i} \tag{3-11}$$

결국 몰분율은 확률의 개념이며, 모든 몰분율의 합은 언제나 1이다.

$$X_1 + X_2 + \cdots = 1 \tag{3-12}$$

몰분율 단위는 용액의 몇 가지 농도에 의존하는 성질과 용매와 용질 분자의 상대적인 수 사이의 관계를 강조함이 필요할 때 유용하다.

예제 3-20

물 1 kg에 0.120 mol의 글루코스를 녹여서 용액을 만들었다. 이 용액에 들어 있는 각 성분의 몰분율은 얼마인가?

풀이 1.00 kg의 물의 몰수는

$$1.00 \times 10^3 \text{ g } H_2O \times \frac{1 \text{ mol } H_2O}{18.0 \text{ g } H_2O} = 55.6 \text{ mol의 } H_2O$$

$$X_{\text{글루코스}} = \frac{0.120\ \text{mol}}{(0.120+55.6)\ \text{mol}}$$

$$= 0.002$$

$$X_{H_2O} = \frac{0.120\ \text{mol}}{(0.120+55.6)\ \text{mol}}$$

$$= 0.998$$

연습문제 3

1. 다음 용액 중 ethyl alcohol의 양(g 또는 mL)을 구하라.

1) 16 w/v% ethyl alcohol 500 mL
2) 16 v/v% ethyl alcohol 500 mL
3) 16 w/w% ethyl alcohol 500 g

2. 우리가 마시는 물의 경도는 100 ppm $CaCO_3$이다. mM과 mN 농도를 구하고, 이 물 5.0 mL 중에 들어 있는 $CaCO_3$의 mg과 μg 수를 각각 구하라.

3. 다음 용액들 중에 들어 있는 용질의 양을 구하라.

1) 0.127 M KCl 40.0 mL
2) 0.067 M $KMnO_4$ 12.5 mL
3) 0.172 M $MgCl_2$ 39.9 mL
4) 0.574 mM H_2SO_4 42.2 mL
5) 0.257 mM $CuSO_4$ 49.7 mL
6) 0.127 N NH_4Cl 40.0 mL
7) 0.067 N Na_2SO_4 12.5 mL
8) 0.172 N $HgCl_2$ 39.9 mL
9) 0.574 mN $Ba(OH)_2$ 42.2 mL
10) 0.257 mN $(NH_4)_2C_2O_4 \cdot H_2O$ 49.7 mL

4. 다음 용액의 M농도를 계산하라.

1) 11.0 w/w% NH_3(s.g=0.9538)
2) 18.0 w/w% KBr(s.g=1.149)
3) 28.0 w/w% ethylene glycol(Mw=62.07, s.g=1.0350)
4) 15.0 w/w% sucrose(Mw=342.5, s.g=1.0592)

5. 다음 물질의 N농도를 구하라.

1) 3.0 M H_3PO_4
2) 12.50 g KOH를 포함하는 500.0 mL 용액
3) 0.020 g H_2SO_4를 포함하는 50.0 mL 용액
4) 18 M H_2SO_4 용액 1.0 L를 10.0 L로 묽힌 용액

6. 1.0 mL에 10.0 mg의 Al^{3+}가 포함된 $AlCl_3$ 용액의 M농도와 %농도를 구하라.

7. NaCl 5.0 mg과 5.0μg이 NaCl 용액 10.0 mL에 들어 있을 때 mM과 μM을 각각 구하라.

8. 어떤 염산의 농도는 30.0 w/w%, 비중 1.152이다. 이것은 몇 N인가? 또 1.0 N 염산 1.0 L를 만들려면 이 염산 몇 mL가 필요한가?

9. $CuSO_4 \cdot 5H_2O$의 결정 100.0 g을 물 100.0 mL에 녹인 용액의 농도를 %로 구하라.

10. NaCl 1.0 kg을 만드는데 NaCl을 바닷물에서 취하려 한다. 바닷물 몇 L가 필요한가? (단, 바닷물의 NaCl 농도는 2.7 w/w%, s.g = 1.025)

11. 25 w/w%의 HNO_3(s.g = 1.15)를 만드는데 *dil.* HNO_3(17.1 w/w%, s.g = 1.10) 1 L에 *conc.* HNO_3(67.5 w/w%, s.g = 1.41)를 몇 mL 가하여야 하는가?

12. 86 w/w% H_2SO_4(s.g = 1.795) 200 mL에 물 100 mL를 섞으면 몇 %의 용액이 되는가?

13. $CHCl_3$ 30%, $(CH_3)_2CO$ 70%로 된 혼합용액 중 두 성분의 몰분율을 계산하라.

14. 톨루엔(C_7H_8) 20.0 g과 벤젠(C_6H_6) 30.0 g을 섞은 혼합용액 중 각각의 몰분율을 계산하라.

제 4 장

용액의 평형

1. 화학평형

1) 평형상수

반응물질(reactant) A와 B가 서로 반응하여 생성물질(product) C와 D를 만들 때, 일반적으로 화학반응식을 표현하는데 있어서 식 (4-1)과 같이 반응물질을 왼쪽에 쓰며, 생성물질은 오른쪽에 나타낸다.

$$\underbrace{aA + bB}_{\text{(반응물질)}} \rightleftharpoons \underbrace{cC + dD}_{\text{(생성물질)}} \qquad (4\text{-}1)$$

여기서 만들어진 생성물질 C와 D는 주어진 조건에서 서로 반응하여 원래의 반응물질 A와 B로 되돌아간다. 이때 질량의 변화 없이 반응은 평형에 도달하며 ⇌로 표시하고, 이 같은 반응을 **가역반응**(reversible reaction)이라고 한다. 화살표의 방향이 오른쪽(→)의 경우를 **정반응**(forward reaction)이라고 하고, 화살표의 방향이 왼쪽(←)일 때는 **역반응**이라고 한다.

충분히 긴 시간 동안 반응이 일어나면 반응계는 평형상태에 도달한다. 반응 초기에는 반응물만 있기 때문에 정반응만 일어나지만, 시간이 지나 생성물 농도가 증가하면 역반응 속도가 증가한다. 어느 순간 정반응과 역반응의 속도가 같아지면 반응물과 생성물 농도는 더 변하지 않는 상태에 도달하고 이를 **화학평형**이라 한다. 반응이 평형에 도달하였을 때 외관상으로 보아 반응이 정지한 것처럼 보이지만 실제로는 계속하여 정반응과 역반응이 일어나고 있다.

식 (4-1)에서 반응이 일어나는 정도를 표시하는 값으로서 **평형상수**(equilibrium constant)를 사용한다. 평형상수는 식 (4-2)와 같이 생성물질의 농도[식 (4-2)에서 [ ]; 몰농도]와 반응물질의 농도곱의 비를 의미하며, 반응의 계수[식 (4-1)에서 a, b, c, d]는 지수로 표시한다.

$$K = \frac{\text{생성물질의 몰농도}}{\text{반응물질의 몰농도}} = \frac{[\mathrm{C}]^c[\mathrm{D}]^d}{[\mathrm{A}]^a[\mathrm{B}]^b} \qquad (4\text{-}2)$$

예를 들어, 다음 반응의 평형상수는

$$2NaOH + H_2SO_4 \rightleftharpoons Na_2SO_4 + 2H_2O \qquad (4\text{-}3)$$

$$K = \frac{[Na_2SO_4]}{[NaOH]^2[H_2SO_4]} \qquad (4\text{-}4)$$

로 나타낼 수 있으며, 순수한 고체, 액체 또는 용매의 농도는 수용액 중에서 일정하여 평형상수에 영향을 미치지 않으므로 식 (4-4)에서 H_2O는 생략한다.

한편 평형상수 값은 온도와 압력의 함수이고 같은 온도와 압력 하에서는 항상 같은 값을 갖는다. 평형상수가 크다는 것은 상대적으로 생성물이 잘 만들어지고 평형상수가 작다는 것은 생성물질이 잘 만들어지지 않는다는 것을 의미한다.

반응물이 기체인 경우 농도 대신 기압 단위의 부분압력을 사용한다.

$$K_P = \frac{P_{\mathrm{C}}^c \ P_{\mathrm{D}}^d}{P_{\mathrm{A}}^a \ P_{\mathrm{B}}^b} \tag{4-5}$$

여기서 P_{A}, P_{B}, P_{C}, P_{D}는 평형상태에서의 각 성분기체의 부분압력이다. K_P는 압력평형상수라 하며 이상기체에 가까운 기체인 경우에만 성립한다.

평형상수 값은 온도와 압력의 함수로 같은 온도와 압력 하에서는 항상 같은 값을 갖는다. 평형상수가 크다는 것은 상대적으로 생성물이 잘 만들어지고 평형상수가 작다는 것은 생성물질이 잘 만들어지지 않는다는 것을 의미한다.

2) Le Châtelier의 법칙

반응이 평형상태에 있을 때 평형조건(온도, 압력 및 화학종의 농도 등) 중 어떤 하나의 효과가 작용하면 그 효과를 없애기 위한 방향으로 평형이 이동하는 것을 **르샤틀리에의 법칙** 또는 **평형이동의 법칙**(law of transfer of equilibrium)이라고 한다.

예를 들어, 식 (4-6)과 같은 가역반응에서 평형상수는 식 (4-7)과 같이 쓸 수 있다.

$$\mathrm{A} + \mathrm{B} \rightleftharpoons \mathrm{C} \tag{4-6}$$

$$K = \frac{[\mathrm{C}]}{[\mathrm{A}][\mathrm{B}]} \tag{4-7}$$

여기서 만약 x mole의 C를 첨가하면 평형상수는 아래와 같아진다.

$$K = \frac{[\mathrm{C}] + x}{[\mathrm{A}][\mathrm{B}]} \tag{4-8}$$

식 (4-7)과 식 (4-8)의 평형상수 값이 같아지기 위해서 A와 B의 농도가 증가하여야 하므로 반응은 왼쪽으로 진행하여 다시 평형에 도달하게 된다.

다음과 같은 화학평형을 생각해 보자.

$$FeSCN^{2+}(aq) \rightleftarrows Fe^{3+}(aq) + SCN^{-}(aq) \tag{4-9}$$

$FeSCN^{2+}$은 빨간색, Fe^{3+}는 연한 노란색이다. 이 수용액에 SCN^{-}를 추가로 넣으면 역반응이 일어나 $FeSCN^{2+}$의 농도가 증가하기 때문에 용액은 빨간색에 가까워진다. 반대로, SCN^{-} 이온을 용액에서 제거하면 정반응이 일어나 Fe^{3+}의 농도가 증가하기 때문에 용액은 노란색에 가까워진다.

평형 상태에 압력이 미치는 영향을 알아보자.

$$N_2O_4(g) \rightleftarrows 2\,NO_2(g) \tag{4-10}$$

반응 용기의 온도가 일정한 상태에서 용기 내부의 압력이 증가하는 경우, 압력의 증가를 상쇄하는 방향은 전체 분자 수를 감소시키는 방향이다. 따라서 역반응 즉, N_2O_4의 비율이 증가하는 방향으로 화학평형이 이동한다.

2. 활동도

1) 활동도와 활동도계수

용액의 농도는 일정 부피의 용액에 녹아 있는 용질의 mol수로 정의된다. 하지만 실제 용액에서는 이온－이온, 이온－용매 등의 상호작용이 존재하기 때문에 실제 용액의 농도는 이론 농도와 다를 수 있다.

예를 들면 전해질 수용액은 농도가 높을 경우 용질(AB)이 각각의 이온으로 해리되어도 이온쌍의 형태($A^{+}B^{-}$)로 존재할 확률이 높다. 쌍을 이룬 이온은 상대적으로 전하가 안정되고 활동성이 떨어진다. 따라서 용액에서의 유효한 농도를 나타내기 위하여 몰농도 대신 **활동도**(activity)를 사용한다.

활동도란 다른 이온종을 갖는 센전해질의 존재 하에 약한전해질의 포화용액 중 그 성분 이온들이 나타내는 '유효농도', 간단하게는 용액 중에서 실제로 활동하는 ion의 수를 말하며, 그 농도에 비례한다.

$$a_i = f_i\, C_i \tag{4-11}$$

여기서 a_i는 i이온의 활동도, C_i는 i이온의 몰농도이고, f_i는 i이온의 **활동도계수**(activity coefficient)이다.

식 (4-2)에서 나타낸 평형상수를 활동도로 나타내면

$$K^o = \frac{a_{\mathrm{C}}^c \cdot a_{\mathrm{D}}^d}{a_{\mathrm{A}}^a \cdot a_{\mathrm{B}}^b} = \frac{C_{\mathrm{C}}^c \cdot C_{\mathrm{D}}^d}{C_{\mathrm{A}}^a \cdot C_{\mathrm{B}}^b} \times \frac{f_{\mathrm{C}}^c \cdot f_{\mathrm{D}}^d}{f_{\mathrm{A}}^a \cdot f_{\mathrm{B}}^b} \tag{4-12}$$

이 되고, 이를 열역학 평형상수(thermodynamic equilibrium constant)라고 하며, 이에 대하여 식 (4-2)의 K를 고전적 평형상수(classic equilibrium constant)라고 한다.

한편, 활동도계수는 다음과 같은 간단한 Debye-Hückel의 식과

$$-\log f_i = \alpha z_i^2 \sqrt{\mu} \tag{4-13}$$

확장된 Debye-Hückel식으로 계산할 수 있다.

$$-\log f_i = \frac{\alpha z^+ z^- \sqrt{\mu}}{1 + \beta a \sqrt{\mu}} \tag{4-14}$$

여기서 a는 용매화된 이온의 유효지름(Å)이고, α와 β는 용매의 유전상수와 온도에 따른 상수이며, 일반적으로 298 °K 수용액에서는 $\alpha = 0.509$, $\beta = 0.328$의 값을 갖는다.

위의 식 (4-13)과 식 (4-14)에서 보는 바와 같이 활동도계수는 용액 속에 녹아 있는 전체 이온들의 수와 전하의 크기에 따라 달라지는데 이온 간의 인력에 의한 영향을 보정해 주는 것이라고 할 수 있다. 무한히 묽은 용액에서는 이온의 활동도계수가 1에 가까운 값을 가지게 되며, 그 때 어떤 이온의 농도는 활동도와 같게 된다.

2) 이온의 세기

위의 식 (4-13)과 식 (4-14)에서 보는 바와 같이 활동도계수는 이온의 세기에 따라 변하게 됨을 알 수 있다. **이온의 세기**(μ)는 전체 이온들의 농도를 나타내는 척도라고 할 수 있고 다음 식으로 계산한다.

$$\mu = \frac{1}{2}\sum C_i z_i^2 \tag{4-15}$$

여기서 C_i는 i이온의 농도이고, z_i는 i이온의 전하수를 나타낸다.

예를 들면 NaCl과 농도가 같은 $MgSO_4$의 이온 세기는 NaCl보다 4배 높다. 일반적으로 다원자가 이온들이 이온 세기에 강하게 기여한다.

예제 4-1

다음 용액의 이온 세기를 구하라.

1) 0.05 M KNO_3

2) 0.05 M KCl + 0.1 M Na_2SO_4

풀이

1) $[K^+] = 0.05$ M

$[NO_3^-] = 0.05$ M

$$\mu = \frac{1}{2}0.05 \times (+1)^2 + 0.05 \times (-1)^2$$

$$= 0.05$$

2) $[K^+] = 0.05$ M

$[Cl^-] = 0.05$ M

$[Na^+] = 0.2$ M

$[SO_4^{2-}] = 0.1$ M

$$\mu = \frac{1}{2}[0.05\times(+1)^2 + 0.05\times(-1)^2 + 0.2\times(+1)^2 + 0.1\times(-2)^2]$$

$$= 0.35$$

센전해질 용액의 이온 세기는 염의 몰농도와 동일하지만, 다중 전하를 가진 이온일 경우 이온 세기가 몰농도보다 커지게 된다. 위의 예제는 모두 센전해질이라 이온 농도가 몰농도와 같았지만 아세트산과 같은 약한전해질의 경우는 이온화상수(K_a)를 이용하여 수용액 중에 존재하는 이온들의 농도를 계산하여야 한다. 염화은(AgCl)과 같은 난용성 염의 경우에는 용해도가 매우 작아 이온들의 농도는 무시할 만큼 작기 때문에 이온 세기에서는 무시할 수 있다.

3. 산-염기의 정의

모든 **산**(酸, acid)은 맛이 시고, 푸른 리트머스 종이를 붉게 변화시키고, 염기를 중화하며, 활성을 띤 금속과 반응하여 원소상태의 수소를 내어놓는 성질을 가진다. 또한 산은 대부분 수소를 포함하고 있으며, 전기분해하면 음극에서 원소상태의 수소를 발생시킨다.

염기(鹽基, base)는 그 수용액이 미끈미끈하며, 맛이 쓰거나 떫으며, 붉은 리트머스를 푸르게 변화시키고 산을 중화하는 성질을 갖고 있다.

1) Arrhenius의 정의

1884년 Arrhenius에 의하여 산과 염기의 현대적 개념이 성립되었는데 산은 물에 녹았을 때 수소 이온(H^+)의 농도를 증가시키는 물질이며, 염기는 물에 녹아 수산화 이온(OH^-)의 농도를 증가시키는 물질로 정의하였다.

예를 들어, HCl이 물에 녹으면 다음과 같이 이온화한다.

$$HCl \rightleftharpoons H^+ + Cl^-$$

이때 생긴 수소 이온(H^+)은 수용액에서 수화되므로 사실상 H_3O^+(hydronium ion)로 되므로 HCl의 이온화는 다음과 같이 된다.

$$HCl + H_2O \rightleftharpoons H_3O^+ + Cl^-$$

H^+ 또는 H_3O^+의 농도가 커지면 산의 특성이 강하게 나타나서 센산이 되고, H^+ 또는 H_3O^+의 농도가 작으면 약한산이 된다.

수산화나트륨(NaOH)이나 수산화칼륨(KOH)은 금속과 수산화기의 이온화합물이며, 이들의 수용액은 염기성을 나타낸다. 이들은 물에 녹아 수산화 이온(OH^-)을 내어놓는다.

$$NaOH \rightleftharpoons Na^+ + OH^-$$
$$KOH \rightleftharpoons K^+ + OH^-$$

염기도 산과 같이 염기를 만드는 수산화 이온의 농도에 따라 센염기와 약한염기로 구분된다. 또한 산과 염기를 반응시키면 반드시 중화반응이 일어나 염(鹽, salt)을 생성한다. 예를 들면 다음과 같다.

$$HCl + NaOH \rightleftharpoons NaCl + H_2O$$
$$HCl + NH_4OH \rightleftharpoons NH_4Cl + H_2O$$

Arrhenius 정의로는 NH_3와 같이 OH^-를 포함하지 않는 염기는 설명할 수 없으며, 수용액 상태가 아닌 경우에도 적용할 수 없는 한계가 있다.

2) Brønsted-Lowry의 정의

Brønsted-Lowry는 다른 물질에 양성자를 내어놓는 물질을 산(acid), 다른 물질에서 양성자를 받을 수 있는 물질을 염기(base)라고 정의하였다.

예를 들면, 다음과 같다.

$$NH_3 + HCl \rightleftharpoons NH_4^+ + Cl^-$$
(염기) (산) (산) (염기)

$$H_2O + HCl \rightleftharpoons H_3O^+ + Cl^-$$
(염기) (산) (산) (염기)

$$NH_3 + H_2O \rightleftharpoons NH_4^+ + OH^-$$
(염기) (산) (산) (염기)

위의 첫 번째 반응은 염기인 NH_3와 산인 HCl이 반응하여 새로운 산–염기쌍을 만드는 반응이다.

두 번째 반응에서 HCl은 H_2O에 양성자를 주는 산이고 물은 양성자를 받았으므로 염기이다. 이 반응에서 생성물인 하이드로늄 이온(H_3O^+)은 염소 이온(Cl^-)에 양성자를 제공하여 다시 H_2O로 돌아가므로 H_3O^+는 산, Cl^-는 염기이다.

세 번째는 정반응의 경우 H_2O로부터 양성자가 NH_3에 제공되므로 NH_3는 염기로, H_2O는 산으로 작용한다. 역반응에서 NH_4^+는 양성자를 OH^-에게 제공하므로 NH_4^+는 산으로, OH^-는 염기로 작용한다. NH_3가 양성자를 하나 얻으면 NH_4^+가 되고, NH_4^+는 양성자 하나를 잃어버려 NH_3가 되므로 NH_4^+와 NH_3 쌍을 **짝산–짝염기쌍**(conjugated acid-base pair)라고 부른다. 이와 같은 산–염기쌍에서 산은 염기의 **짝산**(conjugated acid)이라고 하고, 염기는 산에 대하여 **짝염기**(conjugated base)라 한다. 즉, NH_4^+는 NH_3의 짝산이며, NH_3는 NH_4^+의 짝염기이다.

Brønsted-Lowry 정의는 수용액에 한정된 Arrhenius 정의보다 대상의 폭이 넓고, H^+의 이동만을 다루었다는 점에서 편리하다. 하지만 BF_3와 같은 화합물에 적용하기는 불가능하다는 한계가 있다.

3) Lewis의 정의

산과 염기의 특성들을 분명히 가지고 있으면서 Arrhenius나 Brønsted-Lowry 정의로 설명할 수 없는 경우가 있다. 예를 들면, BF_3와 NH_3 반응이 그러하다. 이런 점을 설명하기 위하여 1923년 Lewis는 보다 더 포괄적인 산－염기에 관한 이론을 제창하였다.

이 정의에 의하면 원자나 분자 등에 **비공유전자쌍**(lone-pair electron)을 제공함으로써 공유결합을 할 수 있는 물질을 염기라 하고, 염기로부터 전자쌍을 받는 물질을 산이라 한다. Lewis는 산－염기 이론의 강조점을 양성자로부터 전자쌍으로 바꾸었다.

다음은 BF_3와 NH_3가 반응하여 F_3BNH_3가 되는 반응이다.

$$BF_3 + :NH_3 \longrightarrow F_3B-NH_3$$

Lewis 산　Lewis 염기

BF_3에서 붕소는 플루오르 3개와 결합하고 있어 최외각에 전자 6개를 가지고 있는 상태이기 때문에, 추가적으로 두 개의 전자를 받을 수 있는 Lewis 산이다. 반면 NH_3의 경우 질소가 가진 비공유 전자쌍을 BF_3에 제공할 수 있기 때문에 Lewis 염기가 된다.

불완전한 **옥텟**[3]을 가진 원자나 분자는 Lewis 산이 될 수 있다.

$$BF_3 + :F^- \longrightarrow [BF_4]^-$$

산　염기

3) **옥텟 규칙** : 주족의 대부분의 원소는 전자를 잃거나 얻어서 마지막 껍질의 전자가 8개가 되려는 경향성이 있다.

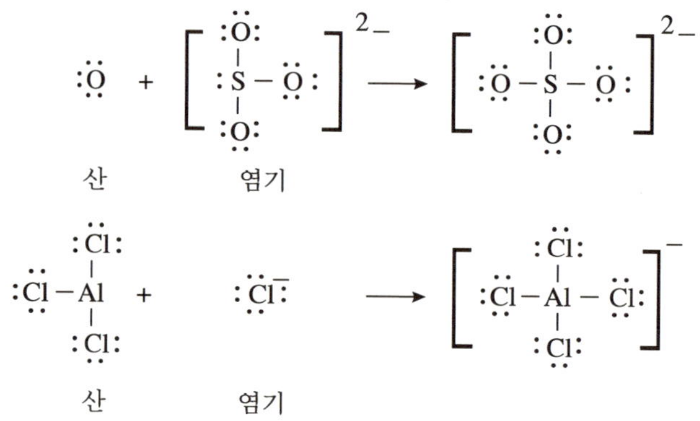

산 염기

산 염기

Arrhenius 정의부터 Brønsted-Lowry 정의, 그리고 Lewis 정의로 이어지는 흐름은 산－염기 개념의 확장이라고 보면 된다. Arrhenius의 염기인 수산화 이온(OH^-)은 수소 이온(H^+)을 받아들이므로 Brønsted-Lowry 염기이다. Arrhenius와 Brønsted-Lowry의 산인 수소 이온은 수산화 이온이나 암모니아의 전자쌍을 받아들이므로 Lewis 산이다. 그리고 Arrhenius의 염기인 수산화 이온이나, Brønsted-Lowry의 염기인 암모니아는 모두 전자쌍을 제공하므로 Lewis 염기이다. 이처럼 Lewis의 산과 염기의 정의는 가장 포괄적인 정의이다.

4. 산과 염기의 세기

같은 농도의 염산(HCl)과 아세트산(CH_3COOH) 수용액에 마그네슘을 넣으면 둘 다 수소 기체를 발생한다. 하지만 아세트산보다 염산에서 더 격렬한 반응이 일어난다. 즉, 염산은 센산, 아세트산은 약한산임을 알 수 있다. 실제로도 염산은 물에 녹았을 때 90% 이상 이온화되어 염산 분자 개수와 거의 비슷한 양의 수소 이온을 내놓는다.

Brønsted-Lowry 정의를 근거로 물에 녹아 수소 이온을 내놓는 물질을 산이라 하며 그 중에서도 염산처럼 그 능력이 매우 뛰어난 물질을 센산이라고 한다. 아세트산은 물에 녹아 수소 이온을 내놓기는 하지만 그 능력이 약하다. 이러한 산을 약한산이라고 한다. 마찬가지로 센염기란 상대적으로 양성자를 붙잡는 능력이 강한 물질을 뜻한다.

예를 들면 물과 염화수소의 반응에서 HCl은 양성자를 내놓는 산이다. 역반응에서는 H_3O^+가 산의 역할을 한다. 하지만 역반응은 거의 일어나지 않는데, 이는 HCl이 H_3O^+보다 센산이기 때문이다.

$$HCl(aq) + H_2O(l) \rightarrow Cl^-(aq) + H_3O^+(aq)$$

센산　　　　　　　　　　　　　　　약한산

센산들은 물속에서 양성자를 내놓고 완전하게 이온화한다. H_3O^+도 상당히 센산이지만 HCl보다는 이온화 정도가 약하다. 산의 상대적 세기를 알아본 것과 같이 염기의 상대적 세기도 여러 다른 염기들 사이의 평형을 비교해 봄으로써 알 수 있다.

산과 염기의 세기 사이에는 일정한 관계가 있는데, 만일 산이 양성자를 쉽게 내놓는다면 그 짝염기는 양성자를 강하게 받아들이지 못한다. 그러므로 센산은 약한 짝염기를 가지며, 센염기는 약한 짝산을 갖는다.

표 4-1. 산과 염기의 상대적 세기

	산	염 기	
센산 ↑	$HClO_4$	ClO_4^-	약한염기 ↑
	H_2SO_4	HSO_4^-	
	HI	I^-	
	HBr	Br^-	
	HCl	Cl^-	
	HNO_3	NO_3^-	
	H_3O^+	H_2O	
	HSO_4^-	SO_4^{2-}	
	H_2SO_3	HSO_3^-	
	H_3PO_4	$H_2PO_4^-$	
	HNO_2	NO_2^-	
	HF	F^-	
	$HC_2H_3O_2$	$C_2H_3O_2^-$	
	$Al(H_2O)_6^{3+}$	$Al(H_2O)_5OH^+$	
	H_2CO_3	HCO_3^-	
	H_2S	HS^-	
	$HClO$	ClO^-	
	$HBrO$	BrO^-	
	NH_4^+	NH_3	
	HCN	CN^-	
	HCO_3^-	CO_3^{2-}	
	H_2O_2	HO_2^-	
	HS^-	S^{2-}	
	H_2O	OH^-	
↓ 약한산	NH_3	NH_2^-	↓ 센염기
	OH^-	O^{2-}	

표 4-1은 산과 그 짝염기들을 각각 산과 염기의 세기가 증가하는 순서로 배열한 것이다. 이 표는 반응의 진행방향을 예측하는데도 사용할 수 있다. 즉, 산-염기반응에서 평형은 항상 약한산이나 약한염기가 생성되는 방향으로 진행된다.

5. 물의 이온화, pH

물은 매우 약한 전기전도성을 갖고 있는 것으로 보아 물속에서 부분적으로 이온상태로 있다고 볼 수 있을 것이다. 이 물의 이온화를 Brønsted-Lowry의 이론에 의한 산-염기반응으로 설명하면 물이 산으로 작용할 땐 H^+을 내고, 물 분자가 H^+을 받을 때는 염기로 작용한다. 물은 이온화되어 H_3O^+(hydronium ion)와 OH^-(hydroxide ion)을 생성한다. 그 과정은 다음과 같다.

$$H_2O + H_2O \rightleftharpoons H_3O^+ + OH^-$$

간단히 정리하면, 물 분자는 다음과 같이 이온화하여 H^+와 OH^-가 된다.

$$H_2O \overset{K}{\rightleftharpoons} H^+ + OH^-$$

이때 평형이 성립되므로 다음과 같이 평형식을 쓸 수 있다.

$$K = \frac{[H^+][OH^-]}{[H_2O]} \qquad (4\text{-}16)$$

[ ]는 물질의 몰농도를 표시한 것이고, 분모에 있는 물의 농도는 55.6 mol/ L로 거의 일정하므로 $[H_2O]$항은 상수 K에 포함시킬 수 있다.

$$K[H_2O] = [H^+][OH^-] \qquad (4\text{-}17)$$

왼편항인 $K[H_2O]$는 상수가 되고 이를 K_w라는 상수항으로 표시한다. 여기서 K_w는 **물의 이온화상수**(ionization constant) 또는 **해리상수**(dissociation constant)라고 한다. 25℃에서 순수한 물속의 H^+와 OH^-의 농도를 측정한 결과 $[H^+] = [OH^-] = 1.0 \times 10^{-7}$ M이었다. 즉, 순수한 물속에서의 $[H^+]$와 $[OH^-]$는 같다. K_w값은 온도에 따라 변하며, 25℃에서는 1.0×10^{-14} M, 60℃에서는 9.62×10^{-14} M, 100℃에서는 5.5×10^{-14}이다.

$$K_w = [H^+][OH^-] = 1.0 \times 10^{-14}\ M \tag{4-18}$$

순수한 물에서 $[H^+]$와 $[OH^-]$가 같을 때 그 용액은 중성 용액이고, $[H^+]$가 크면 산, $[OH^-]$가 크면 염기가 된다. $[H^+]$와 $[OH^-]$는 수용액 중에서 대단히 넓은 범위의 값을 가진다. 0.005 M HCl에서 HCl은 센산이므로 H^+의 농도는 0.005 M이고, 약한산인 0.0020 M $Ba(OH)_2$에서 H^+의 농도를 소수로 표시하면 0.000000000005 M이고, 이보다 간략한 지수형으로 표시하면 5×10^{-12} M로 쓸 수 있다. 이렇게 복잡한 농도 표시를 간단히 나타내기 위하여 덴마크의 생화학자 S. Sörensen은 1909년에 H^+의 농도를 로그값으로 표시하여 매우 간단히 할 수 있는 pH 표시법을 다음과 같이 제안하였다.

$$[H^+] = 10^{-pH} \tag{4-19}$$

용액의 수소이온농도를 pH라 하면

$$pH = \log\frac{1}{[H^+]} = -\log[H^+] \tag{4-20}$$

수소이온농도가 10^{-3} M인 경우

$$pH = -\log(10^{-3}) = 3$$

수산화이온농도에 대해서도 같은 방법으로

$$pOH = -\log[OH^-] \tag{4-21}$$

물의 이온화평형식의 양변에 −log를 취하면

$$-\log K_w = (-\log[H^+]) + (-\log[OH^-])$$

$K_w = 1.0 \times 10^{-14}$이므로 $pK_w = 14.0$

따라서

$$pK_w = pH + pOH = 14.0 \tag{4-22}$$

중성 용액에서는 $[H^+] = [OH^-] = 10^{-7}$ M이므로 pH = pOH = 7.0이다. 산성 용액에서 수소이온농도는 10^{-7} M보다 크므로 pH는 7 이하가 되고, 염기성 용액에서는 pH 7보다 크게 된다. 몇 가지 물질들의 pH값을 표 4-2에 나타내었다.

표 4-2. 여러 가지 물질의 pH

물질	pH	물질	pH
1 M HCl	0.0	우유	6.4
위산	1.0~3.0	바닷물	7.0~8.3
레몬주스	2.2~2.4	혈액	7.4
식초	2.4~3.4	0.1 M Na_2CO_3	8.4
탄산수	3.9	제산제	10.5
맥주	4.0~4.5	1 M NaOH	14

예제 4-2

$[H^+] = 5.5 \times 10^{-3}$일 때 pH는 얼마인가?

풀이

$$\begin{aligned} pH &= -\log[H^+] \\ &= -\log(5.5\times10^{-3}) \\ &= 2.3 \end{aligned}$$

예제 4-3

pH = 4.5일 때 $[H^+]$은 얼마인가?

풀이

$$\begin{aligned} [H^+] &= 10^{-pH} \\ &= 10^{-4.5} \\ &= 3.2\times10^{-5} \end{aligned}$$

예제 4-4

$[OH^-] = 5.0 \times 10^{-3}$일 때 pH는 얼마인가?

풀이

$$\begin{aligned} pOH &= -\log[OH^-] \\ &= -\log(5.0\times10^{-5}) \\ &= 4.3 \end{aligned}$$

$$\begin{aligned} pH &= 14 - pOH \\ &= 14 - 4.3 \\ &= 9.7 \end{aligned}$$

예제 4-5

pH가 3.00인 센산 용액 5.0 mL와 pH가 12.00인 센염기 용액 5.0 mL를 섞으면 pH는 얼마인가?

풀이

pH=3.00인 센산 용액 중의 $[H^+]$는

$$[H^+] = 1.0\times10^{-3}\,M = 1.0\times10^{-3}\,mole/L$$

pH=3.00인 센산 용액 5.0 mL 중의

$$H^+\,mole = 1.0\times10^{-3}\,mole/L \times \frac{5}{1000}\,L = 5\times10^{-6}\,mole$$

pH=12.0은 pOH=2.0이므로

$$[OH^-] = 1.0\times10^{-2}\,M = 1.0\times10^{-2}\,mole/L$$

pH=12.0인 센염기 용액 5.0 mL 중의

$$OH^-\,mole = 1.0\times10^{-2}\,mole/L \times \frac{5}{1000}\,L = 5\times10^{-5}\,mole$$

이 혼합용액은 센산과 센염기가 반응하여 과량의 센염기가 남으므로

$$OH^-\,mole = 5\times10^{-5} - 5\times10^{-6} = 5\times10^{-6}\,mole$$

$$[OH^-] = \frac{5\times10^{-6}\,mole}{10\,mL\times\frac{L}{1000\,mL}} = 5\times10^{-4}\,mole/L$$

$$pOH = -\log(5\times10^{-4}) = 3.3$$

$$\therefore\ pH = 14 - 3.3 = 10.7$$

6. 전기전도도와 이온화도

1) 전기전도도

전해질 용액 내에 1 cm^2 넓이(s)를 가진 두 개의 금속 전극판을 거리가 1 cm가 되도록 하여 전류를 흐르게 하였을 때 나타난 그 금속의 저항을 **비저항**(specific resistance)이라고 한

다. 즉,

$$R = \rho \frac{l\,(\mathrm{cm})}{s\,(\mathrm{cm}^2)} \tag{4-23}$$

여기서 ρ가 비저항이고 단위는 $\Omega \cdot$cm이며, 금속의 종류에 따라 각각 다른 값을 가진다.

전기전도도(electrical conductivity; $1/R$)는 저항(Ω; ohm)의 역수로 나타내며, 단위는 ohm^{-1} 또는 mho(Ω^{-1} 또는 ℧)이다.

비저항의 역수를 **비전도도**(specific conductance, k)라고 하고, 식 (4-23)으로부터 다음과 같이 나타낼 수 있으므로

$$\frac{1}{R} = \frac{1}{\rho} \cdot \frac{s}{l} = k \cdot \frac{s}{l} \tag{4-24}$$

비전도도의 단위는 mho/cm 또는 ℧/cm로 나타낸다.

2) 당량전도도

용액의 전도도는 그 용액의 농도에 따라 변하므로 용액의 전도도를 바르게 비교하려면 각 용액의 전해질 1 g-당량에 의한 전도도를 기준으로 삼는다. 이때 전기전도도 $1/R$을 **당량전도도**(equivalent conductivity, Λ)라고 한다. 즉, 1 cm²의 두 전극판 사이의 거리는 1 cm이므로 전극 사이의 부피(V)는 1 cm³이 되고, 이 전극 사이에 전해질이 1 g-당량 녹아 있으므로 그 전해질의 농도(C)는 다음과 같이 나타낼 수 있다.

$$C\,(\mathrm{eq/L}) = 1\ \mathrm{eq}/V\,\mathrm{cm}^3 \times 1000\ \mathrm{cm}^3/\mathrm{L} = \frac{1000}{V}\ \mathrm{eq/L}$$

그러므로

$$V = \frac{1000}{C} \tag{4-25}$$

되고, 여기서 V를 **희석률**(dilution ratio)라고 한다.

한편, 두 전극 사이의 부피는 $V = l \cdot s$이므로 두 전극 사이의 거리가 1 cm라면 $V = s$가 되므로

$$s = \frac{1000}{C} \tag{4-26}$$

이 된다. 따라서 식 (4-24)에서 $1/R = \Lambda$, $l = 1$이므로 당량전도도(Λ)는

$$\Lambda = k\,(\text{mho/cm}) \cdot \frac{s\,(\text{cm}^2)}{l\,(\text{cm})} = k \cdot s\,(\text{mho} \cdot \text{cm}^2) = k \cdot \frac{1000}{C}\,(\text{mho} \cdot \text{cm}^2) \tag{4-27}$$

이 되며, 당량전도도, $\Lambda = k \cdot s$이므로 단위는 $\text{mho} \cdot \text{cm}^2 (= \text{cm}^2/\text{ohm})$이 된다. 이 식을 사용하면 농도를 알고 있는 용액의 비전도도, k로부터 당량전도도를 계산할 수 있다.

예제 4-6

비전도도가 2.767×10^{-3}인 측정용기에 0.02 N KCl을 넣었을 때 당량전도도를 구하라.

풀이

$$\begin{aligned}\Lambda &= k \times \frac{1000}{C} \\ &= 2.767 \times 10^{-3} \times \frac{1000}{0.02} \\ &= 138.35\ \text{mho} \cdot \text{cm}^2\end{aligned}$$

식 (4-27)과 표 4-3에서 보는 바와 같이 농도가 작으면 작을수록 다시 말해서 용액을 희석시킬수록 당량전도도는 커지게 되며, 무한히 묽은 용액에서의 당량전도도를 **무한묽힘 당량전도도**(equivalent conductance at infinite dilution; Λ_o)라고 한다.

표 4-3. NaCl 용액의 당량전도도(18℃)

농도, N	희석률, V	비전도도, k	당량전도도, Λ_o
1	1,000	0.0744	74.4
0.1	10,000	0.00925	92.5
0.01	100,000	0.001028	102.8
0.001	1,000,000	0.0001078	107.8
0.0001	10,000,000	0.00001097	109.7

*분석화학, 주충열, 형설출판사, 1998

예제 4-7

AgCl ($\Lambda_o = 138$, $k = 1.81 \times 10^{-6}$)의 물에 대한 용해도를 구하라.

풀이

$$\Lambda = k \cdot \frac{1000}{\mathrm{C}}$$

$$C = k \cdot \frac{1000}{\Lambda_o}$$

$$= 1.81 \times 10^{-6} \times \frac{1000}{138}$$

$$= 1.31 \times 10^{-5}\ \mathrm{eq/L}$$

어떤 전해질의 이온화도(α)는 어떤 농도에서의 당량전도도(Λ)와 무한묽힘 당량전도도(Λ_o)의 비로 나타낼 수 있다. 즉,

$$\alpha = \frac{\Lambda}{\Lambda_o} \tag{4-28}$$

예제 4-8

0.01 N NH_4Cl 용액의 비전도도(k)는 0.001142이고, 무한묽힘 당량전도도는 120.9 mho · cm^{2}이다. 이온화도를 구하라.

풀이

$$\Lambda = k \cdot \frac{1000}{C}$$

$$= 0.001142 \times \frac{1000}{0.01}$$

$$= 114.2$$

$$\alpha = \frac{\Lambda}{\Lambda_o} \times 100$$

$$= \frac{114.2}{120.9} \times 100$$

$$= 94.46\%$$

7. 전해질의 이온화

수용액 중에서 이온으로 해리되는 분자를 **전해질**(electrolyte)이라고 부르며, 해리하지 않는 분자를 **비전해질**(nonelectrolyte)이라고 부른다. 센산, 센염기 및 많은 염류는 용액 중에서

거의 완전히 이온화하여 전기를 매우 잘 흐르게 하는데 이와 같은 물질을 **센전해질**(strong electrolyte)이라 하며, 약한산, 약한염기 및 난용성 염류는 이온화하지 않은 용질 분자와 매우 적은 양의 이온화한 이온과 공존함으로써 전기전도도가 낮아지는데 이와 같은 물질을 **약한전해질**(weak electrolyte)이라 한다.

1) 센산과 센염기의 이온화

$HClO_4$, H_2SO_4, HNO_3, HCl 등과 같은 센산은 수용액에서 100% 이온화한다. 따라서 $[H^+]$는 그 센산의 초기농도와 같다.

예제 4-9

0.0020 M HCl 용액의 pH는 얼마인가?

풀이 HCl은 센산이므로 $[H^+] = 0.0020\ M = 2.0 \times 10^{-3}\ M$

$pH = -\log[H^+]$이므로

$pH = -\log(2.0 \times 10^{-3})$

$= 2.7$

NaOH, KOH와 같은 센염기도 수용액에서 100% 이온화한다고 할 수 있다. 따라서 $[OH^-]$도 센산의 경우와 마찬가지로 그 센염기의 초기농도와 같다.

예제 4-10

5.0×10^{-4} M NaOH 용액의 pH는 얼마인가?

풀이 이 문제는 $[OH^-]$의 농도를 알고 있을 때 pH를 계산하는 것으로 두 가지 방법으로 풀 수 있다.

① $K_w = [H^+][OH^-]$이므로

$$[H^+] = \frac{1.0 \times 10^{-14}}{5.0 \times 10^{-4}} = 0.2 \times 10^{-10} \text{ 또는 } 2.0 \times 10^{-11}$$

따라서 $pH = -\log(2.0 \times 10^{-11}) = 10.7$

② $pOH = -\log[OH^-]$이므로

$pOH = -\log(5.0 \times 10^{-4}) = 3.3$

따라서 $pH = pK_w - pOH = 14 - 3.3 = 10.7$

2) 약한산의 이온화

(1) 이온화도(degree of ionization), α

약한산과 약한염기가 물에 녹을 때의 반응은 가역반응이므로 다른 평형반응과 똑같이 유도할 수 있다. 아세트산이 물속에서 이온화되는 평형은 다음과 같이 쓸 수 있다.

$$CH_3COOH \rightleftharpoons H^+ + CH_3COO^- \tag{4-29}$$

이 반응의 평형상수식은 다음과 같다.

$$\frac{[H^+][CH_3COO^-]}{[CH_3COOH]} = K = 1.75 \times 10^{-5} \tag{4-30}$$

일반적으로 약한산을 HA라고 할 때 이 약한산의 수용액에서 산의 이온화반응은 다음과 같다.

$$HA \rightleftharpoons H^+ + A^- \tag{4-31}$$

약한산의 이온화반응에 대한 평형상수를 **산의 이온화상수**(K_a : acid ionization constant)라 부르고 다음과 같이 표시한다.

$$K_a = \frac{[H^+][A^-]}{[HA]} \tag{4-32}$$

[HA]는 이온화되지 않은 산의 농도이며, 각종 약한산의 K_a는 표 4-4와 같다.

식 (4-31)에서 HA의 초기농도를 C라고 하고, 이온화도를 α라고 한다면, $[H^+]$와 $[A^-]$는 같으므로 $[H^+] = [A^-] = C \cdot \alpha$가 된다. 그리고 남아 있는 HA의 농도는 $C - C \cdot \alpha$가 될 것이다. 이것을 식 (4-32)에 대입하면 다음과 같다.

$$K_a = \frac{C\alpha C\alpha}{C - C\alpha} = \frac{C^2\alpha^2}{C(1-\alpha)}$$

약한산의 이온화도는 매우 작으므로 $1 - \alpha \fallingdotseq 1$이 될 수 있다. 따라서 위 식은 다음과 같이 간단히 나타낼 수 있으며, 여기서 이온화도 α는 식 (4-34)와 같이 구할 수 있다.

$$K_a = C\alpha^2 \tag{4-33}$$

표 4-4. 25℃에서 약한산의 이온화상수

물질	화학식	K_a
아세트산	$HC_2H_3O_2$	1.7×10^{-5}
붕산	H_3BO_3	5.9×10^{-10}
탄산*	H_2CO_3 HCO_3^-	4.3×10^{-7} 4.8×10^{-11}
사이안산	$HCNO$	3.5×10^{-4}
개미산	$HCHO_2$	1.7×10^{-4}
사이안화수소산	HCN	4.9×10^{-10}
플루오린화수소산	HF	6.8×10^{-4}
황산수소 이온	HSO_4^-	1.1×10^{-2}
황화수소*	H_2S HS^-	8.9×10^{-8} 1.2×10^{-13}
하이포염소산	$HClO$	3.5×10^{-8}
아질산	HNO_2	4.5×10^{-4}
옥살산*	$H_2C_2O_4$ $HC_2O_4^-$	5.6×10^{-2} 5.1×10^{-5}
인산*	H_3PO_4 $H_2PO_4^-$ HPO_4^{2-}	6.7×10^{-3} 6.2×10^{-8} 4.8×10^{-13}
아황산*	H_2SO_3 HSO_3^-	1.3×10^{-2} 6.3×10^{-8}

* 다염기산 이온화상수는 연속적, 단계적 이온화에 대한 값이다.
예를 들어, H_3PO_4에 대한 평형은 $H_3PO_4 \rightleftharpoons H^+ + H_2PO_4^-$,
$H_2PO_4^-$에 대하여는 $H_2PO_4^- \rightleftharpoons H^+ + HPO_4^{2-}$

$$\alpha = \sqrt{\frac{K_a}{C}} \tag{4-34}$$

(2) 수소이온농도, [H⁺]

식 (4-31)에서 H^+와 A^-는 HA의 이온화반응으로부터 생성된 것이다. 따라서 화학양론적으로 $[H^+] = [A^-]$가 된다.

이때 물의 이온화에 의해서 생성된 산의 이온 농도는 무시할 수 있다. 그러므로 이온화되지 않고 남아 있는 산의 농도 HA는 다음과 같다.

$$[\mathrm{HA}] = C - [\mathrm{H}^+] \tag{4-35}$$

이 관계를 이온화상수식[식 (4-32)]에 대입하면

$$K_a = \frac{[\mathrm{H}^+][\mathrm{H}^+]}{C - [\mathrm{H}^+]} \tag{4-36}$$

K_a값을 알고 있는 약한산의 수용액의 pH를 구하는 방법은 다음과 같다.

위 식을 정리하면

$$[\mathrm{H}^+]^2 + K_a[\mathrm{H}^+] - K_aC = 0$$

$$[\mathrm{H}^+] = -\frac{K_a}{2} + \sqrt{\frac{K_a^2}{4} + K_aC} \tag{4-37}$$

또는 약한산의 $[\mathrm{H}^+]$가 초기농도 C보다 매우 작으므로 $C - [\mathrm{H}^+] \fallingdotseq C$라 할 수 있다. 따라서

$$K_a = \frac{[\mathrm{H}^+][\mathrm{H}^+]}{C - [\mathrm{H}^+]} \fallingdotseq \frac{[\mathrm{H}^+]^2}{C}$$

$$[\mathrm{H}^+]^2 = K_aC$$

$$[\mathrm{H}^+] = \sqrt{K_aC} \tag{4-38}$$

이 식의 양변에 log를 취하여 지수로 나타내면 다음과 같다.

$$-\log[\mathrm{H}^+] = -\frac{1}{2}\log K_a - \frac{1}{2}\log C$$

$$\mathrm{pH} = \frac{1}{2}\mathrm{p}K_a - \frac{1}{2}\log C \tag{4-39}$$

예제 4-11

25℃에서 0.1 M의 아세트산 용액의 pH를 구하여라. 이 온도에서 아세트산의 $K_a = 1.75 \times 10^{-5}$이다.

풀이 $CH_3COOH \rightleftharpoons H^+ + CH_3COO^-$

$$K_a = 1.75 \times 10^{-5}$$

$$= \frac{[H^+][CH_3COO^-]}{[CH_3COOH]}$$

여기서 물의 이온화를 무시하면 다음 관계가 성립된다.

$$[H^+] = [CH_3COO^-]$$

그러므로 $[CH_3COOH] = 0.10 - [H^+]$

$$K_a = 1.75 \times 10^{-5}$$

$$= \frac{[H^+]}{0.10 - [H^+]}$$

위의 식을 정리하여 2차 방정식을 풀면 $[H^+]$를 구할 수 있다.

$[H^+] = 1.32 \times 10^{-3}$ M 또는 pH = 2.88

한편 용액 중의 $[H^+]$는 아세트산의 초기농도 0.10 M에 비해 매우 작으므로 무시할 수 있다고 가정하면

$$[CH_3COOH] = 0.10 - [H^+] \fallingdotseq 0.10 \text{ M}$$

$$[H^+] = \sqrt{K_a C}$$

$$= \sqrt{1.75 \times 10^{-5} \times 0.10}$$

$$= 1.32 \times 10^{-3}$$

pH = 2.88

3) 약한염기의 이온화

(1) 이온화도, α

약한염기를 포함하는 평형은 약한산의 경우와 비슷하게 취급된다. 예를 들면, 암모니아는 물속에서 다음과 같이 이온화된다.

$$NH_4OH \rightleftharpoons NH_4^+ + OH^- \qquad (4\text{-}40)$$

NH_3가 물에 녹으면 모두 NH_4OH로 된다고 생각할 수 있으나 용액 중 대부분은 NH_3 상태로 있으며 그 중 일부분만 이온화하고, 이 반응에 대한 평형상수식은 다음과 같다.

$$\frac{[NH_4^+][OH^-]}{[NH_4OH]} = 1.75 \times 10^{-5} = K_b \quad (4\text{-}41)$$

약한염기의 이온화반응에 대한 평형상수를 **염기의 이온화상수**(K_b : base ionization constant)라 한다. 주요한 약한염기들의 이온화상수는 표 4-5와 같다.

표 4-5. 25℃에서 약한염기의 이온화상수

물질	식	K_b
암모니아	NH_3	1.7×10^{-5}
아닐린	$C_6H_5NH_2$	4.2×10^{-10}
다이메틸아민	$(CH_3)_2NH$	5.1×10^{-4}
에틸아민	$C_2H_5NH_2$	4.7×10^{-4}
하이드라진	N_2H_4	1.7×10^{-6}
하이드록실아민	NH_2OH	1.4×10^{-8}
메틸아민	CH_3NH_2	4.4×10^{-4}
피리딘	C_5H_5N	1.4×10^{-9}
요소	NH_2CONH_2	1.5×10^{-14}

염기는 일반적으로 다음과 같은 이온화평형을 이루며 염기이온화상수 K_b는 다음과 같이 표현한다.

$$BOH \rightleftharpoons B^+ + OH^- \quad (4\text{-}42)$$

$$K_b = \frac{[B^+][OH^-]}{[BOH]} \quad (4\text{-}43)$$

식 (4-34)에서 BOH의 초기농도를 C라고 하고, 이온화도를 α라고 하면, $[B^+]$와 $[OH^-]$은 같으므로 $[B^+] = [OH^-] = C \cdot \alpha$가 된다. 그리고 남아 있는 BOH의 농도는 $C - C \cdot \alpha$가 될 것이다. 이것을 식 (4-43)에 대입하면 다음과 같다.

$$K_b = \frac{C\alpha\, C\alpha}{C - C\alpha} = \frac{C^2\alpha^2}{C(1-\alpha)}$$

약한염기의 이온화도는 매우 작으므로 $1 - \alpha \fallingdotseq 1$이 될 수 있다. 따라서 위 식은 다음과 같이 간단히 나타낼 수 있으며, 여기서 이온화도 α는 식 (4-45)와 같이 구할 수 있다.

$$K_b = C\alpha^2 \tag{4-44}$$

$$\alpha = \sqrt{\frac{K_b}{C}} \tag{4-45}$$

(2) 수소이온농도, $[H^+]$

염기의 초기농도를 C라 하고 $[OH^-] = [B^+]$를 이용하면 염기이온화상수는 식 (4-43)에 의하여 $[OH^-]$에 관한 2차 방정식을 얻을 수 있다.

$$K_b = \frac{[OH^-]^2}{C - [OH^-]}$$

$$[OH^-] = -\frac{K_b}{2} + \sqrt{\frac{K_b^2}{4} + K_b C} \tag{4-46}$$

또 약한염기는 약한전해질이므로 초기농도 C보다 $[OH^-]$가 매우 작으므로 $C - [OH^-] \fallingdotseq C$라 할 수 있다. 따라서 식 (4-47)과 같이 간단히 $[OH^-]$를 구할 수 있다.

$$[OH^-] = \sqrt{K_b C} \tag{4-47}$$

여기서 $K_w = [H^+][OH^-] = 10^{-14}$이므로

$$[H^+] = \frac{K_w}{[OH^-]} = \frac{10^{-14}}{\sqrt{K_b C}}$$

$$\mathrm{pH} = 14 - \frac{1}{2}\mathrm{p}K_b + \frac{1}{2}\log C \tag{4-48}$$

또는 $[H^+][OH^-] = 10^{-14}$는 $\mathrm{p}K_a + \mathrm{p}K_b = 14$로 나타낼 수 있으므로 식 (4-49)와 같이 나타낼 수 있다.

$$pH = 7 + \frac{1}{2}pK_b + \frac{1}{2}\log C \qquad (4\text{-}49)$$

예제 4-12

0.1 N NH_3 용액의 pH를 계산하여라($pK_{NH_3} = 4.74$).

풀이

$$pH = 14 - \frac{1}{2}pK_b + \frac{1}{2}\log C$$

$$= 14 - \frac{1}{2} \times 4.74 + \frac{1}{2}\log 0.1$$

$$= 11.13$$

4) 다양성자산의 이온화

(1) 이온화도, α

H_2CO_3, H_3PO_4와 같이 수소 이온을 2개 이상 가진 산을 **다양성자산**(polyprotic acid) 또는 **다가산**(polybasic acid)이라고 하며, 이것은 약한산이므로 다음과 같이 물속에서 단계적으로 이온화한다.

$$H_2CO_3 \rightleftharpoons H^+ + HCO_3^- \qquad (4\text{-}50)$$

$$\frac{[H^+][HCO_3^-]}{[H_2CO_3]} = K_1 = 4.3 \times 10^{-7} \qquad (4\text{-}51)$$

$$HCO_3^- \rightleftharpoons H^+ + CO_3^{2-} \qquad (4\text{-}52)$$

$$\frac{[H^+][CO_3^{2-}]}{[HCO_3^-]} = K_2 = 5.6 \times 10^{-11} \qquad (4\text{-}53)$$

H_2CO_3는 약한산이므로 산의 이온화상수 값에서 보는 바와 같이 각 단계의 이온화는 그 바로 앞 단계의 것보다 적게 일어난다. 따라서 식 (4-52)에서 $[H^+]$와 $[CO_3^{2-}]$의 생성량은 식 (4-50)의 $[H^+]$와 $[HCO_3^-]$의 생성량에 비하여 무시할 수 있을 정도로 적은 양이다.

일반적으로 다양성자산을 H_2A라고 할 때 이 다양성자산의 수용액에서 산의 이온화반응과 산의 이온화상수는 다음과 같다.

$$H_2A \rightleftharpoons H^+ + HA^- \tag{4-54}$$

$$K_1 = \frac{[H^+][HA^-]}{[H_2A]} \tag{4-55}$$

$$HA^- \rightleftharpoons H^+ + A^{2-} \tag{4-56}$$

$$K_2 = \frac{[H^+][A^{2-}]}{[HA^-]} \tag{4-57}$$

위에서 언급한 바와 같이 식 (4-56)의 이온화는 식 (4-54)의 이온화에 비하여 무시될 정도로 작게 일어난다. 따라서 식 (4-54)에서 H_2A의 초기농도를 C라고 하고, 이온화도를 α라고 한다면, $[H^+]$와 $[HA^-]$는 같으므로 $[H^+] = [HA^-] = C \cdot \alpha$가 된다. 그리고 남아 있는 H_2A의 농도는 $C - C \cdot \alpha$가 될 것이다. 이것을 식 (4-55)에 대입하면 다음과 같다.

$$K_1 = \frac{C\alpha C\alpha}{C - C\alpha} = \frac{C^2\alpha^2}{C(1-\alpha)}$$

다양성자산도 약한산이므로 이온화도는 매우 작아서 $1-\alpha \fallingdotseq 1$이 될 수 있다. 따라서 위 식은 다음과 같이 간단히 나타낼 수 있으며, 여기서 이온화도 α는 식 (4-59)와 같이 구할 수 있다.

$$K_1 = C\alpha^2 \tag{4-58}$$

$$\alpha = \sqrt{\frac{K_1}{C}} \tag{4-59}$$

(2) 수소이온농도, $[H^+]$

식 (4-54)에서 H^+와 HA^-는 H_2A의 이온화반응으로부터 생성된 것이므로 화학양론적으로 $[H^+] = [HA^-]$이 되며, 이온화되지 않고 남아 있는 산의 농도 H_2A는 다음과 같다.

$$[H_2A] = C - [H^+] \tag{4-60}$$

이 관계를 이온화상수식[식 (4-55)]에 대입하면

$$K_1 = \frac{[H^+][H^+]}{C - [H^+]} \tag{4-61}$$

K_1값을 알고 있는 다양성자산 수용액의 pH를 구하기 위하여 식 (4-61)을 정리하면 다음과 같다.

$$[H^+]^2 + K_1[H^+] - K_1C = 0$$

$$[H^+] = -\frac{K_1}{2} + \sqrt{\frac{{K_1}^2}{4} + K_1C} \qquad (4\text{-}62)$$

또는, 다양성자산의 $[H^+]$가 초기농도 C보다 매우 작으므로 $C-[H^+] \fallingdotseq C$라 할 수 있다. 따라서

$$K_1 = \frac{[H^+][H^+]}{C-[H^+]} \fallingdotseq \frac{[H^+]^2}{C}$$

$$[H^+]^2 = K_1C$$

$$[H^+] = \sqrt{K_1C} \qquad (4\text{-}63)$$

이 식의 양변에 log를 취하여 지수로 나타내면 다음과 같다.

$$-\log[H^+] = -\frac{1}{2}\log K_1 - \frac{1}{2}\log C$$

$$\text{pH} = \frac{1}{2}\text{p}K_1 - \frac{1}{2}\log C \qquad (4\text{-}64)$$

예제 4-13

5℃에서 0.1 M의 H_2CO_3 용액의 pH를 구하여라. 이 온도에서 H_2CO_3의 $K_1 = 4.3 \times 10^{-7}$, $K_2 = 5.6 \times 10^{-11}$이다.

풀이 H_2CO_3는 약한산이므로 2단계의 이온화는 무시할 수 있으므로 다음과 같이 첫 번째 이온화만 고려하면 된다.

$$H_2CO_3 \rightleftharpoons H^+ + HCO_3^-$$

$$K_1 = 4.3 \times 10^{-7} = \frac{[H^+][HCO_3^-]}{[H_2CO_3]}$$

여기서 물의 이온화를 무시하면 다음 관계가 성립된다.

$$[H^+] = [HCO_3^-]$$

그러므로 $[H_2CO_3] = 0.10 - [H^+]$

$$K_1 = 4.3 \times 10^{-7} = \frac{[H^+]^2}{0.10 - [H^+]}$$

위의 식을 정리하여 2차 방정식을 풀면 $[H^+]$를 구할 수 있다.

$[H^+] = 2.07 \times 10^{-4}$ M 또는 pH = 3.68

한편 용액 중의 $[H^+]$는 탄산의 초기농도 0.10 M에 비해 매우 작으므로 무시할 수 있다고 가정하면

$[H_2CO_3] = 0.10 - [H^+] \fallingdotseq 0.10$ M

$$\begin{aligned}[H^+] &= \sqrt{K_1 C} \\ &= \sqrt{4.3 \times 10^{-7} \times 0.10} \\ &= 2.07 \times 10^{-4}\end{aligned}$$

pH = 3.68

8. 염의 가수분해

약한산과 센염기에 의하여 생성된 염의 음이온은 물과 반응하여 OH^-을, 약한염기와 센산에 의하여 생성된 염의 양이온은 물과 작용하여 H^+을 생성하게 되며, 이를 염의 **가수분해**(hydrolysis)라고 한다. 즉, 염에서 생긴 이온과 물과의 반응이다.

1) 센산과 센염기로 된 염의 가수분해

센산과 센염기의 반응으로 생성된 염은 NaCl, KCl, $NaNO_3$, KNO_3 등을 예로 들 수 있으며, 이들은 수용액 중에서 완전히 이온화하므로 가수분해를 할 수 없다. 따라서 그 수용액의 액성은 중성으로 pH=7.0이며, 가수분해상수와 가수분해도는 없다.

2) 약한산과 센염기로 된 염의 가수분해

약한산과 센염기의 중화에 의해서 생긴 염은 KCN, Na_2S, Na_2CO_3, NaAc(CH_3COONa) 등으로 물과 반응하여 OH^-가 생성되어 수용액은 염기성을 나타낸다. 아세트산나트륨은

(CH_3COONa)은 센전해질이며 수용액에서는 거의 완전히 CH_3COO^-와 Na^+로 이온화되어 있다.

$$CH_3COONa \rightleftharpoons CH_3COO^- + Na^+ \tag{4-65}$$

Na^+는 물과 반응하지 않지만, CH_3COO^-는 다음과 같이 가수분해되어 OH^-를 만든다.

$$CH_3COO^- + H_2O \rightleftharpoons CH_3COOH + OH^- \tag{4-66}$$

가수분해에 대한 평형상수는 다음과 같다.

$$K_h = \frac{[CH_3COOH][OH^-]}{[CH_3COO^-]} \tag{4-67}$$

이 K_h를 **가수분해상수**(hydrolysis constant)라고 하며, 분자, 분모에 $[H^+]$를 곱하면 다음 식과 같다.

$$K_h = \frac{[CH_3COOH][OH^-][H^+]}{[CH_3COO^-][H^+]} \tag{4-68}$$

CH_3COOH는 다음과 같이 평형이 되어 있으며,

$$CH_3COOH \rightleftharpoons CH_3COO^- + H^+ \tag{4-69}$$

$$K_a = \frac{[CH_3COO^-][H^+]}{[CH_3COOH]} \tag{4-70}$$

$$\frac{1}{K_a} = \frac{[CH_3COOH]}{[CH_3COO^-][H^+]} \tag{4-71}$$

또한 물의 이온화상수값($[H^+][OH^-] = K_w$)을 이용하면 식 (4-68)은 다음과 같이 간단히 나타냄으로써 가수분해상수를 구할 수 있다.

$$K_h = \frac{K_w}{K_a} \tag{4-72}$$

여기서 염의 초기농도를 C라 하고, **가수분해도**(degree of hydrolysis)를 α라 하면 식

(4-66)에서

$$[OH^-] = [CH_3COOH] = C \cdot \alpha \tag{4-73}$$

$$[CH_3COO^-] = C(1-\alpha)$$

$$K_h = \frac{[CH_3COOH][OH^-]}{[CH_3COO^-]} = \frac{C^2 \cdot \alpha^2}{C(1-\alpha)} \tag{4-74}$$

식 (4-74)를 식 (4-72)에 대입하면

$$\frac{K_w}{K_a} = \frac{C \cdot \alpha^2}{1-\alpha} \tag{4-75}$$

여기서 가수분해도가 매우 작아서 $1-\alpha \fallingdotseq 1$이라 하면

$$C \cdot \alpha^2 = \frac{K_w}{K_a}$$

가수분해도는 다음과 같다.

$$\alpha = \sqrt{\frac{K_w}{K_a C}} \tag{4-76}$$

한편, 식 (4-73)으로부터 $[OH^-] = C \cdot \alpha$를 $K_w = [H^+][OH^-]$에 대입하면

$$[H^+] = \frac{K_w}{C \cdot \alpha} \tag{4-77}$$

식 (4-76)을 식 (4-77)에 대입하면 가수분해 시 생성되는 $[H^+]$를 구할 수 있다.

$$[H^+] = \sqrt{\frac{K_w K_a}{C}} \tag{4-78}$$

이 식에 $-\log$를 취하면 다음과 같이 나타낼 수 있으며,

$$-\log[H^+] = -\frac{1}{2}\log K_w - \frac{1}{2}\log K_a + \frac{1}{2}\log C$$

$-\log K_a$를 $\mathrm{p}K_a$라 하면 다음과 같이 pH를 구할 수 있게 된다.

$$\mathrm{pH} = 7 + \frac{1}{2}\mathrm{p}K_a + \frac{1}{2}\log C \qquad (4\text{-}79)$$

예제 4-14

0.1 mole의 아세트산나트륨에 물을 가하여 1 L로 한 용액의 pH를 계산하라($K_a = 1.75 \times 10^{-5}$).

풀이 아세트산나트륨(NaAc)은 약한산과 센염기로 된 염이므로 $[H^+]$는 식 (4-78)로부터 구할 수 있다.

$$[H^+] = \sqrt{\frac{K_w K_a}{C}}$$

$$= \sqrt{\frac{1.0\times 10^{-14}\times 1.75\times 10^{-5}}{0.10}}$$

$$= 1.32\times 10^{-9}$$

$$\mathrm{pH} = 8.88$$

3) 약한염기와 센산으로 된 염의 가수분해

약한염기와 센산의 중화에 의해서 생긴 염은 NH_4Cl, $AlCl_3$, $ZnSO_4$, $CuSO_4$ 등으로 물과 반응하여 H^+가 생성되므로 수용액은 산성이다. NH_4Cl은 수용액에서는 거의 완전히 NH_4^+와 Cl^-로 이온화된다.

$$NH_4Cl \rightleftharpoons NH_4^+ + Cl^- \qquad (4\text{-}80)$$

Cl^-는 물과 반응하지 않지만, NH_4^+는 가수분해되어 H^+를 만든다.

$$NH_4^+ + H_2O \rightleftharpoons NH_4OH + H^+ \qquad (4\text{-}81)$$

또는

$$NH_4^+ + H_2O \rightleftharpoons NH_3 + H_3O^+$$

가수분해에 대한 평형상수는 다음과 같다.

$$K_h = \frac{[NH_4OH][H^+]}{[NH_4^+]} \qquad (4\text{-}82)$$

식 (4-82)의 분자, 분모에 $[OH^-]$을 곱하면

$$K_h = \frac{[NH_4OH][H^+][OH^-]}{[NH_4^+][OH^-]} \tag{4-83}$$

NH_4OH는 다음과 같이 평형이 되어 있으며,

$$NH_4OH \rightleftharpoons NH_4^+ + OH^- \tag{4-84}$$

$$K_b = \frac{[NH_4^+][OH^-]}{[NH_4OH]} \tag{4-85}$$

또한 물의 이온화상수값($[H^+][OH^-] = K_w$)을 이용하면 식 (4-83)은 다음과 같이 간단히 나타낼 수 있다.

$$K_h = \frac{K_w}{K_b} \tag{4-86}$$

여기서 염의 초기농도를 C, 가수분해도(degree of hydrolysis)를 α라 하면 식 (4-81)에서

$$[H^+] = [NH_4OH] = C \cdot \alpha \tag{4-87}$$

$$[NH_4^+] = C(1-\alpha)$$

$$K_h = \frac{[NH_4OH][H^+]}{[NH_4^+]} = \frac{C^2\alpha^2}{C(1-\alpha)} \tag{4-88}$$

여기서 가수분해도는 매우 작아서 $1-\alpha \fallingdotseq 1$이라 하면 가수분해도는 다음과 같다.

$$\alpha = \sqrt{\frac{K_w}{K_b C}} \tag{4-89}$$

식 (4-87)로부터

$$[H^+] = C \cdot \alpha \tag{4-90}$$

이므로 식 (4-89)를 식 (4-90)에 대입하여 가수분해시 생성되는 $[H^+]$를 구할 수 있다.

$$[H^+] = \sqrt{\frac{K_w C}{K_b}} \quad (4\text{-}91)$$

이 식의 양변에 $-\log$를 취하면 다음과 같이 pH를 구할 수 있다.

$$-\log[H^+] = -\frac{1}{2}\log K_w + \frac{1}{2}\log K_b - \frac{1}{2}\log C$$

$-\log K_b$는 pK_b이므로

$$pH = 7 - \frac{1}{2}pK_b - \frac{1}{2}\log C \quad (4\text{-}92)$$

예제 4-15

0.10 M 염화암모늄 용액의 pH를 계산하여라(단, NH_3의 $K_b = 1.76 \times 10^{-5}$이다).

풀이 염화암모늄(NH_4Cl)은 센산과 약한염기로 이루어진 염이므로 식 (4-91)을 이용하여 $[H^+]$를 구할 수 있다.

$$[H^+] = \sqrt{\frac{K_w C}{K_b}}$$

$$= \sqrt{\frac{1.0 \times 10^{-14} \times 0.10}{1.76 \times 10^{-5}}}$$

$$= 7.54 \times 10^{-6}$$

$$pH = 5.12$$

4) 약한산과 약한염기로 된 염의 가수분해

약한산과 약한염기로 된 염의 예는 NH_4Ac, $(NH_4)_2CO_3$ 등을 들 수 있으며, 이들은 대부분 쉽게 가수분해한다. 이때 수용액의 액성은 염을 만든 약한산과 약한염기의 K_a와 K_b에 따라 결정된다. 즉, K_a가 크면 그 수용액의 액성은 산성이 되며, K_b가 크면 염기성이 된다.

약한산 HAc와 약한염기 NH_4OH로 이루어진 염 NH_4Ac의 가수분해를 생각하여 보자.

$$NH_4Ac \rightleftharpoons NH_4^+ + Ac^- \quad (4\text{-}93)$$

$$NH_4^+ + Ac^- + H_2O \rightleftharpoons NH_4OH + HAc \tag{4-94}$$

$$K_h = \frac{[NH_4OH][HAc]}{[NH_4^+][Ac^-]} \tag{4-95}$$

식 (4-95)의 분자, 분모에 $[H^+]$와 $[OH^-]$를 곱하면 식 (4-96)과 같이 나타낼 수 있다.

$$K_h = \frac{[NH_4OH][HAc][H^+][OH^-]}{[NH_4^+][OH^-][H^+][Ac^-]} \tag{4-96}$$

NH_4OH는 다음과 같이 평형이 되어 있으며,

$$NH_4OH \rightleftharpoons NH_4^+ + OH^-$$

$$K_b = \frac{[NH_4^+][OH^-]}{[NH_4OH]} \tag{4-97}$$

CH_3COOH는 다음과 같이 평형이 되어 있으므로

$$CH_3COOH \rightleftharpoons CH_3COO^- + H^+$$

$$K_a = \frac{[CH_3COO^-][H^+]}{[CH_3COOH]} \tag{4-98}$$

이를 식 (4-96)에 대입하면 다음과 같이 가수분해상수를 구할 수 있다.

$$K_h = \frac{K_w}{K_a K_b} \tag{4-99}$$

식 (4-93)에서 NH_4Ac는 완전히 이온화하므로 NH_4Ac의 초기농도가 C라면 $[NH_4^+] = [Ac^-] = C$가 된다. 식 (4-94)에서 가수분해도가 α라면 $[NH_4OH] = [HAc] = C \cdot \alpha$가 되며, 남은 $[NH_4^+]$와 $[Ac^-]$는 $(C - C \cdot \alpha)$가 된다. 따라서 이를 식 (4-95)에 대입하면 다음과 같다.

$$K_h = \frac{[NH_4OH][HAc]}{[NH_4^+][Ac^-]} = \frac{C\alpha \cdot C\alpha}{(C - C\alpha)(C - C\alpha)}$$

$$= \frac{C^2\alpha^2}{C^2(1-\alpha)^2} \tag{4-100}$$

여기서 가수분해도가 매우 작아서 $1-\alpha \fallingdotseq 1$이라면

$$K_h = \alpha^2 \tag{4-101}$$

가 되며, 이를 식 (4-99)에 대입하면 다음과 같이 나타낼 수 있다.

$$\alpha = \sqrt{\frac{K_w}{K_a K_b}} \tag{4-102}$$

한편, HAc는 다음과 같이 이온화평형에 도달하여 있으며,

$$CH_3COOH \rightleftharpoons CH_3COO^- + H^+$$

$$K_a = \frac{[CH_3COO^-][H^+]}{[CH_3COOH]} = \frac{[H^+]C(1-\alpha)}{C\alpha} = \frac{[H^+](1-\alpha)}{\alpha} \ ; \ (1-\alpha \fallingdotseq 1)$$

$$\fallingdotseq \frac{[H^+]}{\alpha} \tag{4-103}$$

이 식에 가수분해도 α를 대입하면 다음과 같이 $[H^+]$를 구할 수 있다.

$$[H^+] = K_a\alpha = K_a\sqrt{\frac{K_w}{K_a K_b}}$$

$$[H^+] = \sqrt{\frac{K_w K_a}{K_b}} \tag{4-104}$$

이 식의 양변에 $-\log$를 취하면 식 (4-102)와 같이 pH를 구할 수 있다.

한편, NH_4OH는 다음과 같이 평형상태에 있으며, 이를 이용하여도 식 (4-104)와 같은 결과를 얻을 수 있다.

$$NH_4OH \rightleftharpoons NH_4^+ + OH^-$$

$$K_b = \frac{[NH_4^+][OH^-]}{[NH_4OH]} = \frac{C(1-\alpha)[OH^-]}{C\alpha} = \frac{(1-\alpha)[OH^-]}{\alpha} = \frac{[OH^-]}{\alpha}$$

$$[OH^-] = K_b\alpha = K_b\sqrt{\frac{K_w}{K_a K_b}} = \sqrt{\frac{K_w K_b}{K_a}}$$

이것을 물의 이온화평형식(K_w = $[H^+][OH^-]$)에 대입하면 다음과 같다.

$$[H^+] = \frac{K_w}{[OH^-]} = \frac{K_w}{\sqrt{\frac{K_w K_b}{K_a}}}$$

따라서 위 식을 정리하면 식 (4-104)와 같이 된다.

예제 4-16

0.10 M 아세트산암모늄 용액의 pH를 계산하여라(단, HAc의 K_a = 1.8 × 10^{-5}, NH_3의 K_b = 1.76 × 10^{-5}이다).

풀이 아세트산암모늄(NH_4Ac)은 약한산과 약한염기로 이루어진 염이므로 식 (4-104)를 이용하여 $[H^+]$를 구할 수 있다.

$$[H^+] = \sqrt{\frac{K_w K_a}{K_b}}$$

$$= \sqrt{\frac{1.0\times 10^{-14}\times 1.8\times 10^{-5}}{1.76\times 10^{-5}}}$$

$$= 1.01\times 10^{-7}$$

pH = 7.0

이상에서 보는 바와 같이 염의 가수분해반응에서는 약한산과 약한염기의 K_a와 K_b가 그 수용액의 액성을 결정하는데 중요한 역할을 한다. 표 4-6은 염의 가수분해반응에서의 $[H^+]$, 가수분해도(α) 및 가수분해상수(K_h)를 구하는 공식을 나타내었다. 센산과 센염기로 된 염은 가수분해를 하지 않으므로 가수분해도와 가수분해상수는 없으며, 그 외의 공식은 K_w, K_a, K_b 및 C의 네 가지 인자로 구성되어 있으며, K_w는 분자에 공통으로 포함되어 있고, K_a는 반드시 분자에, K_b는 반드시 분모에 포함되어 있다. 그러므로 제곱근 속의 K_w는 공통으로 포함되며, 약한산과 약한염기의 경우는 K_a와 K_b를 먼저 고려하여 $[H^+]$ 구하는 식을 쓰되 센산과 센염기는 K_a와 K_b 값이 없으므로 대신 초기농도 C를 쓴다. 즉, 약한산과 센염기로 된 염은 K_b값이 없으므로 K_w, K_b, C를 가지고 $[H^+]$ 구하는 식을 쓴다. 마찬가지로 다른 두 경우도 이와 같은 방법으로 $[H^+]$ 구하는 식을 쓸 수 있다.

표 4-6. 염의 가수분해반응에서의 여러 가지 공식				
	센산+센염기	센산+약한염기	약한산+센염기	약한산+약한염기
$[H^+]$	1.0×10^{-7}	$\sqrt{\frac{K_wC}{K_b}}$	$\sqrt{\frac{K_wK_a}{C}}$	$\sqrt{\frac{K_wK_a}{K_b}}$
α	-	$\sqrt{\frac{K_w}{K_bC}}$	$\sqrt{\frac{K_w}{K_aC}}$	$\sqrt{\frac{K_w}{K_aK_b}}$
K_h	-	$\frac{K_w}{K_b}$	$\frac{K_w}{K_a}$	$\frac{K_w}{K_aK_b}$

가수분해도(α)는 $[H^+]$ 구하는 식에서 K_w를 제외하고 모두 분모에 쓰며, 가수분해상수는 가수분해도 구하는 식에서 초기농도 C와 제곱근을 제거하면 구할 수 있다.

표 4-6에서 여러 가지 공식에서 일정한 규칙을 발견하면 쉽게 암기할 수 있는데, 공식에서 사용하는 함수는 K_w, K_a, K_b 그리고 C이다. 먼저 pH의 경우는 $\sqrt{\frac{\bigcirc\bigcirc}{\bigcirc}}$ 형태이며 $\sqrt{\ }$ 속의 분자에 공통으로 들어간 것이 K_w이며, K_a는 반드시 분자에, K_b는 반드시 분모에 들어가 있으며, 비어있는 곳에는 C로 보충하여 준다. 가수분해도(α)는 pH 공식에서 $\sqrt{\ }$ 속에서 K_w를 제외하고 모두 분모로 내리고, 가수분해상수(K_h)는 가수분해도에서 $\sqrt{\ }$와 C를 제거하면 된다.

5) 센염기와 다양성자산으로 된 염

H_3PO_4나 H_2CO_3 등과 같은 다양성자산으로 된 염이 녹아 있는 수용액은 산성을 나타낼 수도 염기성을 나타낼 수도 있다. 이들이 녹아 있는 수용액의 수소이온농도를 구하는 방법에 대하여 NaH_2PO_4를 예로 들어서 설명하여 보기로 하자.

NaH_2PO_4는 다음과 같은 반응에 의하여 생성되었으므로

$$H_3PO_4 + Na^+ \rightarrow NaH_2PO_4 + H^+$$

H_3PO_4의 이온화상수는 다음과 같이 나타낸다.

$$H_3PO_4 \rightleftharpoons H^+ + H_2PO_4^- \qquad K_1 = \frac{[H^+][H_2PO_4^-]}{[H_3PO_4]} \qquad (4\text{-}105)$$

$$H_2PO_4^- \rightleftharpoons H^+ + HPO_4^{2-} \qquad K_2 = \frac{[H^+][HPO_4^{2-}]}{[H_2PO_4^-]} \tag{4-106}$$

한편, NaH_2PO_4가 수용액 중에서는 다음과 같이 이온화하며, NaH_2PO_4의 초기농도를 C라고 하면 다음과 같이 생성되는 Na^+와 $H_2PO_4^-$의 농도도 C가 된다.

$$\begin{matrix} NaH_2PO_4 & \rightleftharpoons & Na^+ & + & H_2PO_4^- \\ C & & C & & C \end{matrix} \tag{4-107}$$

$$H_2PO_4^- \rightleftharpoons H^+ + HPO_4^{2-} \tag{4-108}$$

$$H_2PO_4^- + H^+ \rightleftharpoons H_3PO_4 \tag{4-109}$$

식 (4-108)에서 생성된 H^+는 다시 $H_2PO_4^-$와 반응하여 H_3PO_4가 되므로 HPO_4^{2-}의 농도는 다음과 같다.

$$[HPO_4^{2-}] = [H^+] + [H_3PO_4] \tag{4-110}$$

한편, 식 (4-105)와 (4-106)으로부터 다음과 같이 $[HPO_4^{2-}]$와 $[H_3PO_4]$를 구할 수 있다.

$$[H_3PO_4] = \frac{[H^+][H_2PO_4^-]}{K_1} \tag{4-111}$$

$$[HPO_4^{2-}] = K_2 \times \frac{[H_2PO_4^-]}{[H^+]} \tag{4-112}$$

식 (4-111)과 (4-112)를 식 (4-110)에 대입하여 정리하면 다음과 같다.

$$K_2 \times \frac{[H_2PO_4^-]}{[H^+]} = [H^+] + \frac{[H^+][H_2PO_4^-]}{K_1}$$

$$K_1 \cdot K_2 \times [H_2PO_4^-] = [H^+]^2 \cdot K_1 + [H^+]^2[H_2PO_4^-]$$

식 (4-107)에서 초기농도를 C라고 하였으므로 $[H_2PO_4^-] = C$가 된다. 따라서 위 식은 다음과 같이 간단하게 나타낼 수 있다.

$$K_1 \cdot K_2 = [H^+]^2 (K_1 + C)$$

$K_1 + C \fallingdotseq C$이므로 위 식은 다음과 같이 나타낼 수 있다.

$$[H^+] = \sqrt{K_1 \cdot K_2} \tag{4-113}$$

같은 방법으로 Na_2HPO_4의 수소이온농도를 구하면 다음 식과 같다.

$$[H^+] = \sqrt{K_2 \cdot K_3} \tag{4-114}$$

Na_3PO_4는 약한산과 센염기로 이루진 염이므로 수소이온농도는 식 (4-78)과 같은 방법으로 구하면 다음과 같다.

$$[H^+] = \sqrt{\frac{K_w K_3}{C}} \tag{4-115}$$

9. 완충용액(buffer solution)

약한전해질 용액과 그 공통이온을 포함하는 센전해질의 혼합액은 소량의 센산이나 센염기를 가하여도 그 용액의 pH는 잘 변화하지 않는다. 이런 성질을 **완충성** 혹은 **완충작용**(buffer action)이라고 하고, 이 용액을 **완충용액**(buffer solution)이라 한다. 즉, 혈액이나 생리적 용액은 완충화되어 있어 산 또는 염기를 다소 가하여도 pH의 변화는 없다. 예를 들어, pH가 7보다 작은 완충용액은 약한산인 아세트산과 그 염인 아세트산나트륨을 혼합하여 제조하고 pH가 7보다 큰 완충용액은 약한염기인 암모니아와 이의 염인 염화암모늄을 혼합하여 제조한다. 따라서 완충용액의 조성은 약한산과 그의 염, 약한염기와 그의 염 및 한 가지 산에 의한 두 염 등이 있다.

예를 들어, 약한산 HAc와 그 공통이온을 포함하는 센전해질 NaAc로 된 완충용액의 이온화과정은 다음과 같다.

$$HAc \rightleftharpoons H^+ + Ac^- \tag{4-116}$$

$$NaAc \rightleftharpoons Na^+ + Ac^- \tag{4-117}$$

이때 약한산 HAc의 초기농도를 a라고 하면 남은 HAc의 농도는 $a-[H^+]$이다. 또한 NaAc의 초기농도를 b라고 하고 전리도를 α라고 하면 $[Na^+]=[Ac^-]=b\alpha$가 되며, 남은 NaAc의 농도는 $b-b\alpha$가 된다. 한편, 식 (4-115)에서 $[H^+]=[Ac^-]$이므로 이 완충용액 중 전체 $[Ac^-]$는 $[H^+]+b\alpha$가 된다. 이것을 약한산의 이온화상수식에 대입하면 다음과 같다.

$$K_a = \frac{[H^+][Ac^-]}{[HAc]} = \frac{[H^+]([H^+]+b\alpha)}{a-[H^+]}$$

여기서 약한산의 이온화도가 작아서 $[H^+] \ll a,\ b$가 되며, NaAc는 센전해질이므로 $\alpha = 1$이다. 따라서 위 식은 다음과 같이 간단히 쓸 수 있다.

$$K_a = \frac{[H^+]b}{a}$$

a는 약한산의 초기농도이며, b는 그 공통이온을 포함하는 센전해질의 초기농도이므로 위 식은 다음과 같이 나타낼 수 있다.

$$[H^+] = K_a \times \frac{a}{b} = K_a \times \frac{[\text{산}]}{[\text{염}]} \tag{4-118}$$

이 식에 $-\log$를 취하여 $-\log$를 p로 바꾸면 다음과 같은 식을 얻을 수 있는데 이 식을 Henderson−Hasselbach **방정식**이라고 하며, 완충용액의 pH를 계산하는데 많이 이용한다.

$$pH = pK_a + \log\frac{[\text{염}]}{[\text{산}]} \tag{4-119}$$

예제 4-17

아세트산 0.100몰과 아세트산나트륨 0.100몰을 1 L의 물에 녹인 용액의 pH를 계산하라.

풀이 수용액에서 아세트산은 일부만 이온화하고 아세트산나트륨은 완전히 이온화하며 아세트산의 이온화평형은 다음과 같다.

$$CH_3COOH \rightleftharpoons CH_3COO^- + H^+$$

$$K_a = 1.75\times 10^{-5} = \frac{[H^+][CH_3COO^-]}{[CH_3COOH]}$$

$$[H^+] = K_a \times \frac{[CH_3COOH]}{[CH_3COO^-]}$$
$$= 1.75 \times 10^{-5} \times \frac{0.100}{0.100}$$
$$= 1.75 \times 10^{-5}$$

pH = 4.76

Henderson-Hasselbach 방정식에 의하여 계산하면

$$pH = pK_a + \log\frac{[\text{염}]}{[\text{산}]}$$
$$= -\log(1.75 \times 10^{-5}) + \log\frac{0.10}{0.10}$$
$$= 5 - \log 1.75$$
$$= 4.76$$

예제 4-18

0.1 M 아세트산(HAc) 용액 100.0 mL와 0.1 M 아세트산나트륨(NaAc) 용액 200.0 mL의 혼합용액의 pH를 구하라.

풀이 M = mole/L이며, 두 용액의 합은 300.0 mL가 되므로 HAc와 NaAc의 농도를 다시 구하면

$$M_1 \times V_1 = M_2 \times V_2$$

HAc는

$$0.1 \text{ mole/L} \times 100.0 \text{ mL} = M_{HAc} \times 300.0 \text{ mL}$$
$$M_{HAc} = 0.033 \text{ mole/L}$$

NaAc는

$$0.1 \text{ mole/L} \times 200.0 \text{ mL} = M_{NaAc} \times 300.0 \text{ mL}$$
$$M_{NaAc} = 0.067 \text{ mole/L}$$

이 경우는 약한산과 그 염으로 이루어진 완충용액이므로 식 (4-119)로부터

$$pH = pK_a \times \log\frac{[\text{염}]}{[\text{산}]}$$
$$= \log(1.8 \times 10^{-5}) \times \log\frac{0.067}{0.033}$$
$$= 5.06$$

예제 4-19

0.10 M 아세트산(HAc) 용액 100.0 mL에 0.20 M 수산화나트륨(NaOH) 용액 20.0 mL를 가하였을 때 pH를 구하라(단 $pK_a = 4.75$).

풀이 HAc mole = 0.10 mole/L × 100.0 mL(0.1 L)

= 0.01 mole

$NaOH$ mole $= 0.20$ mole/L $\times$ 20.0 mL(0.02 L)

$= 0.004$ mole

한편, 두 용액을 섞으면 다음과 같은 반응이 일어나 [NaOH] = [NaAc]가 된다.

$$HAc + NaOH \rightleftharpoons NaAc + H_2O$$

반응 후의 HAc와 NaAc의 농도는 다음과 같다.

NaAc mole $= 0.004$ mole

HAc mole $= 0.01 - 0.004$

$= 0.006$ mole

$$pH = 4.75 + \log\frac{0.004}{0.006}$$

$$= 4.58$$

보통 건강한 사람 혈액의 pH는 7.4～7.45 정도의 일정한 값을 유지하는데, 혈액 중에는 아미노산, 단백질을 비롯하여 $H_2PO_4^-$, HPO_4^{2-}, HCO_3^-, CO_2 등을 포함하고 있어서 **생리완충용액**(physiological buffer solution)이라 부른다. 이 중에서 HCO_3^- / CO_2의 비는 가장 중요한 요소인데 혈액의 pH와 매우 깊은 관계가 있다. 즉, 혈액의 pH는 Henderson-Hasselbach식으로 다음과 같이 계산한다.

$$pH = 6.1 + \log\frac{[HCO_3^-]}{[H_2CO_3]}$$

여기서 H_2CO_3의 농도는 혈액 중에 녹아있는 CO_2의 농도와 같고, H_2CO_3의 $pK_a = 6.1$이다. 혈액 중에는 $[HCO_3^-] = 2.6 \times 10^{-3}$ M, $[CO_2] = 1.3 \times 10^{-3}$ M이므로 pH는 7.4 정도로 일정하게 유지된다.

약한염기와 그 공통이온을 포함하는 센진해질로 된 완충용액의 경우는 NH_4OH와 NH_4Cl을 예로 들어 설명해 보기로 하자.

$$NH_4OH \rightleftharpoons NH_4^+ + OH^- \qquad (4\text{-}120)$$

$$NH_4Cl \rightleftharpoons NH_4^+ + Cl^- \qquad (4\text{-}121)$$

이때 약한염기 NH_4OH의 초기농도를 a라고 하면 남은 NH_4OH의 농도는 $a - [OH^-]$이다. 또한 NH_4Cl의 초기농도를 b라고 하고 전리도를 α라고 하면 $[NH_4^+] = [OH^-] = b\alpha$가 되며, 남은 NH_4Cl의 농도는 $b - b\alpha$가 된다. 한편, 식 (4-115)에서 $[NH_4^+] = [OH^-]$이므로 이 완충용액 중 전체 $[NH_4^+]$는 $[OH^-] + b\alpha$가 된다. 이것을 약한염기의 이온화상수식에 대

입하면 다음과 같다.

$$K_b = \frac{[NH_4^+][OH^-]}{[NH_4OH]} = \frac{([H^+] + b\alpha)[OH^-]}{a - [OH^-]}$$

여기서 약한산의 이온화도가 작아서 $[OH^-] \ll a, b$이 되며, NH_4Cl는 센전해질이므로 $\alpha = 1$이다. 따라서 위 식은 다음과 같이 간단히 쓸 수 있다.

$$K_b = \frac{[OH^-]\,b}{a}$$

a는 약한산염기의 초기농도이며, b는 그 공통이온을 포함하는 센전해질의 초기농도이므로 위 식은 다음과 같이 나타낼 수 있다.

$$[OH^-] = K_b \times \frac{a}{b} = K_b \times \frac{[\text{염기}]}{[\text{염}]} \tag{4-122}$$

이 식에 $-\log$를 취하여 $-\log$를 p로 바꾸면 다음과 같은 식을 얻을 수 있다.

$$pOH = pK_b + \log\frac{[\text{염}]}{[\text{염기}]} \tag{4-123}$$

예제 4-20

NH_4OH 0.100몰과 NH_4Cl 0.100몰을 1 L의 물에 녹인 용액의 pH를 계산하라.

풀이 수용액에서 NH_4OH는 일부만 이온화하고 NH_4Cl은 완전히 이온화하며 NH_4OH의 이온화 평형은 다음과 같다.

$$NH_4OH \rightleftharpoons NH_4^+ + OH^-$$

$$K_b = 1.75 \times 10^{-5} = \frac{[NH_4^+][OH^-]}{[NH_4OH]}$$

$$[OH^-] = K_b \times \frac{[NH_4OH]}{[NH_4^+]} = 1.75 \times 10^{-5} \times \frac{0.100}{0.100} = 1.75 \times 10^{-5}$$

$pOH = 4.76$

$pH = 14 - 4.76 = 9.24$

Henderson-Hasselbach 방정식에 의하여 계산하면

$$\begin{aligned} pOH &= pK_b + \log\frac{[\text{염}]}{[\text{염기}]} \\ &= -\log(1.75\times10^{-5}) + \log\frac{0.10}{0.10} \\ &= 5 - \log 1.75 \\ &= 4.76 \end{aligned}$$

$$\begin{aligned} pH &= 14 - 4.76 \\ &= 9.24 \end{aligned}$$

한 가지 산에 의한 두 염은 H_3PO_4 + NaH_2PO_4, NaH_2PO_4 + Na_2HPO_4 및 Na_2HPO_4 + Na_3PO_4 등을 예로 들 수 있으며, 이 중에서 NaH_2PO_4 + Na_2HPO_4의 경우 $[H^+]$와 pH를 구하는 식도 다음과 같이 구할 수 있다.

$$[H^+] = K_2 \times \frac{[NaH_2PO_4]}{[Na_2HPO_4]} \tag{4-124}$$

$$pH = pK_2 + \log\frac{[Na_2HPO_4]}{[NaH_2PO_4]} \tag{4-125}$$

연습문제 4

1. 1 mole/L HCl 용액 중 $[H^+]$와 $[OH^-]$를 구하라(단, HCl의 이온화도는 89.8%이다).

2. 0.05 mole K_2SO_4 용액 1 L 중에 존재하는 각 이온 및 분자 상태의 K_2SO_4의 몰농도를 구하라(단, K_2SO_4의 이온화도는 0.78이다).

3. 0.001 N HAc의 비저항이 25,000 ohm·cm이고, 무한묽힘 당량전도도는 390.7 mho·cm^2이라고 하면 이 용액은 이온화도는 몇 %인가?

4. 다음 용액의 pH를 구하라.

1) 2.0 g/L NaOH
2) 50.0 mg/L HCl
3) 20.0 μg/mL $Ba(OH)_2$
4) 0.01 M HNO_2 ($K_a = 5.1 \times 10^{-4}$)
5) 0.08 M $ClCH_2COOH$ ($K_a = 3.4 \times 10^{-3}$)
6) 0.02 M HCNO ($K_a = 1.0 \times 10^{-4}$)
7) 1.0×10^{-4} N C_2H_5COOH ($K_a = 1.3 \times 10^{-5}$)
8) 0.001 N NH_3 ($K_b = 1.8 \times 10^{-5}$)
9) 0.01 M CH_3NH_2 ($K_b = 4.8 \times 10^{-4}$)
10) 0.002 N $C_6H_5NH_2$ ($K_b = 3.9 \times 10^{-10}$)

5. 다음 용액의 가수분해도(α), 가수분해상수(K_h) 및 pH를 구하라.

1) 1.0000 M Na_2SO_4
2) 0.1000 M CH_3COONa ($K_a = 1.80 \times 10^{-5}$)
3) 0.0100 M NH_4NO_3 ($K_b = 1.75 \times 10^{-5}$)
4) 0.0010 M CH_3COONH_4 ($K_a = 1.80 \times 10^{-5}$, $K_b = 1.75 \times 10^{-5}$)

6. 물 500.0 mL에 CH_3COOH가 0.07 mole이 들어 있다면 이 용액의 pH를 구하라(단, CH_3COOH의 $K_a = 1.80 \times 10^{-5}$이다).

7. 사람의 위에서 분비하는 위산은 pH=1.6~1.8 정도이다. 진통제로 사용하는 아스피린(aspirin)은 acetylsalicylic acid (ASA; $CH_3OCO(C_6H_4)COOH$, Mw=180.16)가 주성분이다. 아스피린 1정에는 ASA가 315 mg이 들어 있으며, 2정을 물 100 mL와 마셨을 때 위에 부담이 되는지 여부를 판단하라(단, ASA의 $K_a = 3.3 \times 10^{-4}$이다).

8. CH_3COOH의 $K_a = 1.80 \times 10^{-5}$이다. 다음을 계산하라.

1) 0.100 N CH_3COOH 용액 10.0 mL에 0.050 N CH_3COONa 용액 10.0 mL를 가할 때의 pH 값
2) 0.1 N CH_3COOH 용액과 0.1 N CH_3COONa 용액을 혼합하여 pH=4.6의 완충용액 100.0 mL를 만드는데 필요한 각각의 mL수

9. 다음 혼합 용액의 pH를 구하라.

1) 0.30 M CH_3COOH 30.0 mL와 0.2 M CH_3COONa 50.0 mL($K_a = 1.8 \times 10^{-5}$)
2) 0.50 M NH_3 10.0 mL와 0.30 M NH_4Cl 20.0 mL($K_a = 1.75 \times 10^{-5}$)

10. 0.100 M CH_3COOH와 0.100 M CH_3COONa를 포함하는 완충용액 100.0 mL에 0.100 M HCl 5.0 mL를 가하였을 때 pH의 변화를 구하라.

11. 0.1 M 아세트산 용액에 아세트산나트륨을 적당량 가하여 수소이온농도를 3.5×10^{-5} M 되도록 만들려고 한다. 이때 필요한 아세트산나트륨의 농도를 구하라($K_a = 1.8 \times 10^{-5}$).

12. 0.05 M HCN 용액에 KCN을 적당량 가하여 $[H^+] = 3.5 \times 10^{-9}$ M이 되도록 하려면 필요한 KCN의 농도를 구하라($K_{HCN} = 7.0 \times 10^{-9}$).

13. 다음을 이용하여 각각의 pH를 구하라.

1) 0.100 M NaAc의 가수분해도는 0.008%
2) 0.020 M NH_4Cl의 가수분해도는 0.008%
3) 0.003 M NH_4Ac의 가수분해도는 1.000%($K_b = 1.75 \times 10^{-5}$)

제 5 장

침전의 생성과 용해도곱

1. 용해도

일반적으로 용매 100 g 중에 최대로 녹을 수 있는 용질의 g수를 용해도(solubility)라고 하고, 그 물질이 해당 용매에 녹기 어려울 때는 **몰용해도**(molar solubility, 또는 분자용해도)와 **g용해도**(gram solubility)를 사용한다. 몰용해도는 용매 1 L에 녹을 수 있는 용질의 몰수로 표시하고, g용해도는 용매 1 L에 녹을 수 있는 용질의 g수로 표시한다.

한편, 용액은 용해도에 따라 불포화용액, 포화용액 및 과포화용액으로 나눌 수 있다. **불포화용액**(unsaturated solution)은 용해도보다 적게 녹은 경우를 말하며, **포화용액**(saturated solution)은 용해도만큼 녹은 용액이다. 또한 **과포화용액**(supersaturated solution)은 용해도보다 많이 녹은 경우인데, 과포화용액의 경우는 준안정(meta-stable)상태이므로 이 용액에 용질의 결정을 조금 넣든지 또는 젓거나 흔들어 주면 과량의 용질은 석출하여 안정한 포화용액이 된다. 이때 과량의 용질을 석출시키기 위하여 용질의 결정을 조금 넣어 주는 것을 **접종**(seeding)이라고 한다.

일반적으로 화학종의 용해는 복잡한 현상이며, 용해도를 예측할 수 있는 절대적인 법칙은 없다. 제1장에서도 언급하였다시피 "Like dissolves like(같은 것은 같은 것을 녹인다)", 즉 극성인 물질은 극성인 용매에 녹으며, 비극성인 물질은 비극성인 용매에 녹는다. 대표적 극성 용매인 물은 소금, 단당류, 에탄올 등의 극성 물질과 이온성 물질을 녹이며, 기름과 벤젠(benzene) 등의 비극성 물질을 녹일 수 없다. 대표적인 비극성 용매인 사염화탄소(CCl_4)는 벤젠, 기름 및 다른 비극성 물질 또는 약한 극성 물질을 녹이지만 물이나 이온성 화합물은 녹일 수 없다.

대부분의 무기산은 물에 잘 녹지만 유기산은 용해도가 낮으며, OH기를 갖는 유기화합물은 물에 소량 녹기도 하지만 NH_2기를 갖는 유기화합물은 물에 잘 녹는다. Li, Na, K, Rb, Cs, NH_4로 이루진 이온성 화합물은 대부분 물에 잘 녹지만 다른 용매에는 잘 녹지 않는다. 물에 대한 이온성 화합물의 용해 정도를 표 5-1에 나타내었다.

표 5-1. 이온성 화합물의 물에 대한 용해도

음이온	가용성*	난용성**	불용성***
NO_3^-	All	-	-
F^-	Group I◆, Ag, Be염	Sr, Ba, Pb염	Ma, Ca염
Cl^-, Br^-, I^-	Most	$PbCl_2$, $PbBr_2$, $HgBr_2$	Ag, Be, Pb(II), Hg(I), Hg(II)염
CH_3COO^-	Most	-	Be염
OH^-	Group I, NH_4, Ba염	Ca, Sr염	Most
S^{2-}	Group I, II◆, NH_4염	-	Most
SO_4^{2-}	Most	Ca, Ag, Hg(II)	Sr, Ba, Pb염
CO_3^{2-}	Group I, NH_4염	-	Most
PO_4^{3-}	Group I, NH_4염	Li염	Most
SiO_4^{2-}	Group I, NH_4염	-	Most
ClO_3^-, ClO_4^-	Most	K염	-
기타 약한산	Group I, NH_4염	센산에 잘 녹는다.	

* 물 100 g에 1 g 이상 녹는 경우

** 물 100 g에 0.01～1 g 녹는 경우

*** 물 100 g에 0.01 g 이하 녹는 경우

◆ 주기율표 제1족, 제2족

2. 용해도곱

난용성 염 BA를 물에 넣고 잘 저어 포화용액을 만들면 물에 녹은 BA는 다음과 같이 이온화 한다.

$$BA \rightleftharpoons B^+ + A^-$$

이 식의 평형식을 나타내면 다음과 같다.

$$\frac{[B^+][A^-]}{[BA]} = K$$

여기서 난용성 염 BA는 극히 일부만 용해되어 이온화되었으므로 BA 대부분은 물속에 남아 있게 되어 위의 평형식에서 BA의 농도, 즉 [BA]는 $[B^+][A^-]$에 비하여 매우 크므로 평형 상수 K값에 큰 영향을 미치지 않으므로 상수와 같다.

따라서 위의 평형식은 다음과 같이 간단히 쓸 수 있게 되며, K_{sp}를 **용해도곱**이라고 한다.

$$[B^+][A^-] = [BA] \cdot K = K_{sp}$$

예를 들어, AgCl의 용해도곱은 다음과 같이 나타낼 수 있다.

$$AgCl \rightleftharpoons Ag^+ + Cl^-$$

$$K_{sp} = [Ag^+][Cl^-] = 1.8 \times 10^{-10}$$

일반적인 난용성 염의 용해도곱 일반식은 다음과 같이 나타낼 수 있다.

$$B_mA_n \rightleftharpoons mB^{n+} + nA^{m-}$$

$$K_{sp} = [B^{n+}]^m[A^{m-}]^n$$

용해도곱의 값은 각각의 물질에 따라 일정하며, 어떤 난용성 염이 물에 녹기 어려운지 아닌지를 판단할 수 있다. 대부분 25℃에서의 중요한 난용성 물질의 용해도곱의 값을 표 5-2와 부록 II에 나타내었다.

표 5-2. 주요 난용성 염의 용해도곱

화합물	용해도(g/L)	K_{sp}	화합물	용해도(g/L)	K_{sp}
AgBr	7.1×10^{-7}	5.0×10^{-13}	HgS	4.5×10^{-27}	2.0×10^{-53}
AgCl	1.3×10^{-5}	1.8×10^{-10}	$MgCO_3$	3.2×10^{-3}	1.0×10^{-5}
AgSCN	1.0×10^{-6}	1.1×10^{-12}	MgF_2	1.2×10^{-3}	6.6×10^{-9}
Ag_2S	1.2×10^{-17}	8.0×10^{-51}	$Mg(OH)_2$	1.2×10^{-4}	7.1×10^{-12}
$BaCO_3$	7.1×10^{-5}	5.0×10^{-9}	MnS	5.5×10^{-6}	3.0×10^{-11}
$BaCrO_4$	1.5×10^{-5}	2.1×10^{-10}	$Ni(OH)_2$	5.3×10^{-6}	6.0×10^{-16}
$BaSO_4$	1.0×10^{-5}	1.1×10^{-10}	NiS(β)	3.6×10^{-13}	1.3×10^{-25}
$CaCO_3$	6.7×10^{-5}	4.5×10^{-9}	$PbCO_3$	2.7×10^{-7}	7.4×10^{-14}
CaC_2O_4	1.1×10^{-4}	1.3×10^{-8}	$PbCl_2$	1.6×10^{-2}	1.7×10^{-5}
CuS	3.0×10^{-18}	9.0×10^{-36}	$Pb_3(PO_4)_2$	1.6×10^{-7}	1.5×10^{-32}
$Fe(OH)_2$	5.8×10^{-6}	7.9×10^{-16}	$PbSO_4$	7.9×10^{-4}	6.3×10^{-7}
$Fe(OH)_3$	8.8×10^{-11}	1.6×10^{-39}	PbS	1.4×10^{-14}	3.0×10^{-28}
FeS	8.9×10^{-10}	8.0×10^{-19}	ZnS	4.5×10^{-13}	2.0×10^{-25}

한편, 난용성 염 BA를 물에 용해하였을 때 이온곱($[B^+][A^-]$)이 K_{sp}에 미치지 못하면 계속하여 용해하고, K_{sp}와 같아지면 포화용액이 되며, K_{sp}보다 커지면 과포화용액이 되거나 침전하게 된다.

$[B^+]\,[A^-] < K$ 불포화용액

$[B^+]\,[A^-] = K$ 포화용액

$[B^+]\,[A^-] > K$ 과포화용액

즉, $[B^+][A^-] \geqq K$의 조건을 만족하면 난용성 염 BA는 비로소 침전하게 된다. 용해도곱은 용해도와 마찬가지로 온도가 변함에 따라 그 값도 달라지므로 용해도곱의 값을 표시할 때는 반드시 온도를 함께 표시하여야 하며, 만약 온도가 표시되지 않았으면 상온(25℃)으로 생각하여도 좋다.

3. 용해도곱과 용해도

1) BA형 물질

난용성 염 BA는 다음과 같이 이온화하며, s mole/L의 BA가 용해하였다면 s는 용해도이고, $[B^+] = [A^-] = s$ mole/L가 된다.

$$BA \rightleftharpoons B^+ + A^-$$

$[B^+] = [A^-] = s$ mole/L를 K_{sp}에 대입하면 다음과 같이 용해도곱의 값으로부터 용해도, s의 값을 구할 수 있다.

$$K_{sp} = [B^+][A^-] = s^2$$

$$\therefore s = \sqrt{K_{sp}} \qquad (5\text{-}1)$$

예제 5-1

AgCl의 용해도는 20℃에서 1.05×10^{-5} mole/L이다. 이 온도에서 AgCl의 용해도곱(K_{sp})을 구하라.

풀이 $AgCl \rightleftharpoons Ag^+ + Cl^-$

AgCl의 용해도가 1.05×10^{-5} mole/ L이므로 $[Ag^+] = [Cl^-] = 1.05 \times 10^{-5}$ mole/ L이다. 따라서 K_{sp}는 다음과 같이 구할 수 있다.

$$K_{sp} = [Ag^+][Cl^-] = 1.05\times10^{-5}\times1.05\times10^{-5} = 1.10\times10^{-10}$$

예제 5-2

$CaSO_4$의 용해도곱은 25℃에서 2.4×10^{-5}이다. 이 온도에서의 $CaSO_4$의 용해도를 구하라.

풀이 $CaSO_4 \rightleftharpoons Ca^{2+} + SO_4^{2-}$

$CaSO_4$의 용해도를 s라고 한다면 $s = [Ca^{2+}] = [SO_4^{2-}]$이다.

그러므로 용해도는 다음과 같이 구할 수 있다.

$$K_{sp} = [Ca^{2+}][SO_4^{2-}] = s^2 = 2.4\times10^{-5}$$

$$s = \sqrt{2.4\times10^{-5}} = 4.5\times10^{-3}\ \text{mole/L}$$

2) B_2A(또는 BA_2)형 물질

난용성 염 B_2A는 다음과 같이 이온화하여 s mole/ L의 B_2A가 용해하였다면 $[B^+]=2s$가 되며, $[A^{2-}]=s$가 되므로 다음과 같이 용해도, s를 구할 수 있다.

$$B_2A \rightleftharpoons 2B^+ + A^{2-}$$

$$K_{sp} = [B^+]^2[A^{2-}] = (2s)^2 \cdot s = 4s^3$$

$$\therefore\ s = \sqrt[3]{\frac{K_{sp}}{4}} \qquad (5\text{-}2)$$

예제 5-3

CaF_2의 용해도곱은 3.9×10^{-11}이다. $CaSO_4$의 용해도를 구하라.

풀이 $CaF_2 \rightleftharpoons Ca^{2+} + 2F^-$

CaF_2의 용해도를 s라고 한다면 $[Ca^{2+}]=s$, $[F^-]=2s$ 이다. 그러므로 용해도는 다음과 같다.

$$K_{sp} = [Ca^{2+}][F^-]^2$$
$$= s \cdot (2s)^2 = 4s^3$$
$$\therefore s = \sqrt[3]{\frac{K_{sp}}{4}}$$
$$= \sqrt[3]{\frac{3.9\times10^{-11}}{4}}\ \text{mole/L}$$
$$= 2.1\times10^{-4}\ \text{mole/L}$$

예제 5-4

Ag_2CrO_4 포화용액은 0.0025%이다. 이 용액의 K_{sp}를 구하라(단, Ag_2CrO_4 = 331.7).

풀이 0.0025% Ag_2CrO_4 용액은 2.5×10^{-2} mole/ L이며, 이것을 다음과 같이 M농도로 환산할 수 있다.

$$Ag_2CrO_4\text{의 M농도} = \frac{2.5\times10^{-2}\ \text{g/L}}{331.7\ \text{g/mole}} = 7.5\times10^{-5}\ \text{mole/L}$$

Ag_2CrO_4의 이온화는 $Ag_2CrO_4 \rightleftharpoons 2Ag^+ + CrO_4^{2-}$ 이며, Ag_2CrO_4의 용해도가 7.5×10^{-5} mole/ L이므로 $[Ag^+]=2\times7.5\times10^{-5}$, $[CrO_4^{2-}]=7.5\times10^{-5}$가 된다.

따라서 K_{sp}는 다음과 같다.

$$K_{sp} = [Ag^+]^2[CrO_4^{2-}]$$
$$= (2\times7.5\times10^{-5})^2\times7.5\times10^{-5}$$
$$= 1.7\times10^{-12}$$

예제 5-5

20℃에서 $Zn(OH)_2$의 $K_{sp} = 1.8 \times 10^{-16}$이다. 이 온도에서 $Zn(OH)_2$ 포화용액 중의 Zn^{2+}과 OH^-의 농도를 구하라.

풀이 $Zn(OH)_2 \rightleftharpoons Zn^{2+} + 2OH^-$

위 반응식에서 보는 바와 같이 용해도가 s라면 $[Zn^{2+}] = s$이고, $[OH^-] = 2s$가 된다.

따라서 다음과 같이 Zn^{2+}와 OH^-의 농도를 구할 수 있다.

$$K_{sp} = [Zn^{2+}][OH^-]^2$$
$$= s(2s)^2 = 4s^3$$
$$= 1.8\times10^{-16}$$
$$s = \sqrt[3]{\frac{1.8\times10^{-16}}{4}}$$
$$= 3.6\times10^{-6}$$
$$\therefore [Zn^{2+}] = 3.6\times10^{-6}\ \text{mole/L}$$
$$[OH^-] = 2\times3.6\times10^{-6}\ \text{mole/L} = 7.2\times10^{-6}\ \text{mole/L}$$

3) B_3A_2형 물질

B_3A_2형 물질도 s mole/ L가 용해하였다면 $[B^{2+}]=3s$이고, $[A^{3-}]=2s$이므로 다음과 같이 용해도를 구할 수 있다.

$$B_3A_2 \rightleftharpoons 3B^{2+} + 2A^{3-}$$

$$K_{sp} = [B^{2+}]^3[A^{3-}]^2 = (3s)^3(2s)^2 = 108\,s^5$$

$$\therefore\ s = \sqrt[5]{\frac{K_{sp}}{108}} \tag{5-3}$$

예제 5-6

0.1 M Na_3PO_4 용액에 $Pb_3(PO_4)_2$를 포화시켰을 때 Pb^{2+}의 농도를 구하라.
[단, $Pb_3(PO_4)_2$의 $K_{sp}=1.5\times10^{-32}$이다.]

풀이 Na_3PO_4 용액은 다음과 같이 이온화하므로 PO_4^{3-}의 농도도 0.1 M이다.

$$Na_3PO_4 \rightleftharpoons 3Na^+ + PO_4^{3-}$$

한편, $Pb_3(PO_4)_2$의 K_{sp}는

$$K_{sp} = [Pb^{2+}]^3[PO_4^{3-}]^2 = 1.5\times10^{-32}$$이므로

$[Pb^{2+}]^3\times 0.1^2 = 1.5\times10^{-32}$이다. 따라서 Pb의 농도는 다음과 같다.

$$[Pb^{2+}] = \sqrt[3]{\frac{1.5\times10^{-32}}{0.1^2}}$$

$$= 1.12\times10^{-10}\ \text{mole/L}$$

용해도와 용해도곱의 관계를 이해하면 침전의 생성과 용해의 정도를 비교하는데 도움이 된다. AgCl의 $K_{sp} = 1.8\times10^{-10}$이므로 용해도($s$)는 1.3×10^{-5} mole/ L이고, AgBr의 $K_{sp} = 5.0\times10^{-13}$이므로 용해도는 7.1×10^{-7} mole/ L이다. 그러므로 AgCl보다 AgBr이 쉽게 침전되며, 반대로 AgBr보다 AgCl이 쉽게 용해된다는 것을 알 수 있다. 즉, 두 물질이 같은 형태라면 용해도곱이 낮은 것이 잘 침전하고 용해도곱이 높은 것은 낮은 것에 비하여 침전하기 어려우며, 물에 용해할 때는 용해도곱이 높은 것이 잘 용해한다는 것이다. 그러나 한 물질은 BA형이고 또 다른 한 물질은 BA_2형이라면 용해도를 구하여 비교하여야 한다.

4. 공통이온효과와 염효과

난용성 염 BA는 이온화하여 B^+와 A^-를 생성하여 평형을 유지하므로 다음과 같이 평형식을 쓸 수 있다.

$$BA \rightleftharpoons B^+ + A^-$$

$$\frac{[B^+][A^-]}{[BA]} = K$$

이 용액에 A^-를 낼 수 있는 센전해질을 가하면 용액 중의 A^-의 농도는 증가하게 된다. 즉, 증가한 A의 농도가 $[x]$라고 하면 위의 식은 다음과 같이 다시 쓸 수 있다.

$$\frac{[B^+]([A^-]+[x])}{[BA]} = K$$

여기서 분자항인 $[B^+]([A^-] + [x])$의 값은 $[B^+][A^-]$보다 크다. 그러므로 K값을 일정하게 유지하기 위해서는 [BA]의 값은 증가하여야 하며, 이것은 곧 BA의 용해도가 감소하는 결과가 된다. 이와 같이 어떤 약한전해질의 이온화는 공통이온을 가지는 다른 전해질의 첨가로 인하여 그 약한전해질의 용해도는 감소하게 되는데 이것을 **공통이온효과**(common ion effect)라고 한다. 르샤틀리에 원리에 의하여 평형계에 평형에 참여하는 이온과 공통되는 이온을 외부에서 넣어 주면, 평형은 그 이온 농도를 감소시키는 방향으로 이동한다.

예를 들어, 비교적 약한전해질인 NH_4OH 용액에 공통이온을 포함하는 센전해질인 NH_4Cl을 가할 때 NH_4OH의 이온화도는 본래보다 감소한다. 이제 공통이온의 영향이 직접 분석화학에서 이용되는 예를 들면 다음과 같다.

AgAc 포화용액에 NaAc의 진한 용액을 몇 방울 가하면 AgAc가 침전된다. 왜냐하면 AgAc 용액은 본래 포화용액이므로 그 중의 $[Ag^+]$와 $[Ac^-]$의 곱은 용해도곱에 이르러 있어 일정하다. 여기서 이온화가 잘 되는 NaAc 용액을 가하였기 때문에 $[Ac^-]$는 현저하게 커지므로 $[Ag^+]$와 $[Ac^-]$의 곱은 용해도곱을 초과하게 되었다. 즉,

$$[Ag^+][Ac^-] > K_{sp}$$

이므로 Ag^+의 일부는 Ac^-와 결합하여 AgAc을 생성하여 AgAc의 농도는 증가하게 된다. 그런데 AgAc 포화용액은 AgAc 분자로 이미 포화되어 있었으므로 NaAc의 첨가로 인하여

생성된 AgAc 때문에 과포화가 된다. 따라서 그 과잉량의 분자는 과잉량 만큼 침전하여 석출하고 다시 포화용액이 될 것이다. 즉, $[Ag^+]$와 $[Ac^-]$의 곱이 용해도곱과 같아질 때까지 AgAc는 석출하게 된다.

한편, 실험실에서 제조한 침전물을 씻을 때 증류수를 쓰면 그 침전물이 일부 녹는 경우를 방지하기 위하여 공통이온효과를 이용할 수 있다. 예를 들면, AgCl의 흰색 침전을 씻을 때 공통이온을 포함하는 HCl을, $BaSO_4$를 씻는데 H_2SO_4를, 그리고 ZnS 등의 금속 황화물을 씻을 때 H_2S 포화용액을 사용하는 것이다.

예제 5-7

증류수와 0.01 M NaCl 용액 중에서의 AgCl의 용해도를 구하라(단, AgCl의 $K_{sp} = 1.8 \times 10^{-10}$이다).

풀이 ① 증류수에 대한 AgCl의 용해도를 s mol/L라고 하면

$$K_{sp} = [Ag^+][Cl^-]$$
$$K_{sp} = s \cdot s$$
$$s = \sqrt{K_{sp}} = \sqrt{1.8 \times 10^{-10}} = 1.34 \times 10^{-5}\ M$$

② 0.01 M NaCl 용액에 대한 AgCl의 용해도는 $K_{sp} = [Ag^+][Cl^-]$ 식에서

$$[Ag^+][Cl^-] = s(s+0.01) = 1.8 \times 10^{-10}$$
$$s^2 + 0.01s - 1.8 \times 10^{-10} = 0$$

가 되어 2차 방정식을 풀어서 AgCl 용해도 s를 구할 수 있으나 s는 0.01 M에 비하여 매우 작으므로 $s+0.01=0.01$과 같게 된다. 따라서

$$s(s+0.01) = 0.01s = 1.8 \times 10^{-10}$$
$$s = \frac{1.8 \times 10^{-10}}{0.01} = 1.8 \times 10^{-8}$$

이 된다. 따라서 증류수에서보다 0.01 M NaCl 용액 중에서는 AgCl의 용해도가 1/1000로 줄어든다는 것을 알 수 있다.

일반적으로 침전의 용해도는 공존하는 다른 물질의 종류나 농도에 의하여 용해도가 증가하거나 낮아지게 되는데 특정 침전과 공통이온이 아닌 다른 이온들을 포함할 경우 용해도가 증가한다. 이것을 **염효과**(salt effect)라고 한다. 즉, 난용성 염은 순수한 물에서보다 다른 이온을 함유하는 용액에 더 잘 녹는다.

표 5-3에서 보는 바와 같이 증류수에서보다는 KNO_3 용액 중에서, KNO_3 용액의 농도가 높을수록 AgCl의 용해도는 조금씩 증가하는 것을 알 수 있다.

표 5-3. 증류수와 KNO_3 용액에 대한 AgCl의 용해도

용액의 종류	AgCl 용해도(mole/L)	증류수에 대한 비
증류수	1.278×10^{-5}	1.00
0.001 M KNO_3	1.325×10^{-5}	1.04
0.005 M KNO_3	1.385×10^{-5}	1.08
0.010 M KNO_3	1.427×10^{-5}	1.12

* S. Popoff & E.W. Neuman, J. Phys. Chem., 34, 1853(1930).

5. 분별침전과 공동침전

같은 양이온과 반응하여 침전할 수 있는 두 종류의 음이온이 공존할 때 그 양이온에 의하여 두 종류 중 한 종류만 침전한다면 문제는 간단하지만 두 종류 다 침전한다면 이 반응은 조금 복잡해진다.

만약 B^-와 C^-라는 두 음이온이 함께 들어 있는 용액에 침전제인 A^+를 가하여 AB와 AC가 함께 침전한다고 가정하자.

$$A^+(aq) + B^-(aq) \rightleftarrows AB(s)$$

$$A^+(aq) + C^-(aq) \rightleftarrows AC(s)$$

여기서, AB의 용해도가 AC의 용해도보다 작다고 가정하면 위에서 설명한 바와 같이 침전제 A^+를 가하기 시작하면 AB가 먼저 침전하고 어느 점에 가서는 AC도 침전하기 시작한다. 이때 AC가 어느 점에서 침전할 것인가 하는 것은 다음과 같이 용해도곱을 이용하여 계산할 수 있다.

만약 AB가 먼저 침전하고 AC는 아직 침전하지 않는 경우를 생각하여 보면 이때 각각의 용해도곱과의 관계는 다음과 같다.

$$[A^+][B^-] = K_{sp\,AB}, \qquad [A^+][C^-] < K_{sp\,AC}$$

$$\therefore \frac{[C^-]}{[B^-]} < \frac{K_{sp\,AC}}{K_{sp\,AB}} \tag{5-4}$$

어느 점에 가서 AC도 침전하기 시작한 다음에는 다음과 같은 관계식이 성립된다.

$$[A^+][B^-] = K_{sp\,AB}, \qquad [A^+][C^-] = K_{sp\,AC}$$

$$\therefore \frac{[C^-]}{[B^-]} = \frac{K_{sp\,AC}}{K_{sp\,AB}}$$

즉, AB 및 AC의 침전이 동시에 생겼을 때 용액 중에 존재하는 B^-와 C^-의 농도비는 각각 용해도곱의 비와 같으므로 B^-와 C^-가 혼합된 용액에 A^+를 소량씩 적가하면 처음에는 용해도곱이 작은 AB만이 먼저 침전하여 $[B^-]$가 감소함으로써 식 (5-4)를 만족할 때 AC도 침전하기 시작한다. 이와 같이 용해도곱의 차이를 이용하여 한쪽의 이온만을 침전시키는 방법을 **분별침전**(fractional precipitation)이라고 한다.

예를 들어, Cl^-와 I^-가 공존하는 용액에 Ag^+를 소량씩 가는 경우를 생각하여 보자. 이 경우 AgI의 용해도가 AgCl보다 훨씬 작으므로 AgI가 먼저 침전하게 된다. 즉, AgCl과 AgI의 침전이 생기려면 각 이온의 곱이 그 용해도곱보다 커야 한다.

$$K_{sp\,AgCl} = [Ag^+][Cl^-] = 1.8 \times 10^{-10}$$

$$K_{sp\,AgI} = [Ag^+][I^-] = 8.3 \times 10^{-17}$$

AgCl과 AgI가 모두 침전하도록 $AgNO_3$를 충분히 가하면 용액 중의

$$[Ag^+] = \frac{K_{sp\,AgCl}}{[Cl^-]} = \frac{K_{sp\,AgI}}{[I^-]}$$

이 성립하게 되므로

$$\frac{[Cl^-]}{[I^-]} = \frac{K_{sp\,AgCl}}{K_{sp\,AgI}} = \frac{1.8 \times 10^{-10}}{8.3 \times 10^{-17}} \fallingdotseq 2.2 \times 10^6$$

$[I^-]$보다 $[Cl^-]$이 약 2.2×10^6배보다 작을 때는 AgI만 침전하고 $[I^-]$가 감소하여 $[Cl^-]/[I^-] = 2.2 \times 10^6$에 이르면 AgCl이 침전하기 시작한다.

양이온 정성분석에서 Zn^{2+}는 NH_4Cl과 NaOH 완충용액을 가하고 H_2S를 통하면 흰색의 ZnS가 침전하지만 Zn^{2+}만을 포함하는 용액을 산성으로 하고 H_2S를 통하면 ZnS의 침전은 일어나지 않는다. 그러나 이 용액이 다른 금속이온인 Hg^{2+}, Pb^{2+}, Cu^{2+} 등과 공존하면 이들의 황화물과 함께 ZnS가 침전한다. 이와 같이 단독으로는 침전을 만들지 않는 물질이 다른 물질과 함께 침전하는 현상을 **공동침전**(coprecipitation)이라고 한다.

양이온 정성분석에서 공동침전 현상에 의해 주의해야 할 이온은 Zn^{2+}와 Mg^{2+}이다. Zn^{2+}는 Hg^{2+}, Cu^{2+} 및 Cd^{2+} 등이 HgS, CuS 및 CdS로 침전할 때 같이 침전되어 Zn^{2+}를 검출할 때 검출에 실패하는 일이 자주 발생한다. 또한, Mg^{2+}는 Cr^{3+}, Al^{3+}, Fe^{3+} 등이 $Cr(OH)_3$, $Al(OH)_3$, $Fe(OH)_3$로 침전할 때 $Mg(OH)_2$로 함께 침전되는 경우가 있어서 Mg^{2+}의 검출에 실패하는 일이 자주 발생한다.

6. 콜로이드 용액

1) 콜로이드의 정의

1860년경 영국의 Thomas Graham은 collodion이나 황산지(parchment paper)와 같은 반투막(semipermeable membrane)을 통과하는 것을 **결정질**(crystalloid)라고 하고, 통과하지 못하는 것을 **콜로이드**(colloid)라고 구별하였으나 탄닌산(tannic acid)과 같이 용매의 종류에 따라 결정질 또는 콜로이드의 성질을 가지는 것도 있다. 또한, 단백질이라도 적당한 방법으로 결정질로 만들 수도 있고, 금(Au)이나 백금(Pt)과 같은 금속도 조건에 따라서는 콜로이드가 될 수도 있다. 다시 말해 스스로는 침전하지 못하는 작은 입자(0.001~1 μm)가 용액 중에 분산되어 있을 때 이 용액을 콜로이드(colloid) 용액이라고 한다.

콜로이드 용액은 분산(dispersion)과 관계가 있으므로 보통의 용액과는 달리 표 5-4와 같이 표현한다.

표 5-5에서 보는 바와 같이 분산매가 액체이고 분산상이 고체일 때 졸(sol)이라고 하며, 특히 분산매가 물인 경우에는 **수화졸**(hydrosol), 알코올일 때는 **알코졸**(alcosol), 기름일 때는 **oilsol**, 유기화합물일 때는 **organosol**이라고 한다. 또한, 연기나 안개 등은 탄소입자나 수증기가 공기 중에 부유되어 있어 이것을 **에어로졸**(aerosol)이라고 한다.

표 5-4. 콜로이드 용액의 표현

보통 용액	용매 (solvent)	용질 (solute)	용해 (dissolution)	석출 (deposition)
콜로이드 용액	분산매 (dispersed medium)	분산상 또는 분산질 (dispersed phase)	분산 (dispersion)	엉김 (coagulation)

표 5-5. 콜로이드의 분류

분산상	분산매	이름 또는 실례
고체	고체	법랑
액체	고체	흙탕물
기체	고체	숯
고체	액체	졸(sol)
액체	액체	에멀션(emulsion)
기체	액체	거품(foam)
고체	기체	연기(smoke)
액체	기체	안개(fog)

2) 용액 중의 고체 분산

액체 중에서 콜로이드 분산은 액체 중에 잘 혼합되는 것과 혼합되지 않는 것의 두 가지 형태가 있다. 일반적으로 액체 중에 잘 혼합되는 것은 비교적 안정하며, 액체 중에 잘 혼합되지 않는 것에 비하여 분리하기가 어렵다. 물에 잘 혼합되는 것을 **친수성 콜로이드**(hydrophilic colloid)라고 하고, 물에 잘 혼합되지 않는 것을 **소수성 콜로이드**(hydrophobic colloid)라고 한다.

친수성 콜로이드는 입자가 분산매(물)와 강하게 결합(흡착)하는 경향이 크며, 점성도 크다. 친수성 콜로이드 입자에 흡착되어 있는 물 분자를 제거하기 위해 가열하거나 유기용매를 가하여 탈수함으로써 큰 입자로 만들어 침전시키는 것을 **염석**(salting-out)이라고 한다.

대부분의 소수성 콜로이드는 음(−) 또는 양(+)으로 하전되어 있으므로 그 자체의 정전기적인 힘에 의하여 부유상태, 즉 안정한 상태로 있다가 전해질을 가하면 쉽게 응결하여 침전하는 것을 **엉김**(coagulation)이라고 한다. 콜로이드 용액의 엉김에 의하여 생기는 침전이 액체 중에 분산하여 처음의 콜로이드 용액으로 되돌아가는 것을 **풀림작용**(peptization)이라 한다. 대부분 자연 발생적인 콜로이드는 반발력의 작용에 의하여 부유상태로 존재한다.

음전하를 띠고 있는 콜로이드 입자는 그림 5-1에 나타나 있는 바와 같이 부근의 반대이온(counter ion)을 끌어당긴다. 여기서 반대전하가 밀집된 층을 보통 **고정층**(fixed layer) 또는 Stern layer라고 부르며, 이 층의 바깥은 **확산층**(diffuse layer)이라고 한다.

두 층에는 모두 양전하와 음전하를 갖는 이온이 존재하는데 콜로이드 입자가 음으로 하전되어 있으므로 음이온보다는 양이온의 수(반대이온)가 훨씬 더 많으며, 반대이온의 농도는 콜로이드 입자의 표면에서 가장 높고 분산층의 외부 경계면으로 갈수록 감소한다.

콜로이드 입자가 용액 중에서 이동할 때는 입자에 물의 일부가 부착되어 이동하며, 그 결과 부착수와 정지수 사이에 전단면(shear surface)이 생기게 된다. 입자의 이동시 전단면을 경계로 하여 전단면 내의 이온들은 입자를 따라 이동하게 되지만 분산층에 있는 이온들은 이동하지 않는다.

따라서 그림 5-1에 나타나 있는 바와 같이 전단면 내 즉, 계면에 고정되는 이온층과 용액 내부의 전위차를 **제타전위**(zeta potential)라고 하며, 이 제타전위는 전단면에서부터 점점 감소하여 분산층의 외측면에 이르러 영이 되는 것을 알 수 있다.

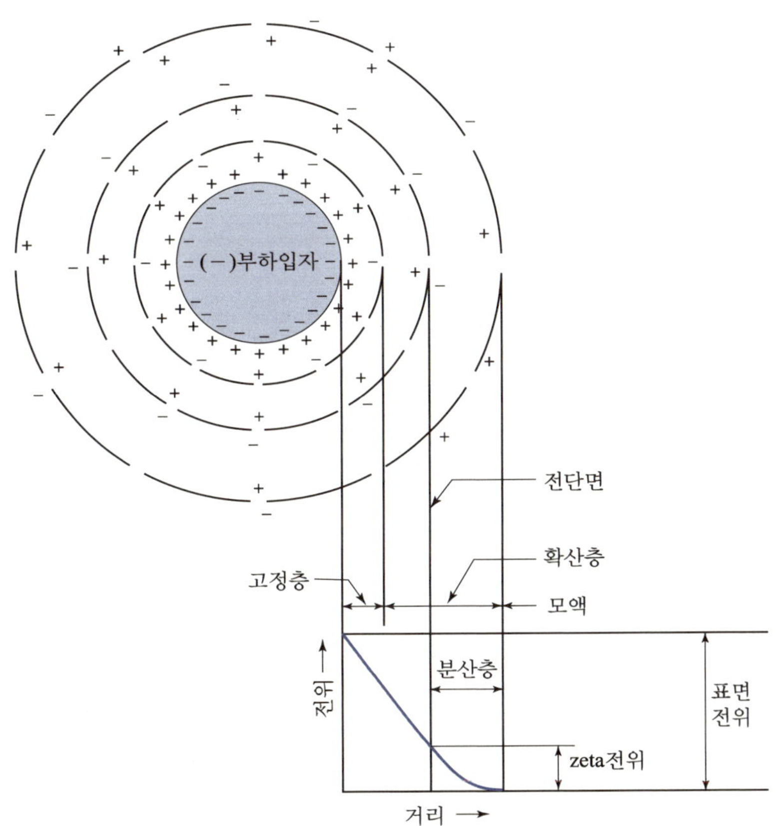

그림 5-1. 음전하를 띠고 있는 콜로이드 입자의 전기이중층

콜로이드 용액은 입자가 부유상태에 있으면서 응집되지 않는다면 안정한 상태이다. 콜로이드 안정성은 인력(attractive force)과 반발력(repulsive force)의 상대적 크기에 관계있고, 이 인력은 Van der Waals힘에 의해 생기며, 그것은 콜로이드 입자에 인접한 곳에서만 영향을 미친다. 또한, 반발력은 콜로이드 입자의 정전기력 때문에 생긴다. 이러한 힘들의 크기는 다음과 같이 제타전위에 의하여 측정된다. 이 전위에 의한 입자간의 반발력이 콜로이드의 안정도를 결정한다.

$$\zeta = \frac{4\pi q d}{D} \tag{5-5}$$

여기서, ζ : 제타전위(zeta potential)
q : 단위 면적당 전하
d : 확산층의 두께
D : 용액의 유전상수

따라서 제타전위는 콜로이드 입자의 전하를 측정하며, 이는 전하가 영향을 미치는 거리에 좌우된다. 제타전위가 커짐에 따라 콜로이드 입자 사이의 반발력은 커지므로 더욱 안정화되어 부유상태를 유지하게 된다.

3) 흡착

용액 중의 분자나 원자가 물리적 또는 화학적 결합력에 의해서 고체표면에 붙는 현상을 **흡착**(adsorption)이라고 하고, 이때 달라붙는 분자나 원자를 **피흡착제**(adsorbate)라 하고 분자나 원자가 달라붙을 수 있도록 표면을 제공하는 것을 **흡착제**(adsorbent)라 한다.

아세트산 용액에 활성탄을 넣어 흔들면 용액 중의 아세트산의 농도는 감소하는데 이는 아세트산이 활성탄의 표면에 붙기 때문이다. 또 NaCl 용액에 $AgNO_3$ 용액을 가하여 AgCl의 침전을 만들 때 용액 중에 남아 있는 Ag^+는 AgCl의 표면에 달라붙어 쉽게 떨어지지 않는다. 침전의 초기에 AgCl은 콜로이드 상태이며, 콜로이드 상태의 침전은 특히 불순물 등을 잘 흡착하는데 이는 콜로이드는 무게에 대한 표면적의 비가 크기 때문이다. 따라서 AgCl의 침전을 만든 후 바로 여과하는 것보다 일정시간 어두운 곳에 방치한 다음 침전이 어느 정도 안정화되어 침전의 전체 표면적이 줄어들었을 때 여과하면 흡착된 Ag^+ 이온은 줄어들게 된다.

한편, 흡착제에 흡착된 물질의 양은 다음과 같은 Freundlich **등온흡착식**으로 계산할 수 있다.

$$\frac{x}{m} = kC^{\frac{1}{n}} \tag{5-6}$$

여기서, x는 흡착된 용질의 양, m은 흡착제의 양(g/L), C는 흡착 후 용액 내에 남아 있는 피흡착제의 농도, k, n은 상수이다. 이 식의 양변에 log를 취하면

$$\log\frac{x}{m} = \frac{1}{n}\log C + \log k \tag{5-7}$$

가 되어 1차 방정식으로 표현된다.

또 한 방법으로 흡착된 물질의 양은 다음과 같이 Langmuir식으로도 구할 수 있다.

$$\frac{x}{m} = \frac{abC}{1+bC} \tag{5-8}$$

여기서, a는 흡착제 단위 질량을 완전히 포화시키는데 필요한 흡착된 용질의 질량이며, b는 상수이이다. 양변을 ab로 나누면 다음과 같다.

$$\frac{C}{x/m} = \frac{1}{a}C + \frac{1}{ab} \tag{5-9}$$

예제 5-8

어떤 폐수를 흡착법으로 처리한 결과 오염물질 흡착량과 흡착제량 사이에 $k=0.5$, $n=1$인 등온흡착식이 적당하다고 한다. 폐수 내 20 mg/L의 오염물질 농도를 10 mg/L로 처리하기 위하여 폐수 1 L당 몇 g의 흡착제를 필요로 하는가?

풀이

$$\frac{x}{m} = kC^{\frac{1}{n}}$$

$$\frac{20-10}{m} = 0.5 \times 10^{\frac{1}{1}}$$

$$\therefore\ m = 2\ \text{g/L}$$

7. 침전의 용해

1) 산이 용해도에 미치는 영향

난용성 염기나 염(BA)이 이온화하여 H^+와 결합하여 이온화도가 낮은 물이나 산을 생성할 때 용해도가 증가한다.

$$\begin{array}{l} BA(s) \rightleftharpoons B^+ + A^- \\ \qquad\qquad\qquad\quad + \\ \qquad\qquad\qquad\quad H^+ \\ \qquad\qquad\qquad\quad \updownarrow \\ \qquad\qquad\qquad\quad HA \end{array}$$

약한산을 포함하는 난용성 염 BA가 이온화하였을 때 산을 가하면 H^+가 약한산의 A^-와 반응하여 HA가 되므로 BA는 K_{sp}를 만족하기 위하여 더 녹게 된다.

이때 BA의 용해도(s)는 다음과 같이 계산한다.

$$\begin{aligned} s &= [B^+] = [A^-] + [HA] \\ &= [A^-] + \frac{[H^+][A^-]}{K_a} \\ &= [A^-] \cdot \left(1 + \frac{[H^+]}{K_a}\right) \end{aligned} \tag{5-10}$$

식 (5-6)에 BA의 $K_{sp} = [B^+][A^-]$를 대입하면

$$[B^+] = \frac{K_{sp}}{[B^+]} \cdot \left(1 + \frac{[H^+]}{K_a}\right)$$

이 되고, $s = [B^+]$이므로 용해도는 다음과 같다.

$$s = \sqrt{K_{sp}\left(1 + \frac{[H^+]}{K_a}\right)} \tag{5-11}$$

이와 같은 경우에 다음과 같이 CaC_2O_4가 H_2SO_4에 용해되고, $Mg(OH)_2$가 HCl에 용해되는 것이 대표적인 예이다.

$$CaC_2O_4 + H_2SO_4 \rightleftharpoons CaSO_4 + H_2C_2O_4$$

$$Mg(OH)_2 + 2HCl \rightleftharpoons MgCl_2 + 2H_2O$$

예제 5-9

0.10 M HCl 용액에 대한 $PbSO_4$의 용해도를 구하라. 단, 20℃에서 $PbSO_4$의 $K_{sp} = 1.9\times10^{-8}$이고, H_2SO_4의 $K_2 = 1.2\times10^{-2}$이다.

풀이

$$s = [Pb^{2+}]$$

$$= \sqrt{K_{sp}\left(1+\frac{[H^+]}{K_a}\right)}$$

$$= \sqrt{1.9\times10^{-8}\times\left(1+\frac{0.10}{1.2\times10^{-2}}\right)}$$

$$= 4.3\times10^{-4}\ M$$

2) 염기가 용해도에 미치는 영향

난용성 물질인 H_2SiO_3와 같은 약한산은 NaOH와 같은 센염기에 의하여 중화되어 SiO_3^{2-}로 되어 용해도가 증가한다.

$Al(OH)_3$와 같은 염은 다음과 같이 센산과 센염기에 모두 용해한다.

$$Al^{3+} + 3OH^- \rightleftharpoons Al(OH)_3 \rightleftharpoons AlO_2^- + H_3O^+$$

$$Al^{3+} + 3OH^- \underset{}{\overset{3HCl}{\rightleftharpoons}} Al^{3+} + 3Cl^- + 3H_2O$$

$$AlO_2^- + H_3O^+ \overset{NaOH}{\rightleftharpoons} AlO_2^- + Na^+ + 2H_2O$$

이와 같은 것을 **양쪽성 수산화물**(amphoteric hydroxide)이라 하고, Pb(II), Zn(II), Cr(III), Sn(II, IV), As(III, V), Sb(III, V) 등이 대표적인 예이다.

또한, $PbSO_4$나 $PbCrO_4$ 등이 NaOH에 녹는 것은 OH^- 때문에 $Pb(OH)_4^{2-}$가 생기기 때문이다.

$$PbSO_4 \rightleftharpoons Pb^{2+} + SO_4^{2-}$$

$$4NaOH \rightleftharpoons 4OH^- + 4Na^+$$

$$\Rightarrow Pb(OH)_4^{2-} + 4Na^+ + SO_4^{2-}$$

즉, $PbSO_4$는 $K_{sp} = 1.6 \times 10^{-8}$인 난용성 물질인데 이것에 NaOH를 가하면 Pb^{2+}는 OH^- 때문에 $Pb(OH)_4^{2-}$를 만들어 $[Pb^{2+}]$를 감소시키므로 용액 중에서는 $K_{sp} > [Pb^{2+}][SO_4^{2-}]$가 되므로 $PbSO_4$는 용해한다.

예제 5-10

0.10 M NH_4OH 용액 100.0 mL에 침전하지 않고 남아 있는 Mg^{2+}의 양은 얼마인가? 단, $K_{NH_4OH} = 1.80 \times 10^{-5}$, $K_{sp_{Mg(OH)_2}} = 3.4 \times 10^{-11}$(30℃)이다.

풀이 $Mg(OH)_2$의 $K_{sp} = [Mg^{2+}][OH^-]^2$이므로 먼저 식 (4-47)로부터 0.10 M NH_4OH의 $[OH^-]$를 구하여 침전하기 직전, 곧 남아 있는 $[Mg^{2+}]$의 농도를 구한다.

$$[OH^-] = \sqrt{K_b \cdot C} = \sqrt{1.80 \times 10^{-5} \times 0.10} = 1.34 \times 10^{-3}\ M$$

$$[Mg^{2+}] = \frac{K_{sp}}{[OH^-]^2} = \frac{3.4 \times 10^{-11}}{(1.34 \times 10^{-3})^2} = 1.89 \times 10^{-5}\ M$$

따라서 0.10 M NH_4OH 100.0 mL에 포함된 Mg^{2+}의 양은 다음과 같다.

$$Mg^{2+}\text{의 양} = 1.89 \times 10^{-5}\ mole \times 24.305\ g/mole \times \frac{100.0\ mL}{1000\ mL} = 4.59 \times 10^{-5}\ g$$

3) 착화제가 용해도에 미치는 영향

침전을 녹일 때 착이온을 형성하는 예가 있는데, 이때 침전의 용해도가 크게 증가한다.

예를 들면, AgCl이 NH_3, CN^-, $S_2O_3^{2-}$ 등에 용해되어 착이온을 형성하는 반응은 다음과 같다.

$$AgCl + 2NH_3 \rightleftharpoons [Ag(NH_3)_2]^+ + Cl^-$$

$$AgCl + 2CN^- \rightleftharpoons [Ag(CN)_2]^- + Cl^-$$

$$2AgCl + 3S_2O_3^{2-} \rightleftharpoons [Ag_2(S_2O_3)_3]^{4-} + 2Cl^-$$

즉, AgCl에서 이온화된 Ag^+가 착이온을 만듦으로써 그 농도가 감소되어 평형은 오른쪽으로 이동하여 AgCl이 잘 녹게 되는 것이다.

한편, As_2O_5, Sb_2O_5, SnS_2 등은 $(NH_4)_2S$ 용액을 가하고 가열하면 다음과 같은 착이온이 생성되어 잘 녹게 된다.

$$As_2O_5 + 3(NH_4)_2S \rightleftharpoons 6NH_4^+ + AsS_4^{3-}$$

$$Sb_2O_5 + 3(NH_4)_2S \rightleftharpoons 6NH_4^+ + SbS_4^{3-}$$

$$SnS_2 + (NH_4)_2S \rightleftharpoons 2NH_4^+ + SnS_3^{2-}$$

연습문제 5

1. 다음 물질의 용해도곱(K_{sp})과 몰용해도(s)를 표현하라.

1) $AgIO_3$
2) Ag_2SO_3
3) Ag_3AsO_4
4) $PbClF$
5) CuI
6) PbI_2
7) BiI_3
8) $MgNH_4PO_4$

2. 다음 물질의 포화용액에서 몰농도이다. 용해도곱(K_{sp})을 계산하라.

1) $BaCrO_4$ 1.2×10^{-5} M
2) $Cd(OH)_2$ 1.4×10^{-5} M
3) $La(IO_3)_3$ 6.9×10^{-4} M
4) $Zn_2Fe(CN)_6$ 3.7×10^{-6} M

3. 다음 물질의 용해도곱(K_{sp})이다. 몰용해도(mol/L)를 구하라.

1) $BaCO_3$ 4.9×10^{-9}
2) Ag_2CrO_4 1.1×10^{-12}
3) $Fe(OH)_3$ 1.6×10^{-39}
4) MgC_2O_4 8.6×10^{-5}

4. 다음의 용해도를 이용하여 K_{sp}를 구하라.

1) $AgBr$ 0.013 mg/100 mL
2) Hg_2Br_2 0.0018 mg/100 mL
3) CaF_2 2.7 mg/100 mL
4) $Mg(OH)_2$ 0.75 mg/100 mL
5) $Pb(IO_3)_2$ 2.3 mg/100 mL
6) $Sr_3(PO_4)_2$ 0.012 mg/100 mL
7) $Fe(OH)_3$ 4.8×10^{-6} mg/100 mL
8) $BaHPO_4$ 0.0051 mg/100 mL

5. 20℃에서 황산바륨($BaSO_4$)은 물 100.0 mL에 0.00092 g 녹는다. 용해도곱을 구하라.

6. 0℃에서 $Ca(OH)_2$의 용해도는 0.185이다. 이 포화용액에 있어서 이온화도를 0.85라 할 때 $Ca(OH)_2$의 용해도곱을 구하라.

7. 20℃에서 $ZnSO_4$의 용해도곱은 1.8×10^{-14}이다. 이 온도에서 $ZnSO_4$의 포화용액 중의 Zn^{2+}의 몰농도를 구하라.

8. 20℃에서 황산스트론튬($SrSO_4$)의 K_{sp}는 2.8×10^{-7}이다. 용액 100.0 mL에 녹아 있는 $SrSO_4$의 양을 구하라.

9. 다음 물음에 답하라.

1) 0.01 M Cl^-과 0.001 M CrO_4^{2-}의 혼합용액에 $AgNO_3$를 조금씩 가하였을 때 Cl^-와 CrO_4^{2-} 중 어느 것이 먼저 침전하는가?
$K_{sp_{AgCl}} = 1.8 \times 10^{-10}$, $K_{sp_{Ag_2CrO_4}} = 1.1 \times 10^{-12}$
2) 질산은 용액을 계속 가하여 크롬산은이 침전되기 시작할 때 염화 이온의 농도를 계산하라.

10. 다음 용액에서 침전하지 않고 남아 있는 Fe^{3+}의 양을 구하라.

1) 0.010 M NH_3 용액 100.0 mL
2) 0.10 M NH_4OH와 0.1 M NH_4Cl의 혼합용액 100.0 mL

단, $K_{NH_3} = 1.80 \times 10^{-5}$, $K_{sp_{Fe(OH)_3}} = 1.6 \times 10^{-39}$이다.

11. 다음의 포화용액에서 Pb^{2+}의 M농도를 구하라.

1) $PbSO_4(K_{sp} = 2.3 \times 10^{-8})$
2) $PbI_2(K_{sp} = 7.1 \times 10^{-9})$
3) $Pb(OH)_2(K_{sp} = 2.5 \times 10^{-16})$
4) $PbCl_2(K_{sp} = 1.6 \times 10^{-5})$

12. 다음 포화용액에서 I^-의 몰농도를 계산하라.

1) $AgI(K_{sp} = 1.7 \times 10^{-16})$
2) $PbI_2(K_{sp} = 1.4 \times 10^{-9})$
3) $BiI_3(K_{sp} = 8.1 \times 10^{-19})$

13. 다음 용액에서 $AgCl(K_{sp} = 1.1 \times 10^{-10})$의 용해도를 계산하라.

1) 증류수
2) 0.1 M KCl
3) 0.01 M KCl
4) 0.0001 M KCl

제 6 장

산화 – 환원

1. 산화와 환원

Na와 Cl 사이에 이온결합[4)]이 형성될 때 Na로부터 Cl로 전자가 이전하여 Na은 Na^+로, Cl은 Cl^-가 된다. HCl의 경우도 H로부터 Cl로 전자가 부분적으로 이전하여 극성공유결합[5)]을 형성한다.

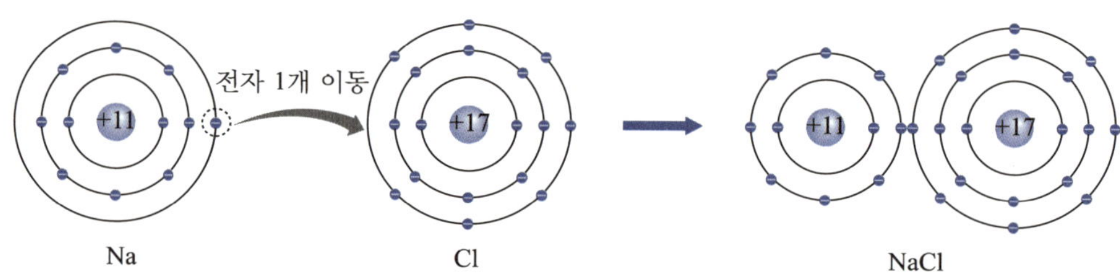

그림 6-1. 염화나트륨의 이온결합

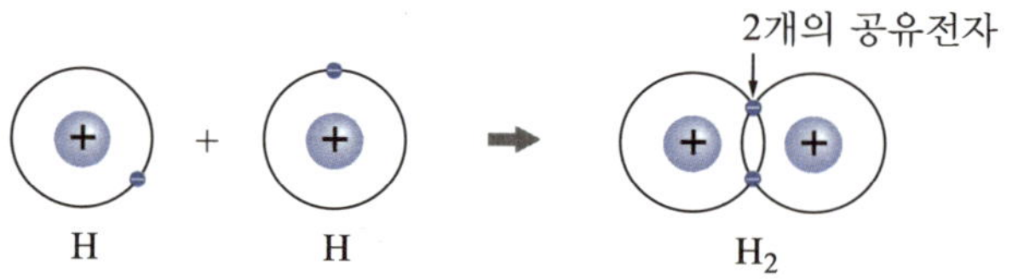

그림 6-2. 수소의 공유결합

대부분의 화학반응에서는 이와 같이 **전기음성도**[6)](electronegativity)에 따라 한 원자로부터 다른 원자로 얼마간의 전하 이전이 일어난다. 이 과정을 설명하기 위하여 다음과 같이 산화와 환원의 개념을 이용한다.

협의의 산화－환원 개념에서 물질이 산소와 결합하는 반응이 산화이고, 산소가 제거되는 반응을 환원이라고 한다.

4) 이온결합 : 양이온과 음이온이 정전기적 인력으로 결합하여 생기는 화학결합이다.
5) 공유결합 : 원자들 사이에 전자쌍을 공유하여 만들어지는 결합으로 안정된 전자 구조를 갖는다.
극성공유결합 : 공유결합 중 전기음성도가 큰 원자는 부분적인 음전하를 띠며, 전기음성도가 작은 원자는 부분적인 양전하를 띤다. 이러한 결합을 극성공유결합이라고 한다. 두 원자의 전기음성도의 차이가 너무 커지면 이온결합이 된다.
6) 전기음성도 : 분자 내 원자가 결합에 관여하는 전자를 끌어당기는 정도.

$$H_2 \quad + \quad \frac{1}{2}O_2 \quad \rightleftharpoons \quad H_2O \text{ (산화)}$$

$$2Fe_2O_3 \quad \rightleftharpoons \quad 4Fe \quad + \quad 3O_2 \text{ (환원)}$$

그러나 산소가 관여하는 반응이 아닐 경우에는 산화−환원의 개념을 확대할 필요가 있다. 뒤에서 설명하겠지만 어떤 원자가 산소와 결합할 때 산소는 전자를 얻어 O^{2-}가 되므로 상대 원자는 전자를 잃게 된다. 따라서 전자를 잃게 되면 산화수(oxidation number)는 증가하게 되고 이를 **산화**(oxidation)라고 하고, 반대로 전자를 얻으면 산화수는 감소하게 되고 이를 **환원**(reduction)이라고 한다. 한 물질이 산화되면 다른 물질은 환원된다. 항상 산화와 환원은 동시에 일어나게 되므로 산화−환원(oxidation-reduction)반응을 **Redox**로 줄여서 사용한다.

$$Fe^{2+} \quad \rightleftharpoons \quad Fe^{3+} \quad + \quad e^- \quad \text{(산화반응)}$$

$$Ce^{4+} \quad + \quad e^- \quad \rightleftharpoons \quad Ce^{3+} \quad \text{(환원반응)}$$

위의 두 반응을 합하면 다음과 같이 나타낼 수 있으며, 위의 반응을 **반쪽반응**(half reaction)이라고 한다.

$$Fe^{2+} \quad + \quad Ce^{4+} \quad \rightleftharpoons \quad Fe^{3+} \quad + \quad Ce^{3+}$$

여기서 Fe^{2+}는 Ce^{4+}를 환원시키고 Ce^{4+}는 Fe^{2+}를 산화시켰다. 이와 같이 상대를 산화시키고 자신은 환원되는 물질을 **산화제**(oxidizing agent; Ce^{4+})라고 하며, 상대를 환원시키고 자신은 산화되는 물질을 **환원제**(reducing agent; Fe^{2+})라고 한다. 일반적으로 널리 사용하는 산화제와 환원제는 다음과 같다.

표 6-1. 일반적으로 사용하는 산화제와 환원제

산화제	화합물명	환원제	화합물명
$KMnO_4$	Potassium permanganate	$Na_2S_2O_3$	Sodium thiosulfate
$K_2Cr_2O_7$	Potassium dichromate	$H_2C_2O_4$	Oxalic acid
$Ce(SO_4)_2$	Cerium(IV) sulfate	$Na_2C_2O_4$	Sodium oxalate
I_2	Iodine	$FeSO_4(NH_4)_2SO_4$	Mohr's salt
KIO_3	Potassium iodate	$NaAsO_2$ 또는 Na_3AsO_3	Sodium arsenite
$KBrO_3$	Potassium bromate	$SnCl_2$	Tin(II) chloride

2. 산화수

산화－환원반응의 주요 특성은 반응물의 산화상태의 변화, 즉 산화수의 변화가 수반된다. 산화－환원반응에서는 같은 수의 전자를 잃거나 얻는 현상이 일어나는데 전자의 총수를 알기 위해서 산화수의 개념을 도입하여 쓰는 것이 편리하다.

한 원소의 산화상태(oxidation state)는 그 원소의 **산화수**(oxidation number)와 같은 의미를 지닌다. 반응에서 원자의 산화수란 어떤 화합물을 만드는데 결합된 총전자의 전하를 각기 산화－환원계의 원자에 맞도록 할당할 때 그들 원자가 갖는 하전수이다.

산화수를 정하는 규칙은 다음과 같다.

① 홑원소 물질 중의 원자는 산화수가 0이다.

- $He = 0$, $C = 0$, $H_2 = 0$, $O_2 = 0$, $Cl_2 = 0$

② 이온결합화합물 중의 각 이온의 산화수는 그들이 가지고 있는 전하와 같다.

- $NaCl$에서 $Na^+ = +1$, $Cl^- = -1$
- $Ca(NO_3)_2$에서 $Ca^{2+} = +2$, $NO_3^- = -1$

③ 수소화합물에서 수소의 산화수는 보통 +1이지만 활성이 큰 금속과 결합하였을 때는 −1이 된다.

- HCl에서 $H = +1$, BH_3에서 $H = -1$

④ 산소화합물에서 산소의 산화수는 보통 −2이지만 H_2O_2, Na_2O_2 또는 KO_2는 예외이다.

- H_2O_2와 Na_2O_2에서 $O = -1$, KO_2에서 $O = -1/2$

⑤ 화합물에 있어서 각 원자의 산화수의 합은 0이다.

- $H_2^{+}S^{6+}O_4^{2-}$에서 각 산화수의 합은 $H(+1 \times 2) + S(+6) + O(-2 \times 4) = 0$
- $K_2^{+}Cr_2^{6+}O_7^{2-}$에서 각 산화수의 합은 $K(+1 \times 2) + Cr(+6 \times 2) + O(-2 \times 7) = 0$

산화수를 모르는 원자가 있을 때는 위의 규칙 ⑤를 적용하여 산화수를 결정할 수 있다. 산화수는 +, 0, − 중 어느 것도 될 수 있으므로 부호를 명확하게 표시하여야 한다.

예제 6-1

다음 화합물 중의 S의 산화수를 계산하라.

1) S_8 2) SO_2 3) $Na_2S_2O_3$ 4) SO_4^{2-}

풀이

1) 산화수를 정하는 규칙 ①에 의하여 산화수는 0이다.

2) 규칙 ⑤에 의하여 모든 화합물 중의 각 원자의 산화수의 합은 0이므로 O의 산화수는 −2이며, O 원자가 2개이므로 O의 전체 산화수는 −4이므로

$x + (-4) = 0 \quad \therefore x = +4$

3) Na = +1, O = −2

$1 \times 2 + 2x + (-2) \times 3 = 0 \quad \therefore x = +2$

4) $x + (-2) \times 4 = -2 \quad \therefore x = +6$

예제 6-2

다음 화합물 중 금속의 산화수는 얼마인가?

1) Cu_2O 2) Fe_2O_3 3) CrO_4^{2-} 4) $Na_2B_4O_7 \cdot 10H_2O$ 5) MnO_4^-

풀이

1) $2x + (-2) = 0 \quad \therefore x = +1$

2) $2x + (-2) \times 3 = 0 \quad \therefore x = +3$

3) $x + (-2) \times 4 = -2 \quad \therefore x = +6$

4) 이 경우 H_2O는 고려하지 않아도 된다.

$1 \times 2 + 4x + (-2) \times 7 = 0 \quad \therefore x = +3$

5) $x + (-2) \times 4 = -1 \quad \therefore x = +7$

3. 산화 - 환원반응식

1) 산성 용액에서의 산화 - 환원반응식의 완결

화합물이 단순하지 않은 경우는 산화−환원반응식이 좀 복잡하다. 예를 들면 산화제인 $KMnO_4$나 $K_2Cr_2O_7$는 화합물 중에 산소를 포함하기 때문에 용액 중의 H^+와 반응하여 H_2O가 생성된다. 이럴 경우 산화−환원에 참여한 전자수 외에 반응에 참여한 수소와 산소의 수도 맞추어야 한다.

$$MnO_4^- + 8H^+ + 5e^- \rightarrow Mn^{2+} + 4H_2O$$

$$Cr_2O_7^{2-} + 14H^+ + 6e^- \rightarrow 2Cr^{3+} + 7H_2O$$

첫 번째 반응을 예로 들어보자. 우선 MnO_4^-가 Mn^{2+}로 환원되는데 필요한 전자수를 구하고, 산성 용액에서의 반응이기 때문에 화합물 중의 산소는 H^+와 만나 물이 된다. 이 과정을 식에 표현한다. 이때 산소는 H_2O 형태에서도 산화수는 변함없이 －2이므로 전자수의 변화에 미치는 영향은 없다.

산성 용액에서 $HClO_2(aq)$를 $S_2O_6^{2-}(aq)$로 적정할 때의 반응식을 예로 들어 설명하여 보자. 그 알짜반응(net reaction)은 다음과 같다.

$$S_2O_6^{2-}(aq) + HClO_2(aq) \rightleftharpoons SO_4^{2-}(aq) + Cl_2(\uparrow)$$

첫째, 반쪽반응식을 먼저 쓴다.

$$S_2O_6^{2-} \rightarrow SO_4^{2-}$$

$$HClO_2 \rightarrow Cl_2$$

둘째, 산소(O)와 수소(H)를 제외하고 양변의 원자수가 같아지도록 조정한다.

$$S_2O_6^{2-} \rightarrow 2SO_4^{2-}$$

$$2HClO_2 \rightarrow Cl_2$$

셋째, 두 반쪽반응식 모두 산소가 부족한 쪽에 H_2O를 넣고 산소(O)의 계수를 조정한다.

$$S_2O_6^{2-} + 2H_2O \rightarrow 2SO_4^{2-}$$

$$2HClO_2 \rightarrow Cl_2 + 4H_2O$$

넷째, 두 반쪽반응식 양변에 수소가 부족한 쪽에 H^+를 넣고 수소의 계수를 조정한다.

$$S_2O_6^{2-} + 2H_2O \rightarrow 2SO_4^{2-} + 4H^+$$

$$2HClO_2 + 6H^+ \rightarrow Cl_2 + 4H_2O$$

다섯째, 두 반쪽반응식에서 전자(e^-)를 이용하여 산화수를 맞춘다.

$$S_2O_6^{2-} + 2H_2O \rightarrow 2SO_4^{2-} + 4H^+ + 2e^-$$

$$2HClO_2 + 6H^+ + 6e^- \rightarrow Cl_2 + 4H_2O$$

위의 과정은 쉽게 생각하여, 첫 번째 반쪽반응식의 왼쪽은 $S_2O_6^{2-}$에서 산화수가 (-2)이고, 오른쪽은 $2SO_4^{2-}$에서 $2 \times (-2)$, $4H^+$에서 $4 \times (+1)$이므로 오른쪽은 $2 \times (-2) + 4 \times (+1) = 0$이다. 따라서 양변을 (0)으로 만들기 위하여 왼쪽은 (-2)이고 오른쪽은 (0)이므로 오른쪽에 $2e^-$를 더하여 준다. 다음 두 번째 반응식도 마찬가지로 왼쪽이 $(+6)$, 오른쪽이 (0)이므로 왼쪽에 $6e^-$를 더하여 준 것이다.

여섯째, 두 반쪽반응식에서 양변의 전자를 소거하기 위하여 전자수의 최소공배수를 곱한다.

$$3S_2O_6^{2-} + 6H_2O \rightarrow 6SO_4^{2-} + 12H^+ + 6e^-$$

$$2HClO_2 + 6H^+ + 6e^- \rightarrow Cl_2 + 4H_2O$$

일곱째, 두 반응식을 더하고 e^-, H^+와 H_2O를 소거하여 반응식을 완결한다.

$$\begin{array}{ll} & 3S_2O_6^{2-} + 6H_2O \rightarrow 6SO_4^{2-} + 12H^+ + 6e^- \\ + & 2HClO_2 + 6H^+ + 6e^- \rightarrow Cl_2 + 4H_2O \\ \hline & 3S_2O_6^{2-} + 2HClO_2 + 2H_2O \rightarrow 6SO_4^{2-} + Cl_2 + 6H^+ \end{array}$$

예제 6-3

양이온 정성분석에서 양이온 제2족은 먼저 H_2S 또는 Na_2S 등으로 황화물로 침전시키고 $(NH_4)_2S$로 양이온 제2족 주석족을 녹이면 구리족(Hg^{2+}, Cd^{2+}, Cu^{2+}, Pb^{2+}, Bi^{3+})만 황화물로 남게 된다. 여기에 HNO_3를 가하면 황화구리(CuS)는 녹아서 구리 이온(Cu^{2+})이 된다. 이 반응의 알짜반응식은 다음과 같다. 반응식을 완결하라.

$CuS(s) + NO_3^- \rightarrow Cu^{2+} + SO_4^{2-} + NO(\uparrow)$

풀이 ① $CuS \rightarrow Cu^{2+} + SO_4^{2-}$

$NO_3^- \rightarrow NO$

② 산소(O)와 수소(H)를 제외하고 양변의 원자수가 같아지도록 조정하여야 하지만 구리(Cu)와 질소(N)의 계수가 맞으므로 변화 없다.

③ $CuS + 4H_2O \rightarrow Cu^{2+} + SO_4^{2-}$

$NO_3^- \rightarrow NO + 2H_2O$

④ $CuS + 4H_2O \rightarrow Cu^{2+} + SO_4^{2-} + 8H^+$

$NO_3^- + 4H^+ \rightarrow NO + 2H_2O$

⑤ $CuS + 4H_2O \rightarrow Cu^{2+} + SO_4^{2-} + 8H^+ + 8e^-$

$NO_3^- + 4H^+ + 3e^- \rightarrow NO + 2H_2O$

⑥ $3CuS + 12H_2O \rightarrow 3Cu^{2+} + 3SO_4^{2-} + 24H^+ + 24e^-$

$8NO_3^- + 32H^+ + 24e^- \rightarrow 8NO + 16H_2O$

⑦

$$
\begin{array}{rl}
 & 3CuS + 12H_2O \rightarrow 3Cu^{2+} + 3SO_4^{2-} + 24H^+ + 24e^- \\
+ & 8NO_3^- + 32H^+ + 24e^- \rightarrow 8NO + 16H_2O \\
\hline
 & 3CuS + 8NO_3^- + 8H^+ \rightarrow 3Cu^{2+} + 3SO_4^{2-} + 8NO + 4H_2O
\end{array}
$$

2) 염기성 용액에서의 산화 - 환원반응식의 완결

염기성 용액에서는 산화–환원반응식을 완결할 때 반응식에 H^+를 사용할 수 없다. H^+ 대신 H_2O로 수소의 개수를 맞추고 반대쪽에 OH^-를 넣어 산소의 개수를 맞춘다.

어떤 산화제는 산성과 염기성에서의 반응이 다르므로 주의할 필요가 있다. 예로 $KMnO_4$는 산성 용액에서는 Mn^{2+}로 환원되지만, 염기성 용액에서는 Mn^{4+}로 환원된다.

$$MnO_4^- + 2H_2O + 3e^- \rightarrow MnO_2 + 4OH^-$$

우선 MnO_4^-가 MnO_2로 환원되는데 필요한 전자수를 구하고, 염기성 용액이므로 H_2O를 사용하여 산소와 수소의 개수를 맞춘다.

다음 반응식을 예로 들어 반응식을 완성하여 보자.

$$Ag(s) + HS^- + CrO_4^{2-} \rightleftharpoons Ag_2S(s) + Cr(OH)_3(\downarrow)$$

첫째, 반쪽반응식을 먼저 쓴다.

$$Ag + HS^- \rightarrow Ag_2S$$

$$CrO_4^{2-} \rightarrow Cr(OH)_3$$

둘째, 산소(O)와 수소(H)를 제외하고 양변의 원자수가 같아지도록 조정한다.

$$2Ag + HS^- \rightarrow Ag_2S$$

$CrO_4^{2-} \rightarrow Cr(OH)_3$ (변화 없음)

셋째, 두 반쪽반응식 모두 산소(O)가 부족한 쪽에 H_2O를 넣고 산소(O)의 계수를 조정한다.

$2Ag + HS^- \rightarrow Ag_2S$ (변화 없음)

$CrO_4^{2-} \rightarrow Cr(OH)_3 + H_2O$

넷째, 두 반쪽반응식 양변에서 수소가 부족한 쪽에 H^+를 넣고 수소의 계수를 조정한 다음 H^+를 H_2O로 바꾸고 H^+ 개수만큼 반대쪽에 OH^-를 넣는다. 왜냐하면 이 반응은 염기성 용액에서 일어나므로 H^+를 OH^-로 중화시켜야 하기 때문이다.

$2Ag + HS^- \rightarrow Ag_2S + H^+$

$\Rightarrow 2Ag + HS^- + OH^- \rightarrow Ag_2S + H_2O$

$CrO_4^{2-} + 5H^+ \rightarrow Cr(OH)_3 + H_2O$

$\Rightarrow CrO_4^{2-} + 5H_2O \rightarrow Cr(OH)_3 + H_2O + 5OH^-$

다섯째, 두 반쪽반응식에서 e^-를 이용하여 산화수를 맞춘다(산성 용액에서와 같은 방법).

$2Ag + HS^- + OH^- \rightarrow Ag_2S + H_2O + 2e^-$

$CrO_4^{2-} + 5H_2O + 3e^- \rightarrow Cr(OH)_3 + H_2O + 5OH^-$

여섯째, 두 반쪽반응식에서 양변의 전자를 소거하기 위하여 전자수의 최소공배수를 곱한다.

$6Ag + 3HS^- + 3OH^- \rightarrow 3Ag_2S + 3H_2O + 6e^-$

$2CrO_4^{2-} + 10H_2O + 6e^- \rightarrow 2Cr(OH)_3 + 2H_2O + 10OH^-$

일곱째, 두 반쪽반응식을 더하고 e^-, OH^-와 H_2O를 소거하여 반응식을 완성한다.

$$
\begin{array}{rl}
 & 6Ag + 3HS^- + 3OH^- \rightarrow 3Ag_2S + 3H_2O + 6e^- \\
+ & 2CrO_4^{2-} + 10H_2O + 6e^- \rightarrow 2Cr(OH)_3 + 2H_2O + 10OH^- \\
\hline
 & 6Ag + 3HS^- + 2CrO_4^{2-} + 5H_2O \rightarrow 3Ag_2S + 2Cr(OH)_3 + 7OH^-
\end{array}
$$

예제 6-4

염기성 용액에서 일어나는 다음 반응식을 완결하라.

$AsO_3^{3-}(aq) + Br_2(aq) \rightarrow AsO_4^{3-}(aq) + Br^-(aq)$

풀이 ① 반쪽반응식을 먼저 쓴다.

$AsO_3^{3-} \rightarrow AsO_4^{3-}$

$Br_2 \rightarrow Br^-$

② 산소와 수소를 제외하고 양변의 원자수가 같아지도록 조정한다.

$AsO_3^{3-} \rightarrow AsO_4^{3-}$ (변화 없음)

$Br_2 \rightarrow 2Br^-$

③ 두 반쪽반응식 모두 산소(O)가 부족한 쪽에 H_2O를 넣고 산소(O)의 계수를 조정한다.

$AsO_3^{3-} + H_2O \rightarrow AsO_4^{3-}$

$Br_2 \rightarrow 2Br^-$ (변화 없음)

④ 두 반쪽반응식 양변에서 수소가 부족한 쪽에 H^+를 넣고 수소의 계수를 조정한 다음 H^+를 H_2O로 바꾸고 H^+ 개수만큼 반대쪽에 OH^-를 넣는다.

$AsO_3^{3-} + H_2O \rightarrow AsO_4^{3-} + 2H^+$

$\Rightarrow AsO_3^{3-} + H_2O + 2OH^- \rightarrow AsO_4^{3-} + 2H_2O$

$Br_2 \rightarrow 2Br^-$ (변화 없음)

⑤ 두 반쪽반응식에서 e^-를 이용하여 산화수를 맞춘다

$AsO_3^{3-} + H_2O + 2OH^- \rightarrow AsO_4^{3-} + 2H_2O + 2e^-$

$Br_2 + 2e^- \rightarrow 2Br^-$

⑥ 두 반쪽반응식에서 양변의 전자를 소거하기 위하여 전자수의 최소공배수를 곱하여야 하는데 두 반응식의 전자수가 같으므로 변화 없다.

$AsO_3^{3-} + H_2O + 2OH^- \rightarrow AsO_4^{3-} + 2H_2O + 2e^-$

$Br_2 + 2e^- \rightarrow 2Br^-$

⑦ 두 반쪽반응식을 더하고 e^-, OH^-와 H_2O를 소거하여 반응식을 완성한다.

$$
\begin{array}{rl}
 & AsO_3^{3-} + H_2O + 2OH^- \rightarrow AsO_4^{3-} + 2H_2O + 2e^- \\
+ & Br_2 + 2e^- \rightarrow 2Br^- \\
\hline
 & AsO_3^{3-} + Br_2 + 2OH^- \rightarrow AsO_4^{3-} + 2Br^- + H_2O
\end{array}
$$

3) 산화 - 환원반응에서의 당량 계산

산화−환원 적정 실험에서 표준물질 또는 시료의 적정 무게를 달기 위해서 당량을 계산하여야 하는데 제1장에서 소개한 "당량 = 분자량(원자량)/원자가"에서 원자가 대신 산화−환

원반응에서 잃거나 얻은 전자의 수, 즉 반응에 관여한 전자의 수를 사용하여 다음과 같이 계산한다.

$$\text{당량(eq)} = \frac{\text{분자량(원자량)}}{\text{반응에 관여한 전자}(e^-)\text{수}}$$

Ethyl alcohol은 acetaldehyde나 아세트산(acetic acid)로 산화될 수 있는데 이때 각각의 경우 관여하는 전자의 수가 다르다. 먼저 acetaldehyde로 산화되는 경우의 반응식은 다음과 같다.

$$CH_3CH_2OH \rightarrow CH_3CHO + 2H^+ + 2e^-$$

이 반응에서는 ethyl alcohol이 산화되면서 2개의 전자를 잃음으로써 전자의 수는 2가 되어 당량(eq)은 46.068/2 = 23.034 g/eq가 된다.

그러나 ethyl alcohol이 아세트산으로 산화될 때 반응식은 다음과 같이 전자 4개를 잃는 반응이므로

$$CH_3CH_2OH + H_2O \rightarrow CH_3COOH + 4H^+ + 4e^-$$

당량(eq)은 46.068/4 = 11.517 g/eq가 된다.

한편, 철광석 중 Fe_2O_3를 정량하기 위해서는 시료를 먼저 녹여 Fe^{3+}를 Fe^{2+}로 환원시킨 다음 적당한 산화제를 이용하여 적정하는데 이때 Fe^{2+}는 다시 Fe^{3+}로 산화된다. 이때 $Fe^{2+} + e^- \rightarrow Fe^{3+}$이므로 반응에 관여한 전자의 수는 1개이지만 실제 반응은 다음과 같이 일어난다.

$$Fe_2O_3 + 6H^+ + 2e^- \xrightarrow{\text{환원}} 2Fe^{2+} + 3H_2O \xrightarrow{\text{산화}} 2Fe^{3+} + 2e^-$$

따라서 Fe_2O_3의 당량은 159.692/2 = 79.846 g/eq이다.

4) 산화 - 환원반응의 평형

대부분의 산화-환원반응은 가역적이며 전자를 주고받는 반응이다. 따라서 그 평형상태는 산화제가 전자를 얻으려는 힘인 산화력과 환원제가 전자를 내어 주려는 힘인 환원력의 차이

로 결정된다. 다시 말해 센산화제와 센환원제 사이의 반응은 거의 완전히 진행하여 화학평형은 생성물 쪽으로 기울게 되고, 약한산화제와 약한환원제 사이의 반응은 잘 진행되지 않아 화학평형은 반응물질 쪽으로 기울어진다.

산화－환원반응은 산화제와 환원제 두 물질이 서로 접촉하여 직접 전자를 주고받을 경우에 일어난다. 예를 들어, 금속아연 조각을 황산구리 용액에 담그면 구리 이온이 아연 표면에 닿아서 전자를 주고받아 다음과 같은 반응이 일어난다.

$$Zn + Cu^{2+} \rightleftharpoons Zn^{2+} + Cu$$

이 현상은 그림 6-3에서 보는 바와 같이 전지(cell)를 구성하게 되며, 구리와 아연은 각각의 전극(electrode)이 된다. 이러한 전지를 이용하면 산화제인 구리가 전자를 얼마나 세게 끌어당기고 환원제인 아연이 얼마나 세게 전자를 내어주는가를 알 수 있다.

따라서 두 전극에서 전자를 끌어당기고 내어놓는 힘을 전압, 즉 **기전력**(electromotive force)이라고 하고 두 전극사이의 기전력을 측정함으로써 산화제의 산화력과 환원제의 환원력을 측정할 수 있다.

그림 6-3에서 전자가 도선을 따라 흐르면 산화－환원반응이 진행하고 산화제인 구리의 산화력과 환원제인 아연의 환원력이 점차 감소하는 동시에 전지의 기전력은 점차 줄어들어 0에 이르게 되며, 이때를 평형에 도달하였다고 한다.

4. 화학전지

그림 6-3과 같이 같거나 다른 두 전해질용액 속에 같거나 다른 두 전극을 담그고 두 전해질용액을 다공질막으로 분리하여 놓은 것을 **전기화학셀**(electrochemical cell) 또는 **화학전지**라고 한다. 전기화학전지는 두 종류가 있는데 그 자체가 전기에너지를 생산하는 것을 **갈바니 전지**(Galvanic cell)이라고 하고, 외부로부터 전기에너지를 받아 그 에너지를 소모하는 전지를 **전해전지**(electrolytic cell)라고 한다.

1) 전해전지

전해전지는 일반적으로 전기분해에서 많이 사용하는 전지이며, 물의 전기분해 또는 도금 등의 산업분야 널리 쓰이고 있다. 전기분해에서는 전류의 세기나 전류를 통하는 시간에 따라 석출(deposition) 또는 용해(dissolution)하는 양이 결정된다.

전극에서 석출 또는 용해하는 물질의 양은 흐른 전기량에 비례한다(**Faraday의 제1법칙**). 전기량, q는 흐른 전류와 시간의 곱으로 나타내므로 다음과 같이 나타낼 수 있다.

$$q = it \ \ (\mathrm{A \cdot sec = coulomb}) \tag{6-1}$$

또한, 같은 전기량에서 석출 또는 용해하는 물질의 양은 화학당량에 비례한다(**Faraday의 제2법칙**). 화학당량은 제1장에서 이미 언급한 바와 같이 원자량을 원자가로 나눈 것이므로 석출 또는 용해하는 물질의 양은 다음과 같이 나타낼 수 있다.

$$m \propto q \ (= it) \tag{6-2}$$

$$m = zq \ (= zq) \tag{6-3}$$

여기서 z는 **전기화학당량**을 의미하며, 1 coulomb의 전기량에 의하여 석출 또는 용해하는 물질의 양으로 정의한다. 전기화학당량은 화학당량(eq)에 비례하므로 다음과 같이 전기화학 당량을 표시할 수 있다.

$$z \propto \frac{M}{n} \tag{6-4}$$

$$z = \lambda \frac{M}{n} \quad \left(\lambda = \frac{1}{96{,}500} \ \mathrm{eq/coulomb}\right) \tag{6-5}$$

따라서 식 (6-3)과 식 (6-5)로부터 석출 또는 용해하는 물질의 양은 다음과 같이 나타낼 수 있게 된다.

$$m = \lambda \frac{M}{n} it \tag{6-6}$$

예를 들어, $AgNO_3$ 용액에 1 coulomb의 전기량을 가하면 (−)극에서 은(Ag = 107.868)은 0.001118 g이 석출되며, $CuSO_4$ 용액에 1 coulomb의 전기량을 가하면 구리(Cu = 63.546)는 0.000329 g이 석출한다.

은(Ag)의 1 coulomb에 의한 석출량과 화학당량을 식 (6-6)에 대입하면 λ는 다음과 같이 구하여진다.

$$0.001118\ \text{g} = \lambda \times \frac{107.868}{1}\ \text{g/eq} \times 1\ \text{coulomb}$$

$$\therefore\ \lambda = \frac{1}{96,495}\ \text{eq/coulomb} \fallingdotseq \frac{1}{96,500}\ \text{eq/coulomb}$$

따라서 식 (6-6)에서 보는 바와 같이 모든 석출 또는 용해하는 모든 물질의 양은 화학당량 $(\frac{M}{n})$에 비례하므로 1 g-당량을 석출 또는 용해시키기 위한 전기량은 96,500 coulomb이 필요하게 되며, 이 전기량을 **1 Faraday**라고 한다.

예제 6-5

$CuSO_4$의 수용액에 15 Ampere의 전류가 3시간 동안 흐르면 몇 g의 Cu가 석출할까?
(단, Cu = 63.54)

풀이

$$\begin{aligned} m &= \lambda \frac{M}{n} it \\ &= \frac{1}{96,500} \times \frac{63.54}{2} \times 15 \times 3 \times 60 \times 60 \\ &= 53.4\ \text{g} \end{aligned}$$

(1) 분해전압

어떤 전해질 용액에 전극을 담그고 외부에서 전압을 걸어주면 전기분해가 일어나는데 이때 두 전극에 아주 높은 전압을 걸어주면 당연히 전기분해가 일어나지만 약한 전압을 걸어주었을 때는 전기분해가 일어나지 않는다.

따라서 전기분해를 연속적으로 일어나게 하는데 필요한 최소의 전압을 **분해전압**(decomposition voltage)이라고 한다. 이 분해전압은 그 전기분해에서 생기는 기전력과 같고 항상 그 만큼의 역기전력이 작용한다. 다시 말해서 전류의 방향과 반대방향으로 기전력이 생기는 것을 **편극**(polarization)이라고 한다.

분해전압은 전해질의 종류, 농도, 전극의 종류, 온도, 전류밀도 등에 따라 달라지는데 표 6-2에서 보는 바와 같이 이온화 서열이 큰 금속의 염일 수록 분해전압이 크고 할로겐의 염은 같은 염의 경우 이온화 서열이 큰 Cl, Br, I의 순서로 분해전압이 크다.

표 6-2. 여러 가지 물질들의 분해전압

전해질	농도 (M)	분해전압 (V)	석출물질 (−)극	석출물질 (+)극	전해질	농도 (M)	분해전압 (V)	석출물질 (−)극	석출물질 (+)극
$ZnSO_4$	0.5	2.35	Zn	O_2	H_2SO_4	0.5	1.67	H_2	O_2
$CdSO_4$	0.5	2.03	Cd	O_2	HI	1.0	0.52	H_2	I_2
$Cd(NO_3)_2$	0.5	1.98	Cd	O_2	HNO_3	1.0	1.69	H_2	O_2
$ZnBr_2$	0.5	1.80	Zn	Br_2	HBr	1.0	0.94	H_2	Br_2
$AgNO_3$	1.0	0.70	Ag	O_2	H_3PO_4	0.33	1.70	H_2	O_2
$CdCl_2$	0.5	1.88	Cd	Cl_2	HCl	1.0	1.31	H_2	Cl_2
$CoSO_4$	0.5	1.92	Co	O_2	NaOH	1.0	1.69	H_2	O_2
$CuSO_4$	0.5	1.37	Cu	O_2	NaCl	1.0	1.98	H_2	Cl_2

(2) 과전압

이론적으로 분해전압은 역기전력과 같은 것이나 실제로는 분해전압보다 어느 정도 높은 전압을 걸어야 전기분해가 일어난다. 걸어준 전압은 반드시 역기전력이 생기므로 분해전압과 역기전력의 차이를 **과전압**(overvoltage)이라고 한다.

과전압은 전극에서 기체가 발생하므로 생기는 것인데 전극의 종류 및 표면상태에 따라 다르고 전류의 밀도가 크거나 온도가 낮아짐에 따라 과전압도 커진다. 또한, 일반적으로 석출되는 물질이 기체일 경우 과전압은 더 커진다.

2) 갈바니전지

자발적으로 일어나는 산화－환원반응이 외부 전선과 연결된 전기화학전지를 갈바니전지(galvanic cell)라 한다. 이는 화학에너지를 전기에너지로 변환시킨다.

그림 6-3은 갈바니전지 중 다니엘전지를 나타낸 것이다. 금속 아연(Zn)을 황산아연($ZnSO_4$) 용액 속에 담그고 금속 구리(Cu)를 황산구리($CuSO_4$) 용액 속에 담가 놓은 것이다. 반응 초기에는 아연 용액($Zn \rightarrow Zn^{2+} + 2e^-$)으로부터 구리 용액($Cu^{2+} + 2e^- \rightarrow Cu$)으로 전자가 흐른다. 반응이 진행되면서 구리 용액의 비커에서는 구리 이온이 구리로 침전되면서 SO_4^{2-}의 음전하가 쌓이고 전자흐름은 빠르게 멈춘다.

하지만 **염다리**[7]로 두 비커를 연결하면 전하가 쌓이는 것을 경감시킬 수 있다. 염다리는

7) 염다리는 KCl을 겔에 섞어 U자관에 넣고 흘러나오지 않도록 다공질 유리 등으로 U자관의 끝을 막아 만든다.

과량의 양이온과 음이온을 포함하고 있어서 각 용액이 전기적 중성을 유지하도록 만들어 주고, 이온을 통한 전하의 이동을 통해 전류가 흐르게 하는 역할을 한다. 즉 염다리는 두 용액이 서로 섞이지 않고 전하의 이동만이 일어날 수 있도록 한다.

이 전지에서 각각의 금속 전극은 다음과 같은 반응이 일어나게 되므로 Zn은 산화전극이고, Cu는 환원전극이다.

$$\mathrm{Zn} \rightarrow \mathrm{Zn}^{2+} + 2e^{-} \quad (\text{산화전극}) \tag{6-7}$$

$$\mathrm{Cu}^{2+} + 2e^{-} \rightarrow \mathrm{Cu} \quad (\text{환원전극}) \tag{6-8}$$

식 (6-7)과 식 (6-8)을 각각 **반쪽반응**이라고 하고, 각각의 비커를 반쪽전지라고 한다. 전체 전지의 반응은 위의 두 반응을 합한 값이다.

$$\mathrm{Zn}(s) + \mathrm{Cu}^{2+}(aq) \rightleftarrows \mathrm{Zn}^{2+}(aq) + \mathrm{Cu}(s) \tag{6-9}$$

이 반응은 자발적으로 일어나는 반응으로, 전자 e^{-}는 아연 전극에서 나와 구리 전극으로 흘러 들어가게 된다. 이때 아연이 전자를 내어놓는 힘과 구리가 전자를 받아들이는 힘에는 차이가 생기고 이것이 이 전지의 기전력이 된다.

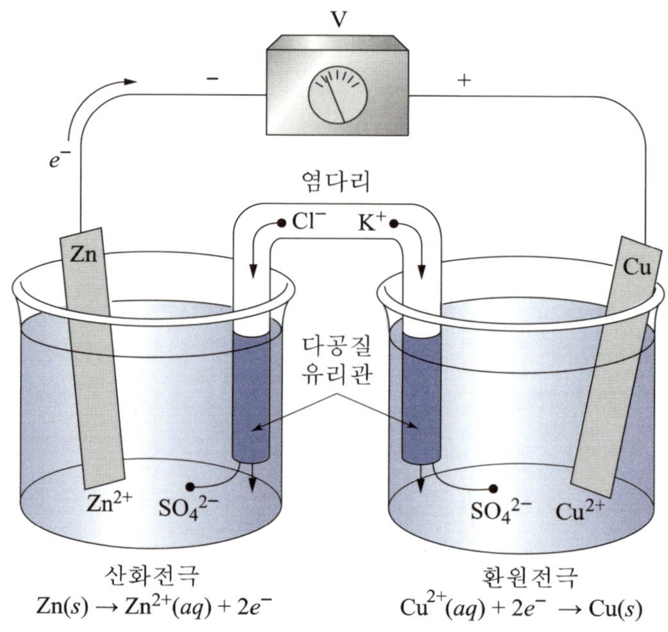

그림 6-3. 갈바니전지

3) 전지의 표현

전지는 다음과 같이 나타내는데 두 개의 수직선(‖)을 중심으로 산화가 일어나는 전극을 왼쪽에, 환원이 일어나는 전극을 오른쪽에 표시하며, 반응이 일어나는 순서로 나타낸다. 즉,

$$Zn \mid Zn^{2+} \parallel Cu^{2+} \mid Cu$$

여기서 하나의 수직선(|)은 금속전극과 전해질 사이의 상경계(고체와 액체)를 나타내며, 이 하나의 수직선을 중심으로 양쪽의 물질은 하나의 전극을 이루며($Zn \mid Zn^{2+}$), 이를 **단일전극**(single electrode)이라고 한다. 이 경계면 사이의 전위차를 반쪽반응의 기전력 또는 **단일전극전위**(single electrode potential)라고 한다.

또 두 개의 수직선(‖)은 두 용액이 분리되어 있으나 연결되고 있음을 나타내는데 일반적으로 **염다리**(salt bridge)를 나타낸다. 이 두 개의 수직선 양쪽 전해질의 농도가 틀리거나 다른 종류의 전해질 용액이 접촉하고 있을 때 전위차가 발생하며, 이를 **액간접촉전위**(liquid junction potential)라고 한다.

한편, 염다리는 U자관에 KCl 등으로 포화된 우뭇가사리(agar)를 채워 만들 수 있다. 우뭇가사리를 충분히 끓인 다음 여기에 KCl을 포화시키고 뜨거운 상태로 U자관에 넣고 식혀 만든다.

5. 표준전극전위

산화－환원반응에서 각각의 반쪽반응은 전자를 잃거나 얻기도 하는데 다음과 같은 반쪽반응을 생각하여 보자.

$$I_2 + 2e^- \rightleftharpoons 2I^-$$

아이오딘(I_2)은 전자 두 개를 얻어 아이오딘화 이온(I^-)으로 환원되려고 하며, 아이오딘화 이온(I^-)은 전자 두 개를 잃고 아이오딘(I_2)으로 산화되려고 하다가 어느 순간 평형에 이르게 된다. 모든 반쪽반응에서 전자를 잃거나 얻으려는 경향의 정도는 전기적인 전위(potential)나 전압(voltage)을 측정함으로써 비교할 수 있다. 전자를 잃거나 얻으려는 경향의 척도를 비교

하기 위해서는 일정한 규칙이 있어야 하는데 IUPAC (International Union of Pure and Applied Chemistry)에서는 위의 반쪽반응식과 같이 환원반응의 전위를 측정하는 것으로 정하였다.

그러나 어떤 전지반응은 두 반쪽반응의 합이므로 전지의 기전력도 반쪽전지전위의 합으로 생각할 수 있다. 그러나 단일 반쪽전지전위의 절댓값을 측정하는 것은 불가능하다. 따라서 단일 반쪽전지의 전위는 표준상태(25℃, 1 atm; standard condition)에서 표준이 되는 기준반쪽전지의 전위에 대한 상대적인 값, E^o로 나타내고 이를 **표준전극전위**(standard electrode potential), **표준환원전위**(standard reduction potential) 또는 그냥 **표준전위**(standard potential)라고 하고 부록 V에 여러 가지 표준전위를 나타내었다.

이때 기준이 되는 반쪽전지를 **표준전지**(standard cell)라고 하고, **표준 Weston전지**(standard Weston cell)와 **표준수소전극**(standard hydrogen electrode; SHE)이 일반적으로 사용된다.

1) 표준수소전극

표준수소전극은 상대 반쪽전지전위를 나타내기 위하여 사용하는 가장 일반적인 기준전극이며, 일종의 기체전극이다.

그림 6-4는 표준수소전극의 구성을 나타낸 것이다. 전극은 백금으로 얇게 도금하거나 얇은 백금판으로 되어 있다. 이 백금판 위로 계속적으로 수소기체가 통과하도록 한 유리관으로 구성되어 있으며, 반쪽전지는 다음과 같이 나타낸다.

$$(\mathrm{Pt})\mathrm{H_2} \mid \mathrm{H^+}; \qquad 2\mathrm{H^+} + 2e^- \rightleftharpoons \mathrm{H_2}(g) \qquad E^o = 0.000\ \mathrm{V}$$

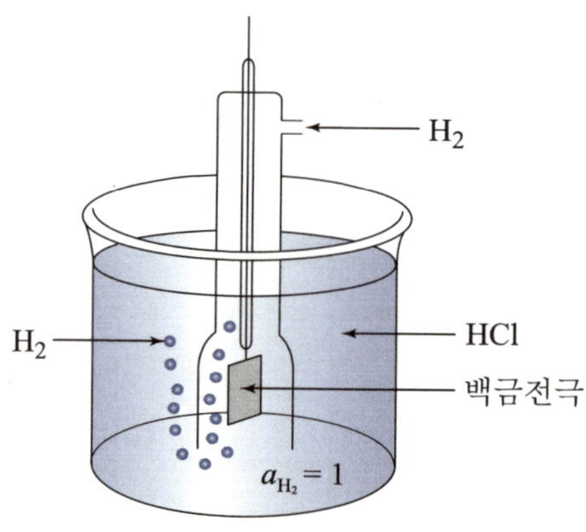

그림 6-4. 표준수소전극

수소전극은 짝지어지는 반쪽전지에 따라 산화전극으로도 환원전극으로도 작용할 수 있다. 산화전극에서는 수소가 수소 이온으로 산화되고 환원전극에서는 역반응이 일어난다.

수소전극의 전위는 온도, 용액의 수소 이온 활동도 및 전극표면에서의 수소의 부분압력에 의존하므로 반쪽전지로 사용할 때는 이들 파라미터의 값을 일정하게 유지하여 한다. 즉, 수소 이온의 활동도, a는 1이고 수소의 부분압력은 1 atm일 때 모든 온도에서 표준수소전극의 전위는 정확히 0.000 V가 된다. 표준수소전극을 이용하여 다른 금속전극의 전위차를 구할 때의 전지 구성은 다음 그림 6-5와 같다.

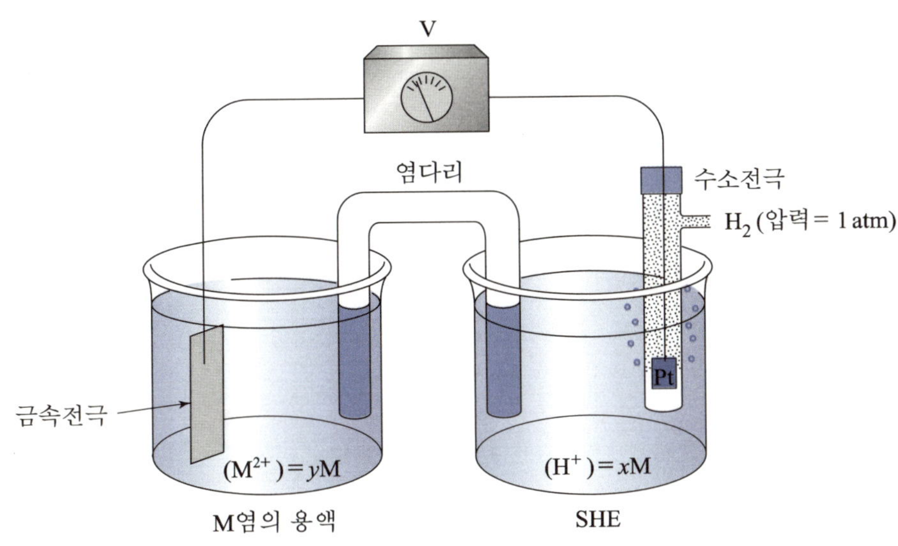

그림 6-5. 표준수소전지를 이용한 금속전극의 전위를 구하는 전극배열

2) 표준 Weston전지

표준 Weston전지는 재현성이 좋고 장시간에 걸쳐 기전력이 일정하며 온도계수가 작아서 표준전지로 자주 사용된다. 그림 6-6은 대표적인 Weston전지를 나타내었으며, 25℃에서 이론적 전위는 1.0183 V이다.

이 Weston전지의 구성과 전극반응은 다음과 같다.

$$(\text{Pt})10\sim12.5\%\ \text{Cd아말감}\ \Big|\ \text{CdSO}_4\cdot\frac{8}{3}\text{H}_2\text{O}\ \Big|\ \text{sat'd CdSO}_4+\text{Hg}_2\text{SO}_4\ |\ \text{Hg}_2\text{SO}_4\ |\ \text{Hg(Pt)}$$

$$E^o = 1.0183\ \text{V}$$

$$\text{Cd}(-)\text{극} : \text{Cd} + \text{SO}_4^{2-} + \frac{8}{3}\text{H}_2\text{O} \rightleftharpoons \text{CdSO}_4 \cdot \frac{8}{3}\text{H}_2\text{O} + 2e^-$$

$$\text{Hg}(+)\text{극} : \text{Hg}_2\text{SO}_4 + 2e^- \rightleftharpoons 2\text{Hg} + \text{SO}_4^{2-}$$

$$\text{전체 전지반응} : \text{Cd} + \text{Hg}_2\text{SO}_4 + \frac{8}{3}\text{H}_2\text{O} \rightleftharpoons \text{CdSO}_4 \cdot \frac{8}{3}\text{H}_2\text{O} + 2\text{Hg}$$

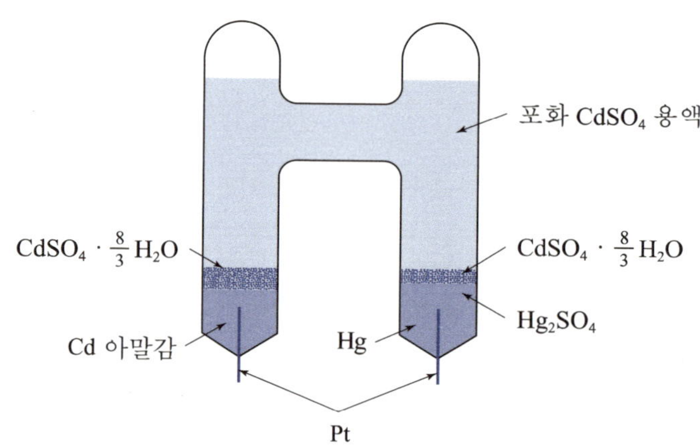

그림 6-6. 표준 Weston전지의 구성

3) 표준환원전위의 이해

센산과 약한산이 있는 것처럼 화학물질들은 산화와 환원의 세기가 각각 다르다. 화학종의 산화－환원 경향을 체계화하기 위해 **표준환원전위**(standard reduction potential)를 사용하는데, 이는 SHE와 연결한 전극의 환원반쪽반응의 전위이다. 이는 표준상태에서의 전기화학반응의 평형 전위이다(부록 V 참조).

표 6-3에서 보는 바와 같이 H_2O_2와 Ce^{4+}의 표준환원전위는 각각 1.77 V와 1.61 V로서 표준수소전지의 표준전위 0.000 V보다 상대적으로 매우 크다. 표준수소전지의 표준전위보다 크다는 것은 전자를 받아들이는 경향, 즉 환원되는 경향이 H^+보다 크다는 것이다. 다시 말해 H_2O_2와 Ce^{4+}는 H^+보다 더 쉽게 환원되며, 강한 산화제라는 것을 의미이다.

반대로 Li^+와 Al^{3+}의 표준전위는 각각 －3.045 V와 －1.66 V로서 수소전지보다 상대적으로 매우 작다. 이것은 H^+가 환원되는 것보다 환원이 어렵고 쉽게 산화되며, 이것은 강한 환원제라는 것을 뜻한다. 즉, 표준환원전위가 양의 값이면 환원이 일어나기 쉬운 반응이며, 음의 값이면 역반응인 산화가 일어나기 쉬운 반응이다.

표 6-3에서 위쪽으로 올라 갈수록 쉽게 환원이 되며, 이것은 곧 강한 산화제로 사용될 수

있다. 반대로 아래로 내려갈수록 쉽게 산화되며, 강한 환원제이다.

한편, 환원전극과 산화전극에서 일어나는 반쪽반응의 표준전위를 알면 전체 화학전지의 전위는 다음과 같이 구할 수 있다.

$$E_{\text{cell}} = E_{\text{cathode}} - E_{\text{anode}} \tag{6-10}$$

그림 6-3과 같은 갈바니전지의 기전력은 구리전극과 아연전극의 전위차이므로 식 (6-10)을 갈바니전지에 적용하면 다음과 같다.

$$E^{o}_{\text{cell}} = E^{o}_{\text{Cu, Cu}^{2+}} - E^{o}_{\text{Zn}^{2+}\text{, Zn}} = 0.337\ \text{V} - (-0.763)\ \text{V} = 1.100\ \text{V} \tag{6-11}$$

표 6-3. 표준전위와 산화 - 환원 세기

반 쪽 반 응	E^o(V) (25℃, 1 M H^+)	산화-환원 세기
$H_2O_2 + 2H^+ + 2e^- \rightleftharpoons 2H_2O$	1.77	
$MnO_4^- + 4H^+ + 3e^- \rightleftharpoons MnO_2(s) + 2H_2O$	1.695	쉽게 환원 ↑ 강한 산화제
$Ce^{4+} + e^- \rightleftharpoons Ce^{3+}$	1.61	
$Pd^{2+} + 2e^- \rightleftharpoons Pd(s)$	0.987	
$Hg^{2+} + 2e^- \rightleftharpoons Hg(l)$	0.854	
$Ag+ + e^- \rightleftharpoons Ag(s)$	0.799	
$Fe^{3+} + e^- \rightleftharpoons Fe^{2+}$	0.75	
$Cu^{2+} + 2e^- \rightleftharpoons Cu(s)$	0.337	
$Sn^{4+} + 2e^- \rightleftharpoons Sn^{2+}$	0.15	
$2H^+ + 2e^- \rightleftharpoons H_2(g)$	0.000	
$Pb^{2+} + 2e^- \rightleftharpoons Pb(s)$	−0.126	
$Ni^{2+} + 2e^- \rightleftharpoons Ni(s)$	−0.250	
$Zn^{2+} + 2e^- \rightleftharpoons Zn(s)$	−0.763	
$Al^{3+} + 3e^- \rightleftharpoons Al(s)$	−1.66	
$Ba^{2+} + 2e^- \rightleftharpoons Ba(s)$	−2.90	쉽게 산화 ↓ 강한 환원제
$K^+ + e^- \rightleftharpoons K(s)$	−2.925	
$Li^+ + e^- \rightleftharpoons Li(s)$	−3.045	

예제 6-6

다음 반쪽전지의 역할을 표현하고 이를 이용하여 산화－환원반응식을 완결하라. 또한, 이 반쪽전지들로 구성된 전지의 기전력을 구하라.

$Fe^{3+} + e^- \rightarrow Fe^{2+}$ $E^o = 0.75\ V$

$Sn^{4+} + 2e^- \rightarrow Sn^{2+}$ $E^o = 0.15\ V$

풀이 표 6-3에서 Fe^{3+}/Fe^{2+}가 Sn^{4+}/Sn^{2+}보다 더 양의 값, 즉 위쪽에 있으므로 더 쉽게 환원하므로 Fe^{3+}는 Sn^{4+}보다 더 강한 산화제이다. 따라서 Fe^{3+}는 Sn^{2+}를 산화시키므로 산화－환원 전체 반응식은 다음과 같다.

$2Fe^{3+} + Sn^{2+} \rightarrow 2Fe^{2+} + Sn^{4+}$

반응식 양변의 전자를 소거하기 위하여 Fe^{3+}/Fe^{2+}에 2를 곱하였으나 전체 전위에는 영향을 주지 않으므로 다음과 같이 이 전지의 기전력을 구한다.

$$E^o_{cell} = E^o_{Fe^{3+},Fe^{2+}} - E^o_{Sn^{4+},Sn^{2+}}$$
$$= 0.75\ V - 0.15\ V = 0.60\ V$$

6. Nernst식

그림 6-3과 같이 Zn 금속 막대를 $ZnSO_4$ 수용액에 담그면 용액 중의 Zn^{2+}와 Zn 금속이 접촉하는 경계면에서 Zn 원자는 전자를 잃고 산화되어 Zn^{2+} 이온이 된다. 이러한 경향은 금속의 종류에 따라 다르며, 이 경향을 나타내는 힘은 압력으로 나타낼 수 있는데, 이것을 **전해용압**(electrolyte solution pressure; p)이라고 한다.

반대로 Zn^{2+} 이온은 전자를 받아서 환원되어 Zn 금속으로 석출하려는 경향이 있는데 이 경우도 압력으로 나타낼 수 있으며, 이를 **삼투압**(osmosis pressure; π)이라고 한다.

위의 두 가지 반응은 다음과 같이 산화－환원반응의 평형관계를 유지한다.

$$Zn^{2+} + 2e^- \rightleftharpoons Zn \tag{6-12}$$

이 평형반응에서 전해용압과 삼투압이 같지 않으면 그들 사이의 압력의 차이가 생기며 이를 전극전위(electrode potential; E)라고 하고, E는 **Nernst식**(Nernstian equation)에 의하여 다음과 같이 나타낼 수 있다.

$$E = \frac{RT}{nF}\ln\frac{\pi}{p} \tag{6-13}$$

여기서, R : 기체상수(8.314 volt-coulomb)

T : 절대온도(273.15 + t °K)

n : 반응에 관여한 전자수(금속이온의 전하수 또는 금속의 원자가)

F : Faraday 상수(96,486 coulomb)

삼투압은 센전해질에 대하여 금속이온의 농도 C에 비례하므로 $\pi = RTC$가 되며, 금속의 종류에 따라 전해용압 p는 일정하므로 $(RT/nF)\ln(RT/p)$는 상수가 되어 식 (6-13)은 다음과 같이 나타낼 수 있다.

$$E = \frac{RT}{nF}\ln\frac{RTC}{p} = \frac{RT}{nF}\ln\frac{RT}{p} + \frac{RT}{nF}\ln C$$

$$= E^o + \frac{RT}{nF}\ln C \tag{6-14}$$

여기서 R, T, F 및 p 등의 상수를 새로운 상수 E^o로 나타내며, 이것은 앞에서 언급한 표준환원전위이다. 몇 가지 반응의 환원전위를 표 6-3에 나타내고, 여러 가지 많은 물질의 표준환원전위를 부록 V에 나타내었다.

식 (6-14)에서 온도를 25℃로 하고 자연대수를 상용대수로 고치고 모든 상수 값을 대입하면 다음과 같다.

$$E = E^o + \frac{0.0591}{n}\log C \tag{6-15}$$

한편, 다음과 같은 산화−환원반응이 있다고 가정하자.

$$\mathrm{Ox} + ne^- \rightleftharpoons \mathrm{Red}$$

이 경우에 Nernst 식은 25℃에서 다음과 같이 나타낸다.

$$E = E^o + \frac{0.0591}{n}\log\frac{[\mathrm{Ox}]}{[\mathrm{Red}]} \tag{6-16}$$

예제 6-7

0.010 M Cd^{2+} 용액에 담근 카드뮴 전극의 전위를 구하라(단, $E^o = -0.403$).

풀이 $Cd^{2+} + 2e^- \rightleftharpoons Cd \qquad E^o = -0.403$

$$
\begin{aligned}
E &= E^o + \frac{0.0591}{n}\log\frac{[Ox]}{[Red]} \\
&= -0.403 + \frac{0.0591}{2}\log\frac{[Cd^{2+}]}{[Cd]} \\
&= -0.403 + \frac{0.0591}{2}\log[Cd^{2+}] \\
&= -0.403 + \frac{0.0591}{2}\log 0.010 \\
&= -0.462\ \text{V}
\end{aligned}
$$

예제 6-8

다음 반응식에서 철이 30% 산화되었을 때 전위를 구하라.

$Fe^{2+} \rightleftharpoons Fe^{3+} + e^-, \qquad E^o = 0.771$

풀이

$$
\begin{aligned}
E &= E^o + \frac{0.0591}{n}\log\frac{[Ox]}{[Red]} \\
&= 0.771 + \frac{0.0591}{1}\log\frac{[Fe^{3+}]}{[Fe^{2+}]} \\
&= 0.771 + \frac{0.0591}{1}\log\frac{30}{70} \\
&= 0.749\ \text{V}
\end{aligned}
$$

한편, 다음과 같이 수소 이온이 관여하는 반응의 경우에는 pH에 따라 전극의 전위가 변하게 된다.

$$MnO_4^- + 8H^+ + 5e^- \rightleftharpoons Mn^{2+} + 4H_2O$$

$$Cr_2O_7^{2-} + 14H^+ + 6e^- \rightleftharpoons 2Cr^{3+} + 7H_2O$$

예제 6-9

pH가 4.0일 때 다음 반응식의 전위를 구하라.

$MnO_4^-(0.001\ M) + 8H^+ + 5e^- \rightleftharpoons Mn^{2+}(0.001\ M) + 4H_2O$

풀이

$$E = E^o + \frac{0.0591}{n}\log\frac{[\mathrm{Ox}]}{[\mathrm{Red}]}$$

$$= 1.51 + \frac{0.0591}{5}\log\frac{[\mathrm{MnO_4^-}][\mathrm{H^+}]^8}{[\mathrm{Mn^{2+}}]}$$

$$= 1.51 + \frac{0.0591}{5}\log\frac{0.001\times(10^{-4})^8}{0.001}$$

$$= 1.13\ \mathrm{V}$$

한편, E^o는 모든 화학종의 활동도가 1일 때의 표준전극전위이다. 그러나 실제 실험에서는 각 성분의 활동도 대신 농도를 사용하므로 E^o 값을 E_o^f로 나타내어 조건부 표준전위 또는 **형식전위**(formal potential)라고 하며, 각 화학종의 농도가 1 M일 때의 전극전위에 해당한다.

7. 산화-환원반응의 평형상수

산화-환원반응에서 각각의 표준전위를 알면 평형상수를 구할 수 있다. 예를 들어,

$$\mathrm{Ce^{4+} + Fe^{2+} \rightleftharpoons Ce^{3+} + Fe^{3+}} \quad (6\text{-}17)$$

와 같은 산화-환원반응식을 일반화하여 식 (6-18)로 나타내고 평형상수를 구하여 보자.

$$\mathrm{Ox_1 + Red_2 \rightleftharpoons Red_1 + Ox_2} \quad (6\text{-}18)$$

$$K = \frac{[\mathrm{Ox_2}][\mathrm{Red_1}]}{[\mathrm{Ox_1}][\mathrm{Red_2}]} \quad (6\text{-}19)$$

식 (6-18)의 반쪽반응식은 각각 다음과 같다.

$$\mathrm{Ox_1} + ne^- \rightleftharpoons \mathrm{Red_1}$$

$$\mathrm{Ox_2} + ne^- \rightleftharpoons \mathrm{Red_2}$$

이 반쪽반응의 전위는 다음과 같으며,

$$E_1 = E_1^o + \frac{0.0591}{n}\log\frac{[Ox_1]}{[Red_1]} = E_1^o + 0.0591\log\frac{[Ox_1]}{[Red_1]}$$

$$E_2 = E_2^o + \frac{0.0591}{n}\log\frac{[Ox_2]}{[Red_2]} = E_2^o + 0.0591\log\frac{[Ox_2]}{[Red_2]}$$

평형에서는 $E_1 = E_2$이므로

$$E_1^o + 0.0591\log\frac{[Ox_1]}{[Red_1]} = E_2^o + 0.0591\log\frac{[Ox_2]}{[Red_2]}$$

$$E_1^o - E_2^o = 0.0591\log\frac{[Ox_2]}{[Red_2]} - 0.0591\log\frac{[Ox_1]}{[Red_1]}$$

$$= 0.0591\log\frac{[Ox_2][Red_1]}{[Ox_1][Red_2]}$$

$$= 0.0591\log K \qquad (6\text{-}20)$$

따라서 식 (6-20)을 정리하면 다음과 같이 나타낼 수 있다.

$$\log K = \frac{E_1^o - E_2^o}{0.0591} \qquad (6\text{-}21)$$

만약 반응에 관여하는 전자의 수가 n개일 때는 아래와 같이 전자수를 곱한다.

$$\log K = \frac{n(E_1^o - E_2^o)}{0.0591} \qquad (6\text{-}22)$$

예제 6-10

다음 반응식의 평형상수를 구하라.

$MnO_4^- + 8H^+ + 5Fe^{2+} \rightleftharpoons Mn^{2+} + 5Fe^{3+} + 4H_2O$

(단, $E^o_{MnO_4^-} = 1.51$ V, $E^o_{Fe^{3+}} = 0.75$ V)

풀이 위 반응의 반쪽반응식에 대한 전위는 다음과 같다.

$MnO_4^- + 8H^+ + 5e^- \rightleftharpoons Mn^{2+} + 4H_2O$

$5Fe^{2+} \rightleftharpoons 5Fe^{3+} + 5e^-$

$$E_{MnO_4^-} = E^o_{MnO_4^-} + \frac{0.0591}{5}\log\frac{[MnO_4^-][H^+]^8}{[Mn^{2+}]}$$

$$E_{Fe^{3+}} = E^o_{Fe^{3+}} + \frac{0.0591}{5}\log\frac{[Fe^{3+}]^5}{[Fe^{2+}]^5}$$

한편, 문제의 반응식에 대한 평형상수는 다음과 같다.

$$K = \frac{[Mn^{2+}][Fe^{3+}]^5}{[MnO_4^-][H^+]^8[Fe^{2+}]^5}$$

따라서 평형에서는 $E_{MnO_4^-} = E_{Fe^{3+}}$이므로

$$E^o_{MnO_4^-} - E^o_{Fe^{3+}} = \frac{0.0591}{5}\log\frac{[Fe^{3+}]^5}{[Fe^{2+}]^5} - \frac{0.0591}{5}\log\frac{[MnO_4^-][H^+]^8}{[Mn^{2+}]}$$

$$= \frac{0.0591}{5}\log\frac{[Mn^{2+}][Fe^{3+}]^5}{[MnO_4^-][Fe^{2+}]^5[H^+]^8}$$

$$= \frac{0.0591}{5}\log K$$

$$\log K = \frac{5(E^o_{MnO_4^-} - E^o_{Fe^{3+}})}{0.059}$$

$$= \frac{5(1.51 - 0.75)}{0.0591}$$

$$= 64.30$$

$$\therefore\ K = 1.99\times 10^{64}$$

한편, 산화-환원의 당량점에서의 농도비와 평형상수와의 관계는 식 (6-18) 반응의 당량점에서는 $[Ox_1] = [Red_2]$, $[Red_1] = [Ox_2]$이므로 다음과 같이 구할 수 있다.

$$K = \frac{[Red_1][Red_1]}{[Ox_1][Ox_1]} = \frac{[Ox_2][Ox_2]}{[Red_2][Red_2]} = \left(\frac{[Red_1]}{[Ox_1]}\right)^2 = \left(\frac{[Ox_2]}{[Red_2]}\right)^2$$

$$\frac{[Red_1]}{[Ox_1]} = \frac{[Ox_2]}{[Red_2]} = \sqrt{K} \qquad (6\text{-}23)$$

따라서 식 (6-17)에서 각각의 농도비는 다음과 같이 나타낼 수 있다.

$$\frac{[Ce^{4+}]}{[Ce^{3+}]} = \frac{[Fe^{3+}]}{[Fe^{2+}]} = \sqrt{K} \qquad (6\text{-}24)$$

8. 산화 - 환원반응에서 당량점에서의 전위차

다음과 같이 일반화된 산화－환원반응식을 이용하여 적정을 행할 경우, 당량점에서의 전위를 구하여 보자.

$$a\mathrm{Ox}_1 + b\mathrm{Red}_2 \rightleftharpoons a\mathrm{Red}_1 + b\mathrm{Ox}_2 \tag{6-25}$$

식 (6-25)의 반쪽반응식은 각각 다음과 같으며,

$$\mathrm{Ox}_1 + be^- \rightarrow \mathrm{Red}_1 \quad : E_1^o$$

$$\mathrm{Ox}_2 + ae^- \rightarrow \mathrm{Red}_2 \quad : E_2^o$$

반쪽반응식의 전위는 다음과 같이 나타낸다.

$$E_1 = E_1^o + \frac{0.0591}{b}\log\frac{[\mathrm{Ox}_1]}{[\mathrm{Red}_1]} \tag{6-26}$$

$$E_2 = E_2^o + \frac{0.0591}{a}\log\frac{[\mathrm{Ox}_2]}{[\mathrm{Red}_2]} \tag{6-27}$$

식 (6-26)에 b를 곱하고 식 (6-27)에 a를 곱하여 두 식을 더하면 다음과 같다.

$$bE_1 = bE_1^o + 0.0591\log\frac{[\mathrm{Ox}_1]}{[\mathrm{Red}_1]}$$

$$+\ \ aE_2 = aE_2^o + 0.0591\log\frac{[\mathrm{Ox}_2]}{[\mathrm{Red}_2]}$$

$$(a+b)E = bE_1^o + aE_2^o + 0.0591\log\frac{[\mathrm{Ox}_1][\mathrm{Ox}_2]}{[\mathrm{Red}_1][\mathrm{Red}_2]} \tag{6-28}$$

한편, 당량점에서는 평형이 이루어지므로 평형에서는 $[\mathrm{Ox}_1]=[\mathrm{Red}_2]$, $[\mathrm{Red}_1]=[\mathrm{Ox}_2]$이므로 식 (6-28)의 log 부분은 다음과 같이 0이 된다.

$$\log\frac{[\mathrm{Ox}_1][\mathrm{Ox}_2]}{[\mathrm{Red}_1][\mathrm{Red}_2]} = \log\frac{[\mathrm{Ox}_1][\mathrm{Red}_1]}{[\mathrm{Red}_1][\mathrm{Ox}_1]} = \log 1 = 0$$

따라서 당량점에서의 전위차는 식 (6-28)로부터 다음과 같이 나타낼 수 있다.

$$E = \frac{bE_1^o + aE_2^o}{b+a} \tag{6-29}$$

예제 6-11

Ce^{4+}를 이용하여 Sn^{2+}를 적정하고자 한다. 당량점에서의 전위차를 구하라.
(단, $E^o_{Ce} = 1.61\ V$, $E^o_{Sn} = 0.15\ V$)

풀이 Ce^{4+}를 이용하여 Sn^{2+}를 적정할 때의 반응식은 다음과 같다.

$$2Ce^{4+} + Sn^{2+} \rightleftharpoons 2Ce^{3+} + Sn^{4+}$$

$$E = \frac{bE_1^o + aE_2^o}{b+a} = \frac{1 \times 1.61 + 2 \times 0.15}{1+2} = 0.64\ V$$

연습문제 6

1. 산성 용액에서 일어나는 다음 반응의 반응식을 완결하라.

1) $HCOOH + MnO_4^- \rightarrow CO_2 + Mn^{2+}$

2) $Fe^{2+} + MnO_4^- \rightarrow Fe^{3+} + Mn^{2+}$

3) $Fe^{2+} + Cr_2O_7^{2-} \rightarrow Fe^{3+} + Cr^{3+}$

4) $ClO_2^- \rightarrow ClO_2 + Cl^-$

2. 염기성 용액에서 일어나는 다음 반응의 반응식을 완결하라.

1) $Cr(OH)_3 + Br_2 \rightarrow CrO_4^{2-} + Br^-$

2) $H_2O_2 + MnO_4^- \rightarrow O_2 + Mn^{2+}$

3) $CrO_4^{2-} + SO_3^{2-} \rightarrow Cr^{3+} + SO_4^{2-}$

4) $HS^- + ClO_3^- \rightarrow S + Cl^-$

3. 다음 반응식을 완결하고 반응물질 중 산화제와 환원제를 나타내어라.

1) $S_2O_3^{2-} + I_2 \rightarrow S_2O_4^{2-} + I^-$

2) $I_2 + AsO_2^- + H_2O \rightarrow H_2AsO_4^- + I^- + H^+$

3) $I_2 + Cl_2 + H_2O \rightarrow H^+ + IO_3^- + Cl^-$

4) $Cu + NO_3^- \rightarrow Cu^{2+} + NO$

5) $H_2S + NO_3^- \rightarrow S + NO_2$

6) $Br_2 + Sn^{2+} \rightarrow Br^- + Sn^{4+}$

7) $Ti^{3+} + Fe^{3+} \rightarrow TiO_2 + Fe^{2+}$

8) $IO_3^- + I^- \rightarrow I_2 + H_2O$

4. 0.10 M $CuSO_4$ 용액 250.0 mL를 전기분해할 때

1) Cu를 완전히 석출시키기 위한 전기량(q)을 구하라.

2) 또 30.0 A의 전류를 통하면 전기분해 시간은 얼마일까?

5. Fe(III)을 Fe(II)로 환원시키는데 218.0 coulomb의 전기가 흘렀다. 이 용액의 부피가 25.00 mL라고 할 때 농도를 구하라.

6. 다음 반쪽전지의 전극전위를 구하라.

1) $Ag/Ag^{+}(0.01\ M)$
2) $Ni/Ni^{2+}(0.70\ M)$
3) $Pt,\ H_2(1\ atm)/HCl(10^{-5}\ M)$
4) $Pt/Fe^{3+}(1.00\times10^{-4}\ M),\ Fe^{2+}(0.10\ M)$
5) $Ag/AgBr(s)\ Br^{-}(3.0\ M)$
6) $Cr/Cr^{3+}(0.001\ M)$
7) $Pt/V^{3+}(0.10\ M),\ V^{2+}(0.05\ M)$
8) $Hg/Hg_2Cl_2(s),\ Cl^{-}(0.03\ M)$

7. 다음 전지 중 반쪽전지의 반쪽반응, 각 전지의 기전력 및 평형상수를 구하라.

1) $Cu/CuSO_4(0.02M) \parallel Fe^{2+}(0.2M),\ Fe^{3+}(0.01M)HCl(1M)/Pt$
2) $Pt/Pu^{4+}(0.1M),\ Pu^{3+}(0.2M) \parallel AgCl(s),\ HCl(0.03M)/Ag$
3) $Pt/KBr(0.2M),\ Br^{-}(0.03M) \parallel Ce^{4+}(0.01M),\ Ce^{3+}(0.002M)H_2SO_4(1M)/Pt$
4) $(Pt)Cl_2(0.1atm)/HCl(2.0M) \parallel HCl(0.1M)/H_2(0.5atm)Pt$
5) $Zn/ZnCl_2(0.02M) \parallel Na_2SO_4(0.1M)PbSO_4(s)/Pb$

8. 다음 반응의 평형상수를 구하라.

$AuCl_4^- + 2Au + 2Cl^- \rightleftharpoons 3AuCl_2^-$

단, $AuCl_2^- + e^- \rightleftharpoons Au + 2Cl^-$ $\qquad E^o = +1.154\ V$

$AuCl_4^- + 2e^- \rightleftharpoons AuCl_2^- + 2Cl^-$ $\qquad E^o = +0.926\ V$

9. 다음 반쪽반응의 전극전위를 구하라.

$Au^+ + e^- \rightleftharpoons Au$

단, $Au^{3+} + 2e^- \rightleftharpoons Au^+$ $\qquad E^o = +1.41\ V$

$Au^{3+} + 3e^- \rightleftharpoons Au$ $\qquad E^o = +1.50\ V$

10. CuI의 용해도곱을 구하라.

단, $Cu^{2+} + e^- \rightleftharpoons Cu^+$ $\qquad E^o = +0.153\ V$

$Cu^{2+} + I^- \rightleftharpoons CuI$ $\qquad E^o = +0.86\ V$

11. $Mn(OH)_2$의 용해도를 구하라.

단, $Mn^{2+} + 2e^- \rightleftharpoons Mn \qquad E^o = -1.18\ V$

$Mn(OH)_2 + 2e^- \rightleftharpoons Mn + 2OH^- \qquad E^o = 1.55\ V$

제 7 장

무게분석

1. 일반 원리

무게분석법(gravimetric analysis)은 시료 용액에 적당한 침전제를 가하여 목적성분을 선택적으로 순수한 침전으로 만들어 그것의 무게를 달아 정량하는 방법이다. 대부분의 무게분석법은 불용성의 침전을 만들어야 한다. 염화 이온을 무게분석법으로 분석하는 방법을 예로 들어보자.

$$\mathrm{NaCl + AgNO_3 \rightarrow AgCl}(s)$$

위 반응에서 염화나트륨(NaCl) 수용액에 질산은($AgNO_3$)을 과량 가하면 염화은(AgCl)이 생성된다($Ag^+ + Cl^- \rightarrow AgCl\downarrow$). AgCl 침전을 여과·건조하여 무게를 달면 염화나트륨 수용액에 포함된 염소의 양을 계산할 수 있다. 무게분석법은 정확성이 어느 정도 확보되기 때문에 꾸준히 사용되고 있다.

무게분석법의 가장 큰 장점은 기초적인 화학적 침전반응만 알면 된다는 점이다. 적정을 이용한 부피분석에서는 두 가지 이상의 화학반응이 필요할 때도 있지만(침전 적정에는 지시약이 필요하다) 무게분석은 특정 이온과 침전반응을 하는 이온만 알면 가능하다. 예로 황산 이온은 바륨 이온과 침전반응을 한다는 것만 알면 시료 용액에 들어 있는 황산 이온의 정량이 가능해진다.

$$\mathrm{SO_4^{2-} + Ba^{2+} \rightarrow BaSO_4}(s)$$

과량의 바륨 이온만 있으면 황산 이온의 무게분석이 가능하다. 또 다른 장점은 부피분석에서와 같이 표준용액을 준비하지 않아도 되며, 기기분석에서처럼 농도별로 표준용액을 준비하지 않아도 된다. 하지만 무게분석법은 이론적으로는 간단하지만 오차가 많고 시간이 많이 걸리는 단점이 있다.

목적성분은 용액 중에서 침전으로 분리되기 때문에 몇 가지 오차를 수반한다. 어떤 것은 완전히 침전하지 않음으로써 결과가 낮게 나오기도 한다. 불순물이 존재한다면 목적성분과 함께 공동침전하기 때문에 결과가 높게 나오기도 한다. 침전물이 순수하고 용해도가 낮아 침전의 손실이 없다고 하더라도 침전을 용액으로부터 조심히 여과하여 씻고 건조시켜 무게를 달아야 하는 등 시간이 많이 걸린다. 무게분석법은 염소 이온, 황산 이온, 많은 수의 양이온 등의 무기화합물의 분석에 주로 사용된다. 환경분야에서는 총고형물(total solid), 부유고형물

(suspended solid), 잔류고형물(fixed solid) 및 휘발성고형물(volatile solid) 등에 이용한다.

2. 침전형과 무게달기형의 선택

일반적으로 무게분석법은 목적성분이 포함된 시료용액에 침전제를 가하여 목적성분을 불용성화합물로서 침전 분리시킬 때 이 불용성화합물을 침전형(precipitation form)이라고 하며, 다음의 조건을 만족하여야 한다.

1. 용해도가 작은 불용성화합물이어야 한다.
2. 침전은 완전한 결정으로서 씻고 여과하기 쉬워야 한다.
3. 결정은 불순물이 없어야 하고, 불순물이 흡착되지 못하도록 최소의 표면적을 가져야 한다.
4. 무게를 달 때 오차를 줄이기 위하여 침전의 화학식량은 충분히 커야 한다.

불용성의 침전을 말리든가 가열하여 목적성분과 일정한 양론적 대응관계를 가지는 화합물로 만들어 무게를 달아 목적성분의 함량을 구할 때 이것을 **무게달기형**(weighing form)이라고 한다. AgCl이나 $BaSO_4$와 같이 대부분의 불용성침전은 침전형과 무게달기형의 화학식이 동일하지만 $SiO_2 \cdot nH_2O$와 $CaC_2O_4 \cdot H_2O$ 등과 같이 수화물은 그 조성을 일정하게 만들 수 없으므로 가열하여 $SiO_2 \cdot nH_2O$는 SiO_2로 $CaC_2O_4 \cdot H_2O$는 CaO로 만들어 무게를 달아야 한다.

한편, 믿을 수 있는 분석결과를 얻기 위하여 분석하고자 하는 물질의 조성을 나타내는 시료를 선택하여야 한다. 만약 그렇게 하지 못하면 그 결과는 시료의 진짜 조성을 나타내지 못할 것이므로 시간만 허비하게 될 것이다.

원시료의 무게나 부피를 측정한 다음 항상 즉시 기록하여야 하는데 최종 결과는 처음의 무게나 부피로부터 계산하기 때문이다. 분석하기 전후에 시료의 무게가 의심나면 그 시료를 버리고 다시 취하여야 한다.

고체시료의 무게분석에서 실험과정은 일반적으로 물이나 묽은 산과 같은 용매를 선택하여야 하며, 시료를 항상 흔들어주어 시료가 용매 속에 완전히 녹도록 하여야 한다.

3. 침전을 위한 용액의 제조

시료를 녹인 후 오차의 발생을 막기 위하여 용액의 조건을 몇 가지 조정하여야 하는데, 방해물질을 일차적으로 분리하고 침전되는 동안의 pH 및 온도를 조정하여 방해물질의 침전을 막아야 한다. 공존하는 방해물질은 목적성분보다 먼저 침전하거나 목적성분과 공동침전하기 때문에 반드시 분리되어야 할 것이다.

목적성분보다 먼저 침전하는 경우의 예를 들어보자. 염소 이온과 브롬 이온이 공존하는 용액에 질산은($AgNO_3$) 용액을 넣어 염소 이온을 정량하고자 한다. 하지만 은 이온은 염소 이온뿐만 아니라 브롬 이온과도 침전반응하기 때문에 염소 이온만 정량할 수 있는 방법을 찾아야 한다. AgBr과 AgCl의 용해도곱상수를 살펴보자. $K_{sp(AgBr)}$은 5.0×10^{-13}이고 $K_{sp(AgCl)}$은 1.8×10^{-10}로 AgBr이 AgCl보다 침전되기 쉽다. 따라서 염소 이온을 침전시키기 전에 브롬 이온을 정량적으로 침전시킬 수 있다(5.5장 **분별침전** 참조).

공동침전[8]의 예를 들어보자. 바륨 이온(Ba^{2+})을 황산암모늄($(NH_4)_2SO_4$)으로 침전시킬 경우 황산바륨이 침전하는 동안 암모늄 이온이 같이 침전할 수 있기 때문에 주의하여야 한다.

대부분의 무게분석법에서는 침전제의 분해를 방지하기 위하여 **pH를 조정**해야 한다. 예를 들면, 염소 이온을 침전시키기 위하여 질산은 용액을 가하였을 때 그 용액이 산성이 아닐 경우 은 이온(Ag^+)은 다음과 같이 산화은(Ag_2O)으로 변할 수도 있다. 산화은(Ag_2O)이 염화은(AgCl)과 같이 침전하면 염소 이온의 농도는 원래보다 높게 나타난다.

$$2Ag^+ + 2OH^- \rightarrow Ag_2O(s) + H_2O$$

pH를 산성으로 조정하는 또 다른 이유는 목적성분 외의 다른 이온의 침전을 막기 위함이다. 예로 황산 이온(SO_4^{2-})과 탄산 이온(CO_3^{2-})이 공존하는 용액에 바륨 이온을 넣어 황산바륨($BaSO_4$)만을 침전시키려고 한다. 하지만 바륨 이온은 탄산 이온과도 침전반응을 하기 때문에 용액에서 탄산 이온을 제거해야 한다. 이때 용액을 산성으로 하면 탄산 이온은 중탄산 이온(HCO_3^-)이 되기 때문에 더 이상 바륨 이온과 침전반응하지 않는다.

어떤 경우에는 pH를 정확하게 조절하여야 할 필요도 있다. 예를 들어, 크롬산바륨($BaCrO_4$)은 pH 5.7에서만 정량적으로 침전되는데, 이보다 pH가 낮으면 용해도가 증가하여 침전의 손실을 가져오며, pH가 높으면 크롬산스트론튬($SrCrO_4$)이 공동침전하게 된다.

8) 공동침전은 이온곱이 용해도곱을 초과하지 않음에도 다른 침전이 함께 생성되는 현상

4. 목적성분의 침전

목적성분이 포함되어 있는 용액에 목적성분과 반응하여 불용성침전을 형성하는 묽은 침전제를 가함으로써 침전이 일어난다. 이때 침전제는 약간 과량 가하여야 목적이온이 완전하게 침전하며, 공통이온효과(common ion effect)에 의하여 용해도도 감소하게 된다.

1) 침전 입자의 크기

무게분석을 행할 때 중요한 것은 침전을 쉽게 여과할 수 있어야 하며, 쉽게 씻을 수 있어야 한다. 그러기 위하여 침전 입자의 크기는 여과지에 걸릴 정도로 충분히 커야 한다.

콜로이드 분산질(colloidal suspension)과 결정질(crystalline particle) 사이에 중간 영역이 있지만 그림 7-1에서 보는 바와 같이 뚜렷한 구분은 없다. 여기서는 분산질과 결정질에 대하여 살펴보자. 분산질은 응결침전과 젤라틴침전으로 응집이 일어나므로 응결침전, 젤라틴침전 및 결정질침전 등 세 가지를 살펴보기로 한다.

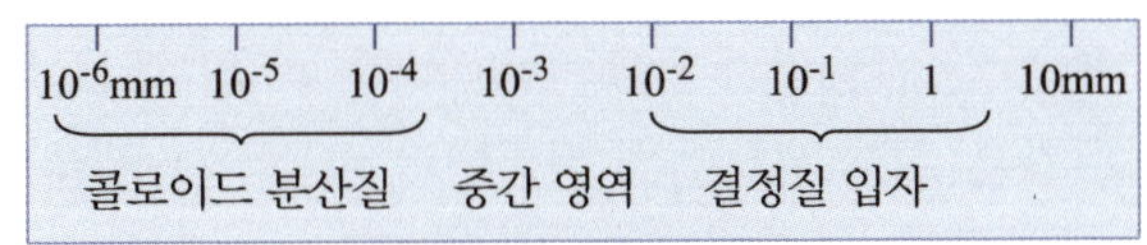

그림 7-1. 입자의 크기

결정질침전은 규칙적인 모양으로써 불연속입자로서 흡착이나 occlusion과 같은 침전된다. 즉, 건조된 설탕이나 소금과 같은 것이다. 이 경우 입자의 침전속도가 빠르고 여과와 세척이 쉬우므로 모든 침전은 이와 같은 것이 바람직하다.

응결침전(curdy or granular precipitation)은 여과 가능한 콜로이드 분산질이며, 작고 불규칙한 모양의 불연속입자이다. 이 침전의 경우도 결정질과 같이 여과와 세척이 쉬우나 표면이 다공성이어서 방해이온의 흡착에 의한 오차가 생길 수도 있다.

젤라틴침전은 젤리나 잼과 같이 보이는 침전으로서 결정질과는 다르며, 여과하기 힘들고 불순물을 포함하는 경우가 많아 침전을 세척하기도 어렵다. 예를 들어, 용해도가 매우 낮거나 용액의 농도가 매우 진할 때 이 침전이 생성된다.

대부분의 불용성염은 위에 언급한 세 가지 형태의 침전 중의 하나이지만 분석자는 실험의 조건을 변화시킴으로써 침전 입자의 크기를 개선할 수 있다. 많은 결정질침전은 처음에는 미세한 침전이었다가 실험을 계속하는 동안 그 결정질 입자의 크기는 점차적으로 커지게 된다.

2) 입자 크기에 미치는 인자

침전 입자의 크기에 영향을 미치는 실험조건들은 많은 편이며, 1925년 von Weimarn은 입자 크기를 크게 하는 침전 과정에서 상대포화도(degree of relative supersaturation), R을 제안하였다. 상대포화도를 **von Weimarn비**(ratio)라고 부르며, 다음과 같이 나타낸다.

$$R = \frac{Q-S}{S} \qquad (7\text{-}1)$$

여기서, Q는 혼합되는 순간의 염의 몰농도이며, S는 염의 몰용해도(molar solubility)를 나타낸다.

von Weimarn은 침전에서 첫 단계는 과포화용액을 만드는 것이라고 하였다. 그래서 $(Q-S)$는 과포화된 양의 절댓값이고 R은 과포화된 양의 상댓값이다. 두 번째 단계는 침전의 가용성 핵을 만들기 위한 8개 또는 그 이상의 이온들의 결합, 즉 핵형성과정이다. 세 번째와 마지막 단계는 콜로이드 상태를 거쳐서 불용성 침전으로 그 핵이 성장하는 것이다. R이 감소할수록 새로운 핵은 덜 만들어지게 되어 미리 만들어진 핵은 더 큰 결정질로 성장하게 되는 것이다. AgCl과 같은 것은 콜로이드 현탁액이 만들어질 만큼 R이 감소되지 않으므로 이 침전은 결정질로 침전될 수 없다.

만약 $BaCl_2$와 Na_2SO_4를 혼합한다고 가정하면 알짜반응 반응식은 다음과 같다.

$$Ba^{2+} + SO_4^{2-} \rightleftharpoons BaSO_4(s)$$

이 반응의 평형은 오른쪽으로 많이 치우쳐 있으며, 약간 가역적이다. $BaSO_4$의 용해도는 1×10^{-5} M이라고 한다면 $BaSO_4$의 침전은 두 가지 서로 다른 상황을 가정할 수 있다. 0.10 M BaCl 100 mL에 0.10 M Na_2SO_4를 빠르게 가하는 경우와 천천히 한 방울씩 가하는 경우이다.

빠르게 가하는 경우에 Q_1을 계산하여 식 (7-1)에 대입하면 다음과 같이 상대포화도(R_1)를 계산할 수 있다.

$$Q_1 = \frac{(0.10 \times 100)\ \text{mmole BaSO}_4}{\text{최종부피 } 200\ \text{mL}} = 0.050\ \text{M BaSO}_4$$

$$R_1 = \frac{0.050\ \text{M} - 1 \times 10^{-5}\ \text{M}}{1 \times 10^{-5}\ \text{M}} = 5 \times 10^3$$

천천히 한 방울씩 가하는 경우에는 최초 한 방울이 가해진 다음 Q_2를 계산할 수 있다. 이때 용액 한 방울을 0.05 mL라고 한다면 역시 상대포화도(R_2)를 계산하면 다음과 같다.

$$Q_2 = \frac{(0.10 \times 0.05)\ \text{mmole BaSO}_4}{\text{최종부피 } 100.05\ \text{mL}} = 5 \times 10^{-5}\ \text{M BaSO}_4$$

$$R_2 = \frac{5 \times 10^{-5}\ \text{M} - 1 \times 10^{-5}\ \text{M}}{1 \times 10^{-5}\ \text{M}} = 4$$

물론 계속하여 Na_2SO_4를 가하면 점차적으로 전체 부피는 늘어나고 Q_2와 R_2는 감소하지만 R_2는 R_1보다 매우 작아서 한 방울씩 가하는 경우에 더 큰 결정질침전이 되고 쉽게 여과할 수 있게 된다.

5. 침전의 여과

여과는 모액(mother liquor)과 불순물로부터 목적성분의 침전을 정량적으로 분리하기 위하여 필요한 조작이다. 이것을 위하여 사용하는 유리거르개(glass filter), Gooch 도가니 및 여과지 등이 흔히 사용된다.

1) 유리거르개

유리거르개는 유리원통 내에 미세한 다공질 유리원판층을 용접하여 사용하는데 일반적으로 유리원판층의 구멍크기(pore size)를 여러 가지로 조절한다. 이것을 사용할 때는 감압여과 장치를 사용하여야 하며, 유리거르개를 사용하기 전에 반드시 깨끗이 닦고 일정한 무게를 갖도록 잘 건조시켜야 한다.

이 유리거르개는 침전이 결정질이거나 과립형태일 때만 사용할 수 있다. 젤라틴침전은 감압여과 시 유리원판층의 구멍을 통과할 수도 있다.

여과와 세척 후 건조시킬 때 온도범위는 침전의 성질에 따라 110~250℃이며, 불꽃으로 직접 가열하거나 너무 높은 온도에서 가열하면 파손되기 쉽다.

2) Gooch 도가니

Gooch 도가니는 자기(porcelain)로 되어 있으며, 원통형의 자기 밑바닥에 작고 원형으로 된 구멍이 있다. 사용할 때는 감압여과장치에 연결하고 천천히 감압하면서 미세한 석면을 증류수에 풀어 혼합된 액을 도가니 속에 조금씩 부어 바닥에 2~3 mm 정도의 석면층을 만들어 준다. 그리고 이것을 말려서 사용한다. 유리거르개에 비하여 사용하기가 불편하지만 800~1000℃로 가열할 수 있기 때문에 높은 온도에서 무게달기형이 만들어지는 화합물에 적합하다.

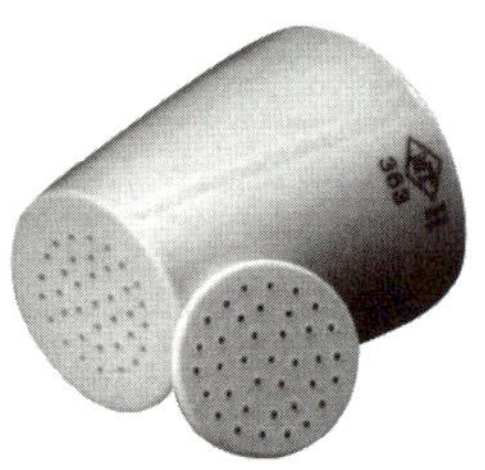

3) 여과지

여과지는 가장 흔히 사용하는 것이며, 크기와 구멍의 크기가 여러 가지이다. 여과지는 사용하기 전에 여러 가지 불순물을 제거하기 위하여 염산과 플루오르화 수소산의 혼합 용액으로 세척하여야 한다. 또한, 여과지는 순수한 셀룰로오스로 되어 있어서 도가니 속에 넣고 태웠을 때 0.1 mg 이하이어야 한다.

여과지를 사용할 때는 원형으로 된 여과지를 절반으로 접은 다음 또 한 번 더 접어서 깔때기 한 쪽으로 약간 치우치도록 얹은 다음 여과한다. 이때 감압장치는 일반적으로 사용하지 않는데 여과지가 찢어지거나 침전이 빠져나가기 때문이다.

침전의 여과와 세척이 끝나면 침전과 여과지를 함께 도자기로 된 도가니에 넣고 조심스럽게 말린다. 그리고 도가니와 여과지를 가스 불꽃이나 전기로에서 천천히 여과지를 태운다.

여과지가 완전히 타면 도가니와 침전을 데시케이터에 넣고 식힌 다음 무게를 단다. 그러나 AgCl은 높은 온도로 가열하면 금속은으로 일부 환원된다. 그러므로 AgCl과 같은 화합물들은 높은 온도에서 태우면 분해하기 때문에 모든 침전을 이런 방법으로 처리하는 것은 아니다.

6. 침전의 씻기

침전을 여과는 과정에서나 여과가 끝난 후에도 불순물을 완전히 제거하여야 한다. 침전을 세척액이 들어 있는 비커 내에서 저어주면 그 세척액을 버리면 대부분 효과적으로 세척할 수 있다. 세척액의 조성은 침전과 침전에 포함되어 있는 불순물의 화학적 조성에 따라 선택하여야 한다.

일반적으로 결정질의 세척은 쉬우나 AgCl과 같이 침전의 입자가 미세한 경우는 증류수로 세척할 경우 콜로이드가 형성되기 때문에 다른 전해질을 사용하여 세척하여야 한다. 그러므로 AgCl 침전의 세척에 관하여 생각하여 보자.

염소 이온은 $AgNO_3$를 과량 가함으로써 침전하게 되는데 그 결과 AgCl은 다음과 같이 $AgNO_3$의 흡착층을 갖게 된다.

$$2Ag^+ + Cl^- + NO_3^- \rightleftharpoons AgCl : Ag^+ \cdots NO_3^-$$

물론 과량으로 가하여진 대부분의 $AgNO_3$는 침전과 물리적으로 접촉하고 있다. 그러면 AgCl에 흡착되어 있는 $AgNO_3$와 흡착되지 않고 침전과 물리적으로 접촉하고 있는 $AgNO_3$를 제거하는 것이 문제다. 그러기 위하여 증류수로 세척하는 것과 전해질 용액을 세척액으로 사용하는 경우를 생각하여 보자.

1) 증류수로 세척하는 경우

만약 침전을 증류수로 세척하게 되면 AgCl 침전에 흡착되어 있는 질산 이온(NO_3^-)의 농도가 점차적으로 묽어지게 된다. 이 경우 다음과 같이 AgCl 침전을 계속하여 세척하면 다음과 같이 질산 이온이 침전으로부터 멀어진다.

ClAgCl : $Ag^+ \cdots NO_3^-$ AgClAg ClAgCl : $Ag^+ \cdots NO_3^-$	$\xrightarrow{\text{1차세척}}$	ClAgCl : $Ag^+ \cdots\cdots NO_3^-$ AgClAg ClAgCl : $Ag^+ \cdots\cdots NO_3^-$	$\xrightarrow{\text{2차세척}}$	ClAgCl : $Ag^+ \cdots\cdots NO_3^-$ AgClAg ClAgCl : $Ag^+ \cdots\cdots NO_3^-$

이때 침전에서 질산 이온이 멀어지게 되면 침전에 흡착되어 있는 은 이온(Ag^+)의 양전하가 증가하여 서로 반발하게 되어 침전으로부터 AgCl 분자가 떨어져 나옴으로써 콜로이드를

형성한다. 이를 나타내면 다음과 같다.

$Cl\ AgCl : Ag^{+} \cdots NO_3^{-}$
$AgClAg \quad \updownarrow$
$ClAgCl : Ag^{+} \cdots NO_3^{-}$

→

Cl
$AgClAg$
$ClAgCl : Ag^{+} \cdots\cdots NO_3^{-} + AgCl + Ag^{+} \cdots NO_3^{-}$
(콜로이드)

따라서 미세한 입자로 된 침전의 경우는 증류수를 세척액으로 사용하여서는 안 된다는 것을 알 수 있다.

2) 전해질로 세척하는 경우

전해질의 가장 큰 요구 조건은 전해질이 쉽게 휘발할 수 있어야 하며, 약한전해질보다 센 전해질이 유리하다. 질산은을 세척할 때 세척액으로 쓰이는 여러 가지 전해질 중에서 자주 쓰이는 전해질은 질산이며, 응유상(Curdy) 침전의 세척에 있어서 묽은 질산은 다음 세 가지 기능이 있다.

첫째, 콜로이드화가 되지 못하도록 반대이온(NO_3^{-})의 농도를 일정하게 하여 준다.
둘째, 침전에 물리적으로 달라붙어 있는 질산은을 완전하게 씻어 준다.
셋째, 흡착된 질산은의 상당량을 씻어 준다.

세척하는 동안에 염화은과 같은 응유상 침전의 표면에 세척액 일부가 흡착되기도 한다. 만약 일차적으로 흡착된 이온이 양이온이라면 전해질의 양이온은 일차 흡착이온으로서 흡착될 것이며, 그 전해질의 음이온은 반대이온으로 작용하게 된다. 침전이 건조되면 전해질은 다음과 같이 휘발하게 된다.

$$AgCl : H^{+} \cdots NO_3^{-}(s) \xrightarrow{110℃} AgCl(s) + HNO_3(g) \text{ 또는 } NO_x \text{ 기체}$$

질산은은 110℃로 가열하여도 일부는 휘발하지 않고 흡착되어 남아 있게 되며, 보통 염화은의 분자 1,000개에 질산은 분자 1개 정도로 그 영향은 매우 작다.

7. 무게분석에서의 계산

무게달기형과 목적성분의 조성이 같을 때는 다음과 같이 시료 중의 목적성분을 계산한다.

$$\text{시료 중 목적성분의 함량}(\%) = \frac{\text{목적성분량}}{\text{시료량}} \times 100\% \tag{7-2}$$

그러나 목적성분은 항상 결과를 얻기를 원하는 형태와는 다른 형태의 침전을 만들어 무게를 달기 때문에 침전의 무게로부터 목적성분의 무게를 계산하여야 한다. 그러기 위하여 다음과 같은 **무게분석계수**(gravimetric factor) 또는 **환산계수**(conversion factor), F를 사용하여 목적성분의 양을 계산한다.

$$F = \frac{\text{목적성분의 화학식량(g)}}{\text{무게달기형의 화학식량(g)}} \tag{7-3}$$

따라서 목적성분의 양은 다음과 같이 계산할 수 있다.

$$\text{목적성분량(g)} = \text{침전의 양(g)} \times F\left(\frac{\text{목적성분의 화학식량(g)}}{\text{무게달기형의 화학식량(g)}}\right) \tag{7-4}$$

예를 들어, 여러 가지 염화물이 들어 있는 시료 중의 Cl^-의 함량을 계산하기 위하여 침전제로서 $AgNO_3$를 사용하여 AgCl 침전을 만들고 그것의 무게를 달아 시료 중의 Cl^-의 함량을 계산하여 보자.

$$Cl^- + AgNO_3 \longrightarrow AgCl(s) + NO_3^- \tag{7-5}$$

1몰의 Cl^-로부터 1몰의 AgCl이 생기므로 다음과 같이 Cl^-의 양을 구할 수 있다.

$$Cl^-(g) = AgCl \times \frac{Cl^-\text{의 원자량(g)}}{AgCl\text{의 화학식량(g)}} \tag{7-6}$$

만약 시료 중의 Cl_2를 정량하는 경우에는 Cl_2 1몰로부터 AgCl이 2몰 생기므로 다음과 같이 Cl_2의 양을 계산할 수 있다.

$$Cl_2(g) = AgCl \times \frac{Cl^-\text{의 원자량(g)}}{2 \times AgCl\text{의 화학식량(g)}} \tag{7-7}$$

한편, Pb^{2+}를 침전제로 하였을 경우에는 $PbCl_2$가 생성되며, 이 경우의 2몰의 Cl^-로부터 $PbCl_2$ 1몰이 생성되므로 계산은 다음과 같다.

$$Cl^-(g) = PbCl_2(g) \times \frac{2 \times Cl^-\text{의 원자량}(g)}{PbCl_2\text{의 화학식량}(g)} \tag{7-8}$$

따라서 시료 중의 목적성분의 함량은 식 (7-2)와 식 (7-4)로부터 다음과 같이 구할 수 있게 된다.

$$\text{목적성분의 함량}(\%) = \frac{\text{침전의 양}(g) \times \dfrac{\text{목적성분의 화학식량}(g)}{\text{무게달기형의 화학식량}(g)}}{\text{시료량}(g)} \times 100\% \tag{7-9}$$

예제 7-1

오르토인산 이온(PO_4^{3-})은 몰리브덴산암모늄, $(NH_4)_3PO_4 \cdot 12MoO_3$의 무게를 달아 정량한다. 0.3000 g의 시료로부터 1.0574 g의 침전을 얻었다면 시료 중의 P(%)와 P_2O_5(%)는 각각 얼마이겠는가?

풀이 P 1몰은 1몰의 $(NH_4)_3PO_4 \cdot 12MoO_3$을 생성하므로

$$\text{P의 함량}(\%) = \frac{\text{침전의 양}(g) \times \dfrac{\text{목적성분의 화학식량}(g)}{\text{무게달기형의 화학식량}(g)}}{\text{시료량}(g)} \times 100\%$$

$$= \frac{1.0574\ g \times \dfrac{P(g)}{(NH_4)_3PO_4 \cdot 12MoO_3(g)}}{0.3000\ g} \times 100\%$$

$$= \frac{1.0574\ g \times \dfrac{30.97\ g}{1876.5\ g}}{0.3000\ g} \times 100\%$$

$$= 5.8\%$$

P_2O_5 1몰은 2몰의 $(NH_4)_3PO_4 \cdot 12MoO_3$을 생성하므로

$$P_2O_5\text{의 함량}(\%) = \frac{\text{침전의 양}(g) \times \dfrac{\text{목적성분의 화학식량}(g)}{2\times\text{무게달기형의 화학식량}(g)}}{\text{시료량}(g)} \times 100\%$$

$$= \frac{1.0574\ g \times \dfrac{P_2O_5(g)}{2\times(NH_4)_3PO_4 \cdot 12MoO_3(g)}}{0.3000\ g} \times 100\%$$

$$= \frac{1.0574\ g \times \dfrac{141.95\ g}{2\times 1876.5\ g}}{0.3000\ g} \times 100\%$$

$$= 13.3\%$$

예제 7-2

광석 중의 망간을 Mn_3O_4로 만들어 무게를 달아 정량하고자 한다. 2.000 g의 시료로부터 0.123 g의 Mn_3O_4를 얻었다면 시료 내의 Mn_2O_3의 함량(%)을 구하라.

풀이 Mn_2O_3 1몰은 3/2몰의 Mn_3O_4를 생성하므로

$$Mn_2O_3\text{의 함량(\%)} = \frac{\text{침전의 양(g)} \times \dfrac{3 \times \text{목적성분의 화학식량(g)}}{2 \times \text{무게달기형의 화학식량(g)}}}{\text{시료량(g)}} \times 100\%$$

$$= \frac{0.123\text{ g} \times \dfrac{3 \times M_2O_3(\text{g})}{2 \times Mn_3O_4(\text{g})}}{2.000\text{ g}} \times 100\%$$

$$= \frac{0.123\text{ g} \times \dfrac{3 \times 54.94\text{ g}}{2 \times 228.8\text{ g}}}{2.000\text{ g}} \times 100\%$$

$$= 2.21\%$$

8. 무게분석 실험

1) 백반(칼륨명반) 중 Al의 정량

칼륨명반($KAl(SO_4)_2 \cdot 12H_2O$, Mw = 474.72 g/mol)에 들어 있는 알루미늄의 함량을 구하기 위해 칼륨명반을 녹이면 칼륨명반에 있던 알루미늄이 이온으로 용해된다. NH_4OH로 Al^{3+}를 $Al(OH)_3$로 침전시킨 다음 강열하여 Al_2O_3로 변화시켜 무게를 달아 정량한다.

$$2Al(OH)_3 \longrightarrow Al_2O_3 + 3H_2O$$

$$Al\text{의 함량(\%)} = \frac{\text{침전의 양(g)} \times \dfrac{2 \times \text{목적성분의 화학식량(g)}}{\text{무게달기형의 화학식량(g)}}}{\text{시료량(g)}} \times 100\%$$

$$= \frac{\text{침전의 양(g)} \times \dfrac{2 \times Al(\text{g})}{Al_2O_3(\text{g})}}{\text{시료량(g)}} \times 100\%$$

실제 실험에서는 칼륨명반, $KAl(SO_4)_2 \cdot 12H_2O$ 분말 0.25 g 가량을 시계접시로 정밀하게

취하고 500 mL 비커에 넣어 세척병으로 잘 씻고 완전히 비커에 옮긴 다음 물 100 mL를 더 가하고 시계접시로 덮은 후 서서히 가열하여 녹인다.

다 녹은 다음 시계접시를 잘 씻고 비커에 씻은 액을 넣고 NH_4Cl 2~4 g을 가한 후 잘 저으면서 15% NH_4OH를 침전이 완결될 때까지 가한다. 그 다음 여과하고 씻은 다음 회화시킨 후 무게를 단다.

이 실험에서 주의하여야 할 사항은 $Al(OH)_3$가 pH 8에서 다소 용해하므로 NH_4Cl을 가한다. 또한, 약 66℃에서 생성된 $Al(OH)_3$가 여과와 세척이 쉽다. 씻을 때는 NH_4NO_3를 포함하는 세척액을 사용하며, 씻은 액 중에서 SO_4^{2-}가 검출되지 않을 때까지 세척한다.

실험이 끝난 후 계산을 하여 Al의 함량을 구하여야 하는데 다음에 계산 예를 나타내었으며, 모든 무게분석에서는 이와 같은 순서로 계산하여 목적성분의 함량을 구한다.

시계접시 + 시료	15.4024 g
시계접시	14.8870
시료량	0.5154
도가니 + 여과지의 재 + Al_2O_3	25.5192 g
도가니	25.4635
여과지의 재	0.0002
Al_2O_3의 무게	0.0555

$$\text{Al의 함량(\%)} = \frac{\text{침전의 양(g)} \times \dfrac{2 \times \text{목적성분의 화학식량(g)}}{\text{무게달기형의 화학식량(g)}}}{\text{시료량(g)}} \times 100\%$$

$$= \frac{0.0555\text{ g} \times \dfrac{2 \times \text{Al(g)}}{\text{Al}_2\text{O}_3\text{(g)}}}{0.5154\text{ g}} \times 100\%$$

$$= \frac{0.0555\text{ g} \times \dfrac{53.94\text{ g}}{101.94\text{ g}}}{0.5154\text{ g}} \times 100\%$$

$$= 5.70\%$$

$$\text{이론값} = \frac{2\text{Al}}{\text{K}_2\text{SO}_4\text{Al}_2(\text{SO}_4)_3 \cdot 24\text{H}_2\text{O}}$$

$$= \frac{53.94}{948.2429} \times 100$$

$$= 5.69\%$$

2) $CaCO_3$ 중의 Ca의 정량

Ca^{2+}를 포함하는 용액에 NH_4OH를 가하여 염기성으로 한 후 $(NH_4)_2C_2O_4$를 가하여 CaC_2O_4가 침전하게 하고 가열하여 CaO로 한 다음 무게를 단다.

$$Ca^{2+} + C_2O_4^{2-} \rightleftarrows CaC_2O_4(s)$$

$CaCO_3$ 약 0.4 g을 정확하게 취하여 500 mL의 비커에 넣고 물 10 mL와 3 N HCl 10 mL를 가하여 용해시킨 후 소량의 물을 가하고 가열하여 CO_2 기체를 날려 보낸 다음 MO를 지시약으로 하여 NH_4OH로 중화한다. 다시 3 N HCl 1 mL를 가하여 산성으로 하고 물 약 200 mL를 가한다. 이것을 가열하면서 $(NH_4)_2C_2O_4$ 포화용액을 침전이 완결될 때까지 가한 다음 NH_4OH를 가하여 염기성으로 한 후 약 5분 동안 가열한다. 그리고 1시간 정도 정치시킨 다음 여과와 세척을 한 다음 무게를 아는 백금도가니(또는 자제 도가니)에 담아 천천히 종이를 탄화시키고 30분 동안 강열(820℃)함으로써 회화하여 무게를 단다.

이때 염기성에서 $(NH_4)_2C_2O_4$를 가하여 침전시키면 완전히 침전되지만 침전 입자가 너무 작아서 여과지를 통과하므로 산성에서 침전시킨 다음 염기성으로 하면 비교적 큰 결정이 생성된다. 세척액은 2% $(NH_4)_2C_2O_4$ 용액을 사용하고 Cl^-의 반응이 없을 때까지 세척한다. 회화 시 100℃ 부근에서는 $CaCO_3$가 생성되고 812℃ 이상에서 CaO가 생성된다. CaO는 흡수성이 있으므로 공기 중의 CO_2를 함께 흡수하므로 건조기에서 냉각 후 바로 무게를 달아야 한다.

3) $BaCl_2$ 중의 결정수

순수한 염화바륨($BaCl_2 \cdot xH_2O$)을 105℃에서 건조하여 그 감량을 달고 수분함유량을 계산하여 이론적 결정수와 비교한다.

고체에 포함되어 있는 수분은 적당한 온도로 가열하면 증발하는데 이때 수분만 증발하고 시료 중의 다른 성분은 아무런 무게 변화가 없다면 시료를 가열하여 수분을 간접적으로 측정할 수 있다.

이 실험에서는 $BaCl_2 \cdot 2H_2O$의 수분을 간접적으로 측정하여 보자. 이 결정은 보통 대기 중에서는 안정하지만 100℃ 이상에서 가열하면 모든 수분은 증발하게 되며, 온도가 상당히 높아져도 남은 염화바륨은 안정하다.

깨끗이 닦은 무게 다는 병(2개)을 100℃에서 잘 말려서 그 무게를 0.1 mg까지 정확히 달고 기록한다. 다음에 순수한 $BaCl_2 \cdot 2H_2O$를 막자사발에서 가는 가루로 만들고 이것을 약 1 g씩 정확히 달아 두 개의 무게 다는 병에 취한다. 이것을 105℃ 또는 이보다 좀 더 높은 온도에서 수증기가 증발하도록 뚜껑을 조금 열어서 1시간 정도 가열한다(200℃에서는 30분). 뚜껑을 닫고 데시케이터에서 냉각한 다음 다시 무게를 단다. 두 개의 시료에 대하여 이때 일어나는 감량을 구하고 수분의 함유량을 각각 계산한다. 이때 이론적인 결정수의 함유량은 다음과 같으며, 0.05% 오차 내에서 일치하여야 한다.

$$\frac{2H_2O}{BaCl_2 \cdot H_2O} \times 100 = 14.75\%$$

4) Fe의 정량

철(III)을 포함하는 용액에 NH_4OH를 가하여 $Fe(OH)_3$로 침전시킨 다음 여과, 세척 및 회화하여 Fe_2O_3로 하여 무게를 단다. 만약 용액 중에 철(II)이 있을 때는 산화제를 가하여 Fe^{2+}를 Fe^{3+}로 산화시킨 다음 NH_4OH를 가한다.

$$Fe^{3+} + 3OH^- \rightleftarrows Fe(OH)_3(s)$$

실제로 $(NH_4)_2SO_4 \cdot FeSO_4 \cdot 6H_2O$ 약 0.5 g을 정확히 달아 500 mL 비커에 넣고 물 20~30 mL를 가하여 용해시킨 다음 가수분해를 방지하기 위하여 묽은 황산 2~3 mL를 가하고 서서히 가열하여 철(II)을 산화시킨다. 이 용액을 액이 거의 없을 때까지 충분히 가열한 다음 약 20 mL가 되도록 물로 묽혀서 NH_4OH를 가하여 $Fe(OH)_3$의 침전을 완결시킨 후 여과, 세척 및 회화하여 무게를 단다.

철(II)을 산화시킬 때는 시료용액 일부에 $K_3Fe(CN)_6$를 넣어 Fe^{2+} 반응이 없을 때까지 가열한다. 세척할 때는 2% NH_4NO_3 용액을 사용하면 $Fe(OH)_3$의 손실이 적으며, SO_4^{2-}의 반응이 없어질 때까지 세척한다. 회화할 때는 처음 얼마 동안 뚜껑을 덮지 않고 가열하여 Fe_3O_4의 생성을 방지한다.

5) 염화물 중 염소의 정량

용액 중의 염화 이온에 질산은을 가하여 염화은 침전을 만들고 이것을 유리거르개로 걸러 100~200℃에서 말려 AgCl의 무게를 단다. 이때 난용성 탄산은(Ag_2CO_3)이나 인산은(Ag_3PO_4)과 같은 침전이 생기는 것을 막기 위하여 질산 산성에서 침전을 만들어야 한다.

$$Ag^{+} + Cl^{-} \rightleftarrows AgCl(s)$$

난용성 염화은 침전도 물에 일부 녹는데 그 용해도는 20℃에서 1.6 mg/L, 25℃에서 1.8 mg/L, 100℃에서 21.1 mg/L이다. 그리고 이것은 무게분석에 부(−)의 오차를 가져온다.

공통이온효과에 의하여 이 오차를 작게 하기 위하여 침전제를 다소 과량으로 가하는데 너무 많이 가하면 이온세기가 커서 침전의 용해도는 다소 증가하게 된다. 그러므로 침전제인 질산은은 적당한 농도 0.005 g/L 정도로 남아 있게 가한다. 또 은 이온의 농도가 크면 Ag_2Cl^{+} 등의 착이온이 생겨 용해도는 증가한다. 염화은 침전은 콜로이드질이다. 이것을 산성으로 만들고 높은 온도에서 가열되면 거르기 좋은 침전으로 된다.

이 침전을 씻는데 순수한 물을 쓰면 뭉친 침전이 일부 다시 콜로이드질로 풀리기 때문에 묽은 질산(0.01 M)으로 씻는다.

실제 실험에서는 500 mL의 깨끗한 두 개의 비커에 각각 0.2~0.3 g 정도의 시료(소금 0.1 g 이하 포함)를 정확히 달아 넣고 각각 증류수를 25 mL 정도를 가하여 시료를 녹인다. 이들 시료용액에 1 : 1 질산 1 mL 가량을 가하여 산성으로 한다.

이때 시료는 105℃에서 1시간 이상 말린 것을 사용하고 증류수에는 염화 이온이 없어야 하며, 비커에는 시계접시를 덮어야 한다.

이들 용액에 침전제로 0.1 M 질산은 용액을 침전반응이 완결될 때까지 천천히 잘 저으면서 가한다. 침전이 완결되면 침전제를 5~10 mL 더 가한다. 이들 실험은 햇빛을 피하고 그늘에서 하여야 한다.

다음에 이 혼합물을 1~2분간 끓여서 침전을 뭉치게 하고 식힌다. 이것의 상징액에 질산은 용액을 몇 방울 떨어뜨려 염화은의 침전반응이 완결된 것을 다시 확인한다. 이때 만약 침전이 새로 생기면 침전제를 더 가하고 다시 가열한다.

깨끗한 유리거르개를 미리 100~200℃에서 1시간 말려서 그 무게를 달아 기록하고 비커 속의 침전을 유리거르개 위에 옮긴다.

유리거르개에 옮긴 침전에 0.01 M 질산을 조금씩 가하여 씻고 거르개 밑에서 나오는 액을 조금 받아 여기에 0.1 M 염산을 적가하여 은 이온이 완전히 제거되었나를 조사한다. 이때 용액이 흐려지면 침전을 더 씻어야 한다. 그리고 최후에 소량의 물로 질산을 씻어낸다.

이렇게 씻은 침전을 담은 유리거르개를 110~200℃의 온도에서 약 1시간 말리고 그 무게를 정확히 단다. 이것을 0.2 mg 정도의 오차 범위에서 일정한 무게를 얻을 때까지 계속한다.

이렇게 얻은 염화은의 무게에서 시료 중의 염소 함유량을 백분율로 계산한다.

6) 백반 중의 SO_4 정량

SO_4^{2-}기는 HCl 산성 용액에서 $BaSO_4$로 침전한다. $BaSO_4$를 여과, 세척, 회화 후 무게를 단다. 이 방법을 반대로 응용하면 Ba^{2+}의 정량법이 된다.

$$Ba^{2+} + SO_4^{2-} \rightleftarrows BaSO_4(s)$$

실제로 백반 $K_2SO_4 \cdot Al_2(SO_4)_3 \cdot 24H_2O$ 0.5 g을 정확하게 취하여 500 mL의 비커에 넣고 약 100 mL의 물을 가하여 가열 용해시킨 다음, 묽은 HCl 용액 몇 mL를 가하고 가열하면서 약 3% $BaCl_2$액을 침전이 완결할 때까지 적가(약 25 mL)한 후 따뜻한 곳에 방치하여 침전물을 충분히 침착시키고, 가장 치밀한 여과지로 여과하고 세척한 다음 회화하여 무게를 단다.

무게를 달고 나면 다시 침전에 묽은 H_2SO_4 2~3방울을 가하여 가열하고 산이 전부 휘발한 다음 다시 가열하고 무게를 단다. 이 결과가 앞에서의 무게와 같은 값이면 좋으나 만일 같지 않을 때에는 실험을 계속하여 그 결과가 같은 양이 될 때까지 한 다음 계산한다.

이때 세척액은 온수를 사용하고 Cl^-가 없어질 때까지 세척한다. 침전을 가열할 때에는 먼저 대부분의 침전을 도가니에 넣고 여과지만 따로 회화시켜 도가니의 뚜껑에 담고 진한 HCl 1방울과 진한 H_2SO_4의 1방울을 가하여 가열한 후 산이 휘발한 다음 도가니 중의 침전물에 합하고 회화한다. 이때 $BaSO_4$는 1000℃ 이상이면 분해하므로 1000℃ 이하에서 가열한다.

$BaSO_4$를 회화할 때에는 다음과 같은 분해가 가능하다.

$$BaSO_4 + 4C(\text{여과지}) \longrightarrow BaS + 4CO$$

$$BaSO_4 + 4CO \longrightarrow BaS + 4CO_2$$

그러므로 최후에 H_2SO_4를 가하여 다음과 같이 전부 $BaSO_4$로 변화시켜야 한다.

$$BaS + H_2SO_4 = BaSO_4 + H_2S$$

한편, 중성 용액에서는 $BaCO_3$, $BaCrO_4$, $Ba_3(PO_4)_2$ 등이 침전하므로 HCl을 가하면 이와 같은 침전의 생성을 방지할 수 있다.

7) 인산염 중 PO_4의 정량

P는 인산염 또는 인화물로서 천연에 존재한다. 인산염은 H_3PO_4, $H_4P_2O_7$(파이로인산; pyrophosphoric acid), HPO_3(메타인산; metaphosphoric acid) 등의 3종류가 있는데, H_3PO_4를 215℃로 가열하면 $H_4P_2O_7$으로 되고 다시 강열하면 HPO_3로 된다.

$$2H_3PO_4 \xrightarrow{\text{가열}} H_4P_2O_7 + H_2O$$

$$H_4P_2O_7 \xrightarrow{\text{가열}} 2HPO_3 + H_2O$$

또한 P_2O_5가 습기를 흡수하면 HPO_3로 되고 HPO_3를 물과 같이 가열하면 H_3PO_4로 된다. 또한 인화물을 HNO_3와 $KMnO_4$와 작용시키면 전부 PO_4염으로 변화한다. 이때 H_2SO_4를 가하면 P가 PH_3로 휘산하므로 H_2SO_4, HCl은 사용하지 않는다. 그러므로 천연에 존재하는 인산염은 어떠한 종류이든지 이것을 산으로 분해하고 그 용액을 가열하면 전부 H_3PO_4로 변화하므로 결국 PO_4기만 정량하면 된다. PO_4기의 정량법에는 두 가지 방법이 있는데, 인 몰리브덴산법과 인산 마그네슘법이 그것이다.

(1) 인 몰리브덴산법

H_3PO_4의 HNO_3 산성 용액에 $(NH_4)_2MoO_4$액을 가하여 $(NH_4)_3PO_4 \cdot 12MoO_3$의 황색 침전을 생성하게 한 다음 Gooch 도가니로 여과, 세척 후 100℃에서 건조시킨 다음 무게를 단다.

(2) 인산 마그네슘법

먼저 1법과 같이 $(NH_4)_3PO_4 \cdot 12MoO_3$의 황색 침전을 생성시킨 다음 이 침전을 NH_4OH에 용해시키고 Mg^{+} 혼합액을 가하여 $MgNH_4PO_4$를 침전시킨 후 이 침전을 회화하여 $Mg_2P_2O_7$으로 한 후 무게를 단다.

$$(NH_4)_3PO_4 \cdot 12MoO_3 + 24NH_4OH \rightarrow (NH_4)_3PO_4 \cdot 12(NH_4)_2MoO_4 + 12H_2O$$

$$(NH_4)_3PO_4 + MgCl_2 \rightarrow 2NH_4Cl + MgNH_4PO_4$$

$$2MgNH_4PO_4 \rightarrow Mg_2P_2O_7 + 2NH_3 + H_2O$$

이 중에서 인산 마그네슘법이 일반적으로 사용되므로 이 방법으로 실험하기로 하자.

시료 일정량을 취한 후 이것을 P_2O_5로 해서 0.005~0.007 g이 함유되어 있는 중성 ortho 인산 용액으로 하고, 여기에 이론양의 약 2배량의 $(NH_4)_2MoO_4$를 가하고 약 60 mL의 양으로 한 후 5 N HNO_3 20 mL를 가하여 방치한다. 용액이 황색으로 되고 침전이 생성하면 이것을 수욕 위에서 50~60℃로 약 5분간 가열한 후 약 2시간 정치한 다음 여과하고 5% NH_4NO_3액으로 세척한 후 침전 생성 시에 사용한 용기를 깔때기 밑에 놓고 이 침전 위에 25% NH_4OH를 주가하여 침전을 용해시키고 25% NH_4OH수로 세척한다.

여과액은 페놀프탈레인으로 무색이 되도록 묽은 HCl로 중화한다. 그 후 Mg-혼액을 조금 과량으로 가한다. 이 양은 이론적 필요량의 1.3~1.5배 가량이다. 이때 결정이 곧 석출하게 된다. 만일 석출하지 않으면 25%의 NH_4OH수를 조금 가하여 완전히 침전을 생성하게 한 후 20% NH_4OH수를 침전량의 약 70% 가량 가하여 약 2시간 방치 후 여과, 2.5% NH_4OH로 침전을 씻고 100~110℃에서 완전히 건조 후 침전과 여과지를 분리시키고 여과지를 먼저 도가니 속에서 될 수 있는 대로 저온에서 회화시킨다. 회화가 곤란할 때에는 일단 도가니를 냉각시키고 회분에 진한 HNO_3를 여러 방울 가하여 가열 건조시킨 다음 점차 강열하여 회분이 순백색이 된 다음에 도가니를 냉각시키고 분리해 두었던 침전을 가하고 서서히 가열하여 NH_3가 발생하게 되면 점차 강열(1000℃ 이상)하여 항량이 되도록 한 다음 무게를 달고 계산한다.

[참고]

본 분석법에서 사용되는 시약은 다음과 같이 조제한다.

(a) $(NH_4)_2MoO_4$액 : $(NH_4)_2MoO_4$분말 150 g을 온수 1 L 중에 용해시키고 이 액을 HNO_3 (비중 1.2) 1 L 중에 잘 저으면서 주가하고 하루를 방치한 후 여과한다.

(b) Mg혼액 : $MgCl_2$ 55 g 및 NH_4Cl 140 g을 물에 녹이고 여기에 NH_4OH(비중 0.9) 130 mL를 가하고 1 L가 되도록 물을 가한 후 여과한다. 매 0.1 g의 P_2O_5에 대하여 본액 10 mL를 사용한다.

연습문제 7

1. AgCl 0.7510 g을 만들기 위하여 HCl이 50.0 mL 사용되었다. 이 염산의 몰농도를 구하라.

2. 옥살산칼슘(CaC_2O_4) 0.8378 g을 1000℃에서 가열하면 다음과 같은 반응이 일어난다.

$CaC_2O_4 \rightarrow CaO(s) + CO(g) + CO_2(g)$

1) 강열한 후 남은 CaO의 mole 수를 계산하라.

2) 생성된 CO의 mmole 수를 계산하라.

3) 생성된 CO_2의 무게를 계산하라.

3. 다음 반응에서 $Sr(IO_3)_2$(Mw=437.4)이 0.6991 g이었다면 다음을 계산하라.

$5Sr(IO_3)_2(s) \rightarrow Sr_5(IO_6)_2(s) + 4I_2(s) + 9O_2(g)$

1) 생성되는 $Sr_5(IO_6)_2$의 무게

2) O_2의 mmole

3) I_2의 mole

4. 다음 물질 0.1503 g이 $BaCl_2 \cdot 2H_2O$와 반응하려면 $BaCl_2 \cdot 2H_2O$ 몇 g이 필요한가? [단, (　) 속은 생성물질]

1) $AgNO_3(AgCl)$

2) $KF(AgF)$

3) $MgSO_4(BaSO_4)$

4) $H_3PO_4(Ba_3(PO_4)_2)$

5. 문제 4에서 생성물질의 무게를 구하라.

6. 다음 물질에서 생성 가능한 PbI_2의 무게를 계산하라.

1) $Pb(NO_3)_2$ 0.3010 g

2) KI 0.3010 g

3) 64.2% $Pb(NO_3)_2$ 0.5379 g

7. 다음 반응식과 같이 염소 기체(Cl_2)의 존재 하에서 AgI 0.364 g을 가열하면 몇 g의 AgCl이 생성되는가?

$2AgI(s) + Cl_2(g) \rightarrow 2AgCl(s) + I_2(g)$

8. 다음과 같이 CaC_2O_4 3.164 g을 강열하면 몇 g의 CaO가 생성되는가?

$$CaC_2O_4(s) \rightarrow CaO(s) + CO(g) + CO_2(g)$$

9. 불순물로 KCl을 포함하는 시료를 처리하기 위하여 $AgNO_3$를 과량 사용하였더니 0.7332 g의 AgCl이 생성되었다. KCl의 함량(%)을 구하라.

10. 원유 50.0 g 중에 들어 있는 H_2S를 증류하여 제거하고 $CdCl_2$ 용액 중에 포집하면 CdS의 침전이 생기는데 이를 여과하고 씻은 다음 강열하여 $CdSO_4$로 산화시킨다. 이때 회수된 $CdSO_4$가 0.108 g이었다면 원유 중 H_2S의 함량(%)을 구하라.

11. 불순한 $MgCl_2$ 중의 염소 이온은 AgCl로 침전시켜 함량을 구한다. 만약 침전된 AgCl이 1.50 g이었다면 다음을 계산하라.

1) 시료 중의 염소 이온의 함량(%)
2) 시료 중의 $MgCl_2$의 함량(%)

12. 성인에게 Na^+ 최소한 하루에 250~500 mg 필요하다. 다음을 계산하라.

1) NaCl의 하루 최소 필요량
2) 찻숟가락으로 한 숟가락이 4.7 g이라면 하루에 최소한 몇 숟가락의 NaCl이 필요한가?

제 8 장

부피분석

부피분석(volumetric analysis)은 비교적 빠르고 정확한 결과를 얻을 수 있으므로 정량분석에서 널리 사용되는 방법 중 하나이며, 미리 알고 있는 시료의 일정량과 반응하는 시약(적정시약)의 양을 측정하는 적정에 기초하여 적정법(titration method)과 같은 의미로 쓰이고 있다. 이때 시료의 양은 화학저울이나 용량 피펫(volumetric pipette)으로 측정할 수 있다.

1. 부피분석

1) 부피분석의 원리

일반적으로 분석하고자 하는 목적성분(analyte)이 포함된 시료를 삼각플라스크 등에 취하고 여기에 목적성분과 반응하는 시약을 뷰렛으로부터 한 방울씩 적가하는 조작을 **적정**(titration)이라고 하며, 이때 적가되는 시약을 **적정시약**(titrant)이라고 한다. 이것을 식으로 나타내면 다음과 같다.

$$sS \ + \ tT \ \rightleftharpoons \ sS_p \ + \ tT_p \qquad (8\text{-}1)$$

여기서 S와 S_p는 각각 시료의 반응물질과 생성물질이며, T와 T_p는 적정액의 반응물질과 생성물질을 각각 나타낸다.

이때 적정액의 부피를 측정하여 목적성분의 함량을 구하는 방법을 **부피분석** 또는 **적정법**이라고 한다. 목적성분과 반응하는 시약은 정확히 농도를 알고 있어야 하고, 이를 **표준용액**(standard solution)이라고 하며, 목적성분과 같은 양이 되는 표준용액의 부피를 **당량점**(equivalent point)이라고 한다. 보통 부피분석에서는 당량점을 구하기 위하여 지시약법, 전기전도도법, 전위차법 또는 분광광도계 등의 광학적인 방법을 사용하는데 보통 지시약법을 널리 이용하고 있다.

예를 들어, 지시약을 사용하였을 때 지시약의 색깔이 변하는 것으로 실험적인 당량점을 구할 수 있으며, 이때 소비된 표준용액의 부피를 **종말점**(end point)이라고 한다.

한편, 지시약법을 사용할 때는 다음의 조건을 만족하여야 한다.

① 반응이 정량적으로 진행하여야 하며, 역반응이 없어야 한다.

② 반응속도가 빨라야 한다.

③ 종말점을 확실하게 판단할 수 있어야 한다.

당량점과 종말점이 일치하는 경우가 가장 이상적이지만 실제 실험을 통하여 얻은 종말점은 당량점과 일치하지 않는 경우가 많다. 이 두 점의 차를 **적정오차**(titration error)라고 하며, 이 오차는 적정할 때 사용하는 시약, 적정하는 사람의 개인오차 및 부적당한 지시약의 선택에 원인이 있다. 한편, 시료 중의 목적성분 이외의 성분(방해물질)이 표준물질과 반응하는 것도 오차의 원인이 된다.

그러므로 일반적으로 시료용액 중 목적성분만 없는 용액을 대상으로 하여 표준물질이 얼마나 소비되는 가를 측정하는 **바탕시험**(blank test)을 실시하여야 한다.

2. 표준용액

표준용액은 일차표준물질(primary standard)이라고 하는 고순도 물질의 무게를 정확히 달아 일정량의 용량플라스크에 녹여 제조한다. 이때 그 표준물질의 순도가 충분히 높지 않을 경우에는 원하는 농도에 가까운 용액을 만든 다음 농도 결정 또는 **표준화**(standardization)하여 사용하면 된다. 예를 들어, NaOH는 바로 표준용액을 만들 수 있을 만큼 순수하지 않으므로 프탈산칼륨(potassium phthalate; $KHC_8H_4O_4$)으로 표준화하여 HCl과 같은 산을 정량하게 된다. 이때 프탈산칼륨을 **일차표준물질**이라고 하고, NaOH는 **이차표준물질**(secondary standard)이라고 한다.

표준물질로서 적합한 것은 다음과 같은 성질을 가지고 있어야 한다.

① 순수한 상태로 얻을 수 있거나 정제가 쉽고 일정한 조성을 가질 것
② 반응이 정량적으로 일어나는 것일 것
③ 당량 또는 분자량이 충분히 커서 무게를 달 때 상대오차가 적을 것
④ 수용액에서 안정하고, 저장이 쉬우며, 저장하여도 변하지 않는 것
⑤ 가열하거나 건조시키면 일정한 무게를 갖고, 결정수는 가능한 한 없을 것
⑥ 가능하면 흡습성, 조해성이 없고, 무게를 달기 쉬우며, 공기 중의 성분이나 햇볕에 의해서 변하지 않을 것

위의 조건을 만족하는 표준물질을 사용하더라도 무게와 부피가 보정되지 않은 저울과 용량플라스크 등을 사용하면 정확한 농도를 얻을 수 없다. 따라서 이것을 보정하기 위하여 **농도보정계수**(factor; f)를 사용하는데, 예를 들어 NaOH의 원하는 농도가 0.1000 N이라고 하고, 이것을 표준화하여 정확히 구한 농도가 0.1023 N이라면 다음과 같이 농도보정계수를 구한다.

$$f = \frac{\text{측정된 농도}}{\text{원하는 농도}} = \frac{0.1023}{0.1000} = 1.023$$

이 식에서 농도보정계수가 1보다 크게 나타났다는 것은 원하는 농도보다 진하게 만들어졌다는 것이며, 만약 1보다 작게 나타났다면 원하는 농도보다 묽게 만들어졌다는 뜻이다.

한편, 적정시약 1 mL와 반응하는 시료성분의 무게를 구하여 사용하면 편리할 때가 있는데 이를 **적정값**(titer)이라고 한다. 예를 들어, 0.1 N NaOH를 이용하여 HCl을 정량하고자 할 때 0.1 N NaOH 1 mL와 반응하는 HCl은 0.00365 g이다. 이를 0.1 N NaOH는 0.00365 g HCl의 적정값을 가지고 있다고 표현한다.

3. 적정법

목적성분이 포함된 시료를 미리 농도를 알고 있는 표준용액으로 직접 적정하는 방법을 **직접적정**(direct titration)이라고 부르며, 이때 소비되는 표준용액의 양으로부터 목적성분의 농도를 산출하게 된다.

한편, 유기화합물의 반응과 같이 반응속도가 느려서 종말점을 찾기가 어려울 경우에는 일정량의 표준용액을 가하여 목적성분과 반응시키고 남은 표준용액을 다른 표준용액으로 적정하는 방법을 **역적정**(back titration)이라고 한다.

침전 적정에서 생성된 침전의 용해도가 클 때, 반응속도가 느릴 때, 적정하는 동안에 분해반응이 수반되거나 시료의 일부가 휘발되어 손실될 때는 역적정을 수행하면 오차를 줄일 수 있다.

4. 부피분석의 종류

1) 산-염기 적정(acid-base titration)

많은 화합물은 산 또는 염기이며, 산은 센염기 표준용액으로, 염기는 센산 표준용액으로 적정할 수 있다. 종말점은 지시약을 사용하거나 pH 변화를 pH미터로 측정하여 쉽게 판단할 수 있다.

물의 이온화 $H^+ + OH^- \rightleftharpoons H_2O$

약한산의 이온화 $H^+ + A^- \rightleftharpoons HA$ ($A^- = CH_3COO^-$ 또는 HCO_3^- 등)

약한염기의 이온화 $NH_4^+ + OH^- \rightleftharpoons NH_4OH$

한편, 많은 유기산이나 염기는 비수용매 속에서 적정하면 산성도나 염기성도가 증가되어 종말점을 더 잘 판단할 수 있기 때문에 약한산이나 약한염기도 적정이 가능하다.

2) 산화-환원 적정(oxidation-reduction titration)

산화-환원반응을 이용하여 적정할 경우 산화제는 환원제로, 환원제는 산화제로 적정한다. 산화-환원반응이 쉽게 일어나기 위해서는 적정에 사용되는 산화제와 환원제의 산화력과 환원력 사이에 충분한 차이가 있어야 한다. 그러므로 산화제와 환원제 중 적어도 한 가지는 강한 산화제이거나 강한 환원제이어야 한다.

$$Fe^{2+} + Ce^{4+} \rightleftharpoons Fe^{3+} + Ce^{3+}$$

$$I_2 + 2S_2O_3^{2-} \rightleftharpoons S_4O_6^{2-} + 2I^-$$

적정의 종말점 판단에는 산화제로 $KMnO_4$를 사용할 경우 $KMnO_4$ 자체가 지시약 역할을 동시에 하지만 보통의 경우 적당한 산화-환원 지시약을 사용한다. 지시약을 사용하지 않을 경우에는 그 시료의 전기화학적인 성질을 이용하는데, 예컨대 전위차법 등을 이용하여 종말점을 찾을 수 있다.

3) 침전 적정(precipitation titration)

시료 용액에 적당한 침전제를 적가하여 적정하는 방법이며, 적정액은 목적성분과 반응하여 용해도곱이 충분히 작은 침전을 형성한다. 이 중에서 질산은($AgNO_3$) 표준용액을 침전제로 사용하는 방법을 **질산은 적정법**(silver nitrate titration)이라고 한다. 이때 종말점은 적당한 지시약을 사용하거나 전위차법으로 찾을 수 있다.

$$Ag^+ + Cl^- \rightleftharpoons AgCl$$

$$2Ag^+ + CrO_4^{2-} \rightleftharpoons Ag_2CrO_4$$

4) 착물화법(킬레이트) 적정(complexometric titration)

여러 가지 금속이온을 착화제 또는 킬레이트 시약의 표준용액으로 적정하는 방법이며, 이들은 금속과 반응하여 물에 녹는 착이온을 형성한다. 이 방법에서 가장 흔히 사용되는 표준물질은 EDTA(ethylenediaminetetraacetic acid)이며, 보통 많은 금속이온과는 1 : 1 몰비로 반응하는데 pH를 조절하여 특정한 금속과의 반응을 선택적으로 조절할 수 있다. 이때 종말점의 판단은 주로 지시약을 이용하며, 이 지시약도 일종의 킬레이트 시약의 일종으로서 금속이온과 반응하여 색깔을 띠는 착화합물을 형성한다.

$$H_2Y^{2-} + Ca^{2+} \rightleftharpoons CaY^{2-} + 2H^+$$

$$Ag^+ + 2CN^- \rightleftharpoons Ag(CN)_2^-$$

5) 전위차 적정(potentiometry)

시료용액을 적정하면 용액 중에는 어떤 화학종의 농도가 감소하거나 증가하게 된다. 이 화학종에 대한 지시전극의 전위차를 측정하여 적정액의 부피와의 관계를 도시하여 적정곡선을 그리고 당량점을 구하는 방법을 **전위차 적정법**(potentiometry)이라고 한다. 전위차 적정법은 기기분석법이므로 여기서는 간단히 그 방법만을 설명하기로 한다.

전위차 적정은 산-염기 적정, 산화-환원 적정, 침전 적정 및 킬레이트 적정 모두 적용이 가능하며, 칼로멜전극 또는 Ag/AgCl 전극을 기준전극으로 하고 산-염기 적정의 경우는 지시전극으로 유리전극(pH 전극)을 사용하고 산화－환원 적정, 침전 적정 및 킬레이트 적정은 적당한 지시전극을 선택하여 시료용액에 적정액을 가하면서 전위차를 기록하고 적정액의 부피와 전위차를 이용하여 적정곡선을 얻는다. 이 적정곡선으로부터 종말점을 계산하는데 여기서는 염화 이온(chloride ion)전극을 이용하여 종말점을 구하고 농도를 결정하는 방법을 알아보기로 하자.

먼저 0.01 M $AgNO_3$ 용액과 0.01 M NaCl 용액을 준비하고 지시전극으로 염화 이온전극을, 기준전극으로는 Ag/AgCl 전극을 그림 8-1과 같이 전위차계에 연결한다. 0.01 M $AgNO_3$ 용액으로 0.01 M NaCl 용액 10.0 mL를 적정하면서 적정부피에 따라 전위차를 측정하여 기록한 값이 표 8-1의 E값이다. 또한 각각의 부피에 따른 전위차의 차이가 $\Delta E/\Delta V$이며, 다시 $\Delta E/\Delta V$의 차이가 $\Delta^2 E/\Delta V^2$이다.

이제 표 8-1에 있는 0.01 M NaCl에 대한 적정값으로부터 정확한 종말점을 계산하여 보자. $\Delta E/\Delta V$의 차이가 가장 큰 지점은 0.01 M $AgNO_3$ 10.0과 10.1 mL 사이이다. 따라서 종말점은 그림 8-2와 같은 형태의 0차미분 곡선으로부터 내연장에 의하여 구하면 다음과 같이 10.05 mL가 된다.

$$\text{종말점 부피} = 10.0 + 0.1 \times \frac{133}{133-(-114)} = 10.05\ \text{mL}$$

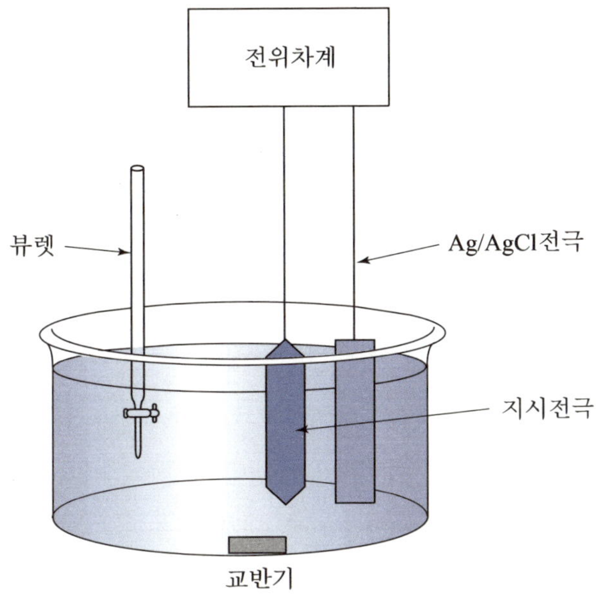

그림 8-1. 전위차 적정 장치

표 8-1. 0.01 M NaCl 용액 10.0 mL를 0.01 M $AgNO_3$ 용액으로 적정하는 경우

0.01 M $AgNO_3$(mL)	0.01 M NaCl 10 mL		
	E(mV)	$\Delta E/\Delta V$	$\Delta^2E/\Delta V^2$
9.6	+253.3		
9.7	+260.4		
9.8	+269.6		
		106	
9.9	+280.2		+ 49
		155	
10.0	+295.7		+133
		288	
10.1	+324.5		−114
		174	
10.2	+341.9		− 51
		123	
10.3	+354.2		
10.4	+365.5		
10.5	+372.1		

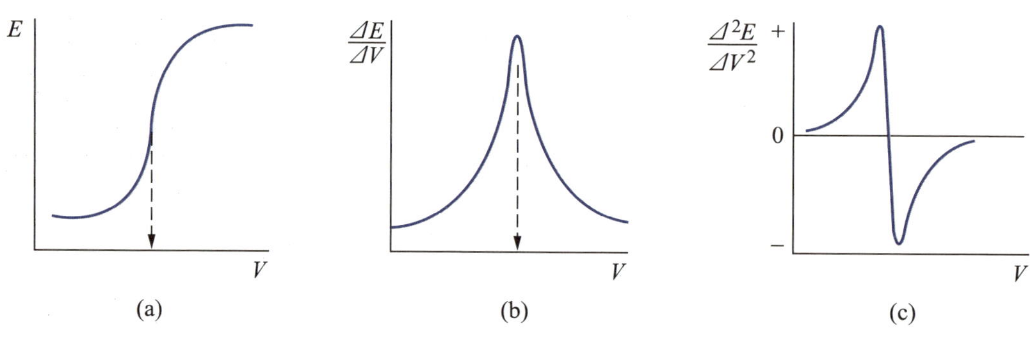

그림 8-2. 전위차 자료의 도시 방법

5. 부피분석에서의 계산법

제1장에서 이미 설명하였지만, 어떤 화학종의 양을 나타내기 위하여 mole, mmole 또는 μmole 등을 사용한다. 예를 들어, $CaSO_4$ 1 mole에 해당하는 양은 136.142 g이며, 1 M은 136.142 g/mole로 나타낸다. 마찬가지로 mM은 mg/mmole로 나타낼 수 있다. 따라서 몰농도(M)는 정의에 따라 다음과 같이 표현하며,

$$M = \frac{mole}{L} = \frac{mmole}{mL} \tag{8-2}$$

만약 M농도와 부피를 알고 있다면 mole이나 mmole은 다음과 같이 구할 수 있다.

$$mole = M \times L \quad \text{또는} \quad mmole = M \times mL \tag{8-3}$$

한편 eq, meq 등도 어떤 화학종의 양을 나타내는 유용한 수단이다. eq의 정의는 식 (1-1)에서 설명하였으며, 예를 들어 H_2SO_4 1 eq에 해당하는 양은 98.078/2 g = 49.039 g으로 나타낸다. 노말농도(N)도 M농도와 마찬가지로 다음과 같이 나타내고 eq 또는 meq로 나타낼 수 있다.

$$N = \frac{eq}{L} = \frac{meq}{mL} \tag{8-4}$$

$$eq = N \times L \quad \text{또는} \quad meq = N \times mL \tag{8-5}$$

부피분석에서는 경우에 따라 몰농도를 사용할 때 편리한 점이 있는가 하면 노말농도를 사용하면 편리할 때가 있으므로 각각을 나누어서 설명하기로 하자.

1) 몰농도 계산법

화학농도 중 몰농도와 노말농도를 가장 많이 사용하고 있으나 현재 일부에서는 몰농도만으로도 화학농도를 충분히 표현할 수 있다고 노말농도를 사용하지 않는 경우도 있다. 몰농도를 사용하여 부피분석에서 결과를 계산하기 위해서는 적정시약의 양과 몰농도를 가능한 한 정확하게 알고 있어야 할 뿐만 아니라 적정하는 동안 일어나는 반응의 반응식을 정확하게 표현하는 것도 중요하다. 만약 시료와 적정시약이 1 : 1로 반응한다면 식 (8-1)에서 시료와 적정시약 사이의 관계는 다음과 같이 나타낼 수 있다.

$$M_T \times mL_T = mmole_T = mmole_S = M_S \times mL_S \tag{8-6}$$

그러나 시료와 적정시약의 반응이 1 : 1이 아니라면, 시료 S의 mmole수와 적정시약 T의 mmole수는 같지 않으므로 시료와 적정시약의 반응비(t/s)를 고려하여 식 (8-1)의 정량적 관계는 다음과 같다.

$$M_T \times mL_T = mmole_T = \frac{t}{s}\,mmole_S = \frac{t}{s}M_S \times mL_S \tag{8-7}$$

예제 8-1

HCl을 표준화하기 위하여 NaOH와 $Ba(OH)_2$ 표준용액을 사용하면 다음과 같은 반응이 일어난다.

$$HCl + NaOH \rightarrow NaCl + H_2O$$

$$2HCl + Ba(OH)_2 \rightarrow BaCl_2 + 2H_2O$$

만약 0.20 M NaOH 25.00 mL와 0.10 M $Ba(OH)_2$ 25.00 mL를 적정하는데 HCl이 24.00 mL와 24.02 mL가 각각 소비되었을 때 이 HCl의 M농도를 구하라.

풀이

$$M_{HCl} = \frac{M_{NaOH} \times mL_{NaOH}}{mL_{HCl}} = \frac{0.20\ M \times 25.00\ mL}{24.00\ mL} = 0.2083\ M$$

$$M_{HCl} = \frac{2}{1} \times \frac{M_{Ba(OH)_2} \times mL_{Ba(OH)_2}}{mL_{HCl}} = \frac{2}{1} \times \frac{0.10\ M \times 25.00\ mL}{24.02\ mL} = 0.2082\ M$$

한편, mole 또는 mmole은 다음과 같이 질량(g 또는 mg)을 화학식량(formula weight; fw)으로 나눈 것이므로

$$mole = \frac{g}{fw} \quad 또는 \quad mmole = \frac{mg}{fw}$$

만약 일차표준물질의 양(g 또는 mg)을 이용하여 표준화한다면 식 (8-7)은 다음과 같이 나타낼 수 있다.

$$M_T \times mL_T = mmole_T = \frac{(t/s)mg_S}{fw_S\,(mg/mmole)} \tag{8-8}$$

$$M_T = mmole_T = \frac{(t/s)mg_S}{fw_S\,(mg/mmole) \times mL_T} \tag{8-9}$$

예제 8-2

HCl를 표준화하기 위하여 일차표준물질로 Na_2CO_3를 사용하였을 때 반응식은 다음과 같다.

$Na_2CO_3 + 2HCl \rightleftharpoons 2NaCl + CO_2 + H_2O$

이때 Na_2CO_3(Mw = 106.004) 분말 207.20 mg을 적정하는데 HCl 22.30 mL가 소비되었다면 이 HCl의 M농도를 구하라.

풀이

$$\begin{aligned} M_{HCl} &= \frac{(t/s)\mathrm{mg}_{Na_2CO_3}}{fw_{Na_2CO_3}(\mathrm{mg/mmole}) \times \mathrm{mL}_{HCl}} \\ &= \frac{2 \times 207.20\ \mathrm{mg}}{106.004\ \mathrm{mg/mmole} \times 22.30\ \mathrm{mL}} \\ &= 0.1753\ \mathrm{M} \end{aligned}$$

산화-환원 적정에서는 일차표준물질을 저울에 달아 물에 녹였을 때 다른 형태의 화합물로 변하게 된다. 예를 들어 아이오딘(I_2)을 표준화하기 위하여 사용하는 As_2O_3는 물에 녹으면 다음과 같이 2 mole의 H_3AsO_3로 변하며, 아이오딘과 1 : 1 몰비로 반응한다.

$$As_2O_3 + 3H_2O \rightleftharpoons 2H_3AsO_3$$

$$H_3AsO_3 + I_2 + H_2O \rightleftharpoons H_3AsO_4 + 2I^- + 2H^+$$

따라서 As_2O_3는 2 mole의 아이오딘과 반응하므로 적정시 반응식은 다음과 같다.

$$2I_2 + As_2O_3 + 5H_2O \rightleftharpoons 4I^- + 2H_3AsO_4 + 4H^+$$

예제 8-3

I_2를 표준화하기 위하여 As_2O_3를 정확하게 350.0 mg를 달아 적당량의 물에 녹이고 I_2 용액으로 적정하였더니 25.5 mL가 소비되었다. 이 I_2 용액의 M농도를 구하라.

풀이

$$\begin{aligned} M_{I_2} &= \frac{2 \times \mathrm{mg}_{As_2O_3}}{fw_{As_2O_3}(\mathrm{mg/mmole}) \times \mathrm{mL}_{I_2}} \\ &= \frac{2 \times 350.0\ \mathrm{mg}}{197.841\ \mathrm{mg/mmole} \times 25.5\ \mathrm{mL}} \\ &= 0.1388\ \mathrm{M} \end{aligned}$$

한편, 시료 중 분석물질의 함량(%)은 다음과 같으므로

$$S(\%) = \frac{\mathrm{mg}_S}{\mathrm{mg}_{전체시료}} \times 100, \qquad \mathrm{mg}_S = S(\%) \times \mathrm{mg}_{전체시료}/100 \tag{8-10}$$

이 식 (8-10)과 식 (8-8) 및 식 (8-9)로부터 다음과 같은 식을 얻을 수 있다.

$$\mathrm{M}_T = \mathrm{mmole}_T = \frac{(t/s)S(\%) \times \mathrm{mg}_{전체시료}/100}{fw_S(\mathrm{mg/mmole}) \times \mathrm{mL}_T} \tag{8-11}$$

$$S(\%) = \frac{(s/t)fw_S(\mathrm{mg/mmole}) \times \mathrm{M}_T \times \mathrm{mL}_T}{\mathrm{mg}_{전체시료}} \times 100 \tag{8-12}$$

예제 8-4

미숙아의 무호흡증에 사용하는 희귀의약품인 시트르산카페인(caffeine citrate), $H_3C_6H_5O_7(C_8H_{10}O_2N_4)$ 중의 구연산이라고 불리는 시트르산(citric acid, Mw=192.1), $H_3C_6H_5O_7$의 정량은 NaOH 표준용액을 이용한다. 이때 반응식은 다음과 같으며, 시트르산카페인 0.870 g을 중화하기 위하여 0.20 M NaOH가 32.3 mL 소비되었다면 시트르산카페인 중 시트르산의 함량(%)을 구하라.

$$H_3C_6H_5O_7(C_8H_{10}O_2N_4) + 3NaOH \rightarrow C_6H_5O_7^{3-} + 3H_2O + 3Na^+ + C_8H_{10}O_2N_4$$

풀이

$$S(\%) = \frac{(1/3)fw_{시트르산}(\mathrm{mg/mmole}) \times \mathrm{M_{NaOH}} \times \mathrm{mL_{NaOH}}}{\mathrm{mg}_{전체시료}} \times 100$$

$$= \frac{\frac{1}{3} \times 192.1\ \mathrm{mg/mmole} \times 0.20\ \mathrm{M} \times 32.3\ \mathrm{mL}}{870.0\ \mathrm{mg}} \times 100$$

$$= 47.55\%$$

예제 8-5

이산화망가니즈(MnO_2)를 포함하는 광석시료 0.350 g에 0.120 M Fe(II) 표준용액[$Fe(NH_4)_2(SO_4)_2$] 30.0 mL를 가하여 MnO_2를 Mn^{2+}로 환원하였다. 반응이 끝난 후 남아 있는 Fe(II) 이온을 황산 산성 용액에서 0.020 M $KMnO_4$로 역적정하였더니 21.3 mL가 소비되었다. 시료 중 MnO_2의 함량(%)을 구하라. 단, 반응에 관여한 식은 다음과 같다.

$$5Fe^{2+} + MnO_4^- + 8H^+ \rightarrow 5Fe^{3+} + Mn^{2+} + 4H_2O$$

$$MnO_2 + 2Fe^{2+} + 4H^+ \rightarrow Mn^{2+} + 2Fe^{3+} + 2H_2O$$

풀이 MnO_2를 환원시키고 남은 Fe(II)는 $KMnO_4$로 역적정하였으므로 MnO_2를 환원시키기 위하여 소비된 Fe(II)의 양(mmole)은 식 (8-7)에 의하여 다음과 같이 구할 수 있다.

소비된 Fe(II)(mmole) $= M_{Fe^{2+}} \times mL_{Fe^{2+}} - \frac{5}{1} M_{KMnO_4} \times mL_{KMnO_4}$

그러므로 식 (8-12)로부터 MnO_2의 함량(%)을 구하는 것은 다음과 같다.

$$MnO_2(\%) = \frac{\frac{1}{2} fw_{MnO_2}(mg/mmole) \times (M_{Fe^{2+}} \times mL_{Fe^{2+}} - 5M_{KMnO_4} \times mL_{KMnO_4})}{350.0\ mg} \times 100$$

$$= \frac{\frac{1}{2} \times 86.937mg/mmole \times (0.120M \times 30.0mL - 5 \times 0.020M \times 21.3mL)}{350.0\ mg} \times 100$$

$$= 18.26\%$$

2) 노말농도 계산법

부피분석에서 화학반응에 관여하는 물질의 양은 서로 일정한 관계가 있어야 한다. 따라서 모든 화학반응은 1 : 1 당량비로 반응하기 때문에 노말농도를 사용하면 적정에서 시료의 농도를 쉽게 계산할 수 있다. 예를 들어, H_3PO_4를 염기 표준용액으로 적정할 경우 지시약의 선택에 따라 다음과 같이 세 가지로 중화반응이 일어날 수 있다.

$$H_3PO_4 + OH^- \rightleftharpoons H_2PO_4^- + H_2O \tag{8-13}$$

$$H_3PO_4 + 2OH^- \rightleftharpoons HPO_4^{2-} + 2H_2O \tag{8-14}$$

$$H_3PO_4 + 3OH^- \rightleftharpoons PO_4^{3-} + 3H_2O \tag{8-15}$$

식 (8-13)은 메틸오렌지(MO)를 지시약으로 사용하였을 때 일어나는 반응이며, 이때는 H_3PO_4 1당량으로 작용하였다. 식 (8-14)는 페놀프탈레인(PP)을 지시약으로 사용하였을 때 일어나는 반응이며, H_3PO_4 2당량으로 작용하였다.

이와 같이 한 물질이 반응의 종류나 성질에 따라 1당량 또는 2당량으로 작용할 수 있다. 따라서 물질의 양을 노말농도로 표시하면 적정에서 반응하는 물질 사이의 양적 관계가 간단하게 표현된다.

적정에서 적가한 적정액의 노말농도와 부피를 알면 그 용액 전체 중의 g-당량을 알 수 있고, 그것이 바로 시료 용액 중의 목적성분의 g-당량과 항상 같아진다.

$$N_T \times mL_T = meq_T = meq_S = N_S \times mL_S \tag{8-16}$$

예제 8-6

12.0 N HCl 용액을 묽혀서 0.1 N HCl 용액 500.0 mL를 만들기 위하여 필요한 12.0 N HCl 몇 mL가 필요한가?

풀이 진한 HCl 용액을 묽히더라도 그 용액 중에 들어 있는 전체 HCl의 양은 항상 일정하므로 다음과 같이 계산할 수 있다.

$$N_{12N} \times mL_{12N} = N_{0.1N} \times mL_{0.1N}$$

$$12.0\ N \times mL_{12N} = 0.1\ N \times 500.0\ mL$$

$$mL_{12N} = \frac{0.1\ N \times 500.0\ mL}{12.0\ N} = 4.17\ mL$$

즉, 12.0 N HCl 용액 4.17 mL를 취하여 전체가 500.0 mL가 되도록 물로 희석하면 0.1 N HCl 용액이 된다.

예제 8-7

염산용액 50.0 mL를 정확히 취하여 0.100 N NaOH 표준용액으로 적정하였을 때 NaOH가 48.5 mL 소비되었다면 이 염산 용액의 노말농도는 얼마인가?

풀이

$$N_{HCl} \times mL_{HCl} = N_{NaOH} \times mL_{NaOH}$$

$$N_{HCl} = \frac{N_{NaOH} \times mL_{NaOH}}{mL_{HCl}} = \frac{0.100\ N \times 48.5\ mL}{50.0\ mL} = 0.097\ N$$

한편, eq 또는 meq는 식 (1-1)에서처럼 화학식량(fw)을 원자가(n)로 나눈 것이므로 다음과 같이 나타낼 수 있다.

$$eq = \frac{fw(g)}{n} \quad 또는 \quad meq = \frac{fw(mg)}{n}$$

따라서 표준물질의 질량(g 또는 mg)을 이용하여 표준화하기 위하여 적정하는 경우에는 다음과 같은 식으로 적정시약의 농도를 구할 수 있다.

$$N_T \times mL_T = meq_T = meq_S = \frac{mg_S}{fw_S/n(mg/meq)} \tag{8-17}$$

$$N_T = meq_S = \frac{mg_S}{fw_S/n(mg/meq) \times mL_T} \tag{8-18}$$

예제 8-8

염산을 표정하기 위하여 Na_2CO_3를 일차표준물질로 보통 사용한다. 0.25 g의 Na_2CO_3(Mw = 105.99)를 물에 녹여 염산으로 적정하였을 때 35.5 mL의 염산이 소비되었다. 염산의 정확한 노말농도를 구하라.

풀이 ① 페놀프탈레인을 지시약으로 사용한 경우에는 다음과 같은 반응이 일어난다.

$$Na_2CO_3 + HCl \rightleftharpoons NaHCO_3 + NaCl$$

이 경우에는 Na_2CO_3가 1당량으로 작용하였으므로 식 (8-18)에서 n = 1이 된다. 즉,

$$N_{HCl} = \frac{mg_{Na_2CO_3}}{fw_{Na_2CO_3}/n(mg/meq) \times mL_T}$$

$$= \frac{250.0\ mg}{105.99/1(mg/meq) \times 35.5\ mL}$$

$$= 0.0664\ N$$

즉, 페놀프탈레인을 지시약으로 하여 적정하였을 때 HCl이 35.5 mL 소비되었다면 이 HCl의 농도는 0.0664 N이다.

② 메틸오렌지를 지시약으로 사용하는 경우에는 다음과 같은 반응이 일어난다.

$$CO_3^{2-} + 2H^+ \rightleftharpoons H_2CO_3$$

이 경우 Na_2CO_3는 2당량으로 작용하였으므로 식 (8-18)에서 n = 2가 된다. 즉,

$$N_{HCl} = \frac{mg_{Na_2CO_3}}{fw_{Na_2CO_3}/n(mg/meq) \times mL_T}$$

$$= \frac{250.0\ mg}{105.99/2(mg/meq) \times 35.5\ mL}$$

$$= 0.1329\ N$$

즉, 메틸오렌지를 지시약으로 하였을 때 HCl이 35.5 mL가 소비되었다면 이 HCl의 농도는 0.1329 N이다.

한편, 시료 중 분석물질의 함량(%)은 식 (8-10)과 같으므로 식 (8-10)과 식 (8-17)로부터 다음 식을 구할 수 있다.

$$S(\%) = \frac{\frac{fw_S}{n}(mg/meq) \times N_T \times mL_T}{mg_{전체시료}} \times 100 \tag{8-19}$$

예제 8-9

페놀프탈레인을 지시약으로 하여 H_3PO_4(Mw=97.995)가 포함된 시료 0.200 g을 0.100 N(f=0.978) NaOH 표준용액으로 적정하였더니 NaOH 용액이 20.15 mL가 소비되었을 때 용액의 색깔이 무색에서 붉은색으로 바뀌었다. 이 시료 중 H_3PO_4의 함량(%)을 구하라.

풀이 H_3PO_4는 페놀프탈레인을 지시약으로 사용하였을 때 다음과 같은 반응이 일어난다.

$$H_3PO_4 \ + \ 2OH^- \ \rightleftharpoons \ HPO_4^{2-} \ + \ 2H_2O$$

따라서 이 경우 H_3PO_4는 2당량으로 작용하였으며, NaOH 표준용액의 적정값(f)을 곱하여 H_3PO_4의 함량(%)을 다음과 같이 구한다.

$$H_3PO_4(\%) = \frac{\dfrac{fw_{H_3PO_4}}{n} \times N_{NaOH} \times f \times mL_{NaOH}}{mg_{시료}} \times 100$$

$$= \frac{\dfrac{97.995}{2} \times 0.100 \times 0.978 \times 20.15}{200.0\ mg} \times 100$$

$$= 48.28\%$$

예제 8-10

구연산(citric acid), $H_3C_6H_5O_7$의 순도를 결정하기 위하여 NaOH 표준용액으로 적정할 때 반응식은 다음과 같다.

$$H_3C_6H_5O_7 + 3NaOH \ \rightleftharpoons \ 3Na^+ + C_6H_5O_7^{3-} + 3H_2O$$

1.00 g의 구연산 시료를 적정하기 위하여 0.30 N NaOH 표준용액 47.1 mL가 소비되었다. 이 구연산의 순도(%)를 구하라.

풀이

$$구연산(\%) = \frac{\dfrac{fw_{구연산}}{n}(mg/meq) \times N_T \times mL_T}{mg_{전체시료}} \times 100$$

$$= \frac{\dfrac{192.1}{3}(mg/meq) \times 0.30\ N \times 47.1\ mL}{1000.00\ mg} \times 100$$

$$= 90.48\%$$

예제 8-11

정제하지 않은 H_3AsO_3 중 As^{3+}의 함량을 구하기 위하여 I_2 표준용액으로 적정할 때 반응식은 다음과 같다.

$$H_3AsO_3 + I_2 + H_2O \ \rightleftharpoons \ H_3AsO_4 + 2I^- + 2H^+$$

1.00 g의 정제하지 않은 H_3AsO_3를 적정하는데 0.050 N I_2 표준용액 28.9 mL가 소비되었다. As^{3+}의 함량(%)을 구하라.

풀이 위의 반응식에서 비소 이온은 As^{3+}에서 As^{5+}로 산화되어 2개의 전자를 잃었으므로 $n=2$가 된다.

$$As^{+}(\%) = \frac{\frac{fw_{As}}{n}(mg/meq) \times N_{I_2} \times mL_{I_2}}{mg_{H_3AsO_3}} \times 100$$

$$= \frac{\frac{74.922}{2}(mg/meq) \times 0.050\ N \times 28.9\ mL}{1000.00\ mg} \times 100$$

$$= 5.41\%$$

예제 8-12

Na_2CO_3(Mw=105.99)를 포함하는 시료 0.500 g에 0.100 N HCl 50.0 mL를 가하여 반응시키고, 남은 HCl을 페놀프탈레인을 지시약으로 하여 0.102 N NaOH로 역적정하였더니 5.6 mL의 NaOH가 소비되었다. 시료 중의 Na_2CO_3의 함량(%)을 구하라.

풀이 남은 HCl의 당량과 NaOH의 당량은 같으므로 0.100 N HCl 50.0 mL 중에서 소비된 NaOH의 양을 빼주면 Na_2CO_3와 반응한 HCl의 양을 구할 수 있다. 또한, Na_2CO_3는 2당량으로 작용하였으며, 반응식은 다음과 같다.

$$Na_2CO_3 + 2H^+ \rightleftharpoons H_2CO_3 + 2Na^+$$

따라서 다음과 같이 Na_2CO_3의 함량을 구할 수 있다.

$$Na_2CO_3(\%) = \frac{\frac{fw_{Na_2CO_3}}{n} \times N_{NaOH} \times mL_{NaOH}}{mg_{시료}} \times 100$$

$$= \frac{\frac{105.99}{2}(mg/meq) \times (0.100 \times 50.0 - 0.102 \times 5.6)\ meq}{500.0\ mg} \times 100$$

$$= 46.94\%$$

6. 환경측정에서의 부피분석

환경에서 DO(용존산소, dissolved oxygen)와 COD(화학적 산소요구량, chemical oxygen demand)는 BOD(생화학적 산소요구량, biochemical oxygen demand)와 더불어 수질 오염의 정도를 나타내는 중요한 지표이다. COD와 BOD가 높다는 것은 수중의 유기물을 분해하기 위하여 산소가 많이 필요하다는 것이므로 COD와 BOD가 높을수록 물이 더 오염되었다는 것을 뜻하며, 수중의 DO 농도는 낮아진다. BOD를 측정하기 위해서는 DO의 측정이 바탕이 되어야 하며, DO와 COD를 습식법으로 측정하기 위해서는 산화－환원반응을 이용한다.

1) DO의 측정

수중의 DO를 측정하기 위한 여러 가지 방법 중 Winkler-azide법을 주로 사용하지만 아질산 이온(NO_2^-)의 방해가 없을 때는 azide(NaN_3)를 생략한 Winkler-azide sodium 변법을 이용한다. 이 방법은 황산망가니즈($MnSO_4$)와 염기성 아이오딘화칼륨(alkaline potassium iodide; NaOH + KI) 용액을 시료에 넣을 때 생기는 수산화제일망가니즈[$Mn(OH)_2$]가 시료 중의 DO와 반응하여 수산화제이망가니즈[$Mn(OH)_3$]로 산화되고 황산 산성 하에서 DO 양만큼의 아이오딘(I_2)을 유리시킨다. 유리된 I_2를 싸이오황산나트륨(sodium thiosulfate; $Na_2S_2O_3$)으로 적정하여 DO를 측정한다. 이들의 반응식은 다음과 같다.

$$2NaOH + MnSO_4 \rightleftharpoons Mn(OH)_2 + Na_2SO_4$$

$$2Mn(OH)_2 + \frac{1}{2}O_2 + H_2O \rightleftharpoons 2Mn(OH)_3$$

$$2KI + 2Mn(OH)_3 + 3H_2SO_4 \rightleftharpoons I_2 + 2MnSO_4 + K_2SO_4 + 6H_2O$$

$$I_2 + 2Na_2S_2O_3 \rightleftharpoons 2NaI + Na_2S_4O_6$$

이 반응에서 수중의 산소 1 mole과 $Mn(OH)_2$에 대한 반응은 다음과 같아서

$$4Mn(OH)_2 + O_2 + 2H_2O \rightleftharpoons 4Mn(OH)_3$$

Mn^{2+}와 O_2는 4개의 전자를 주고받으므로 O_2는 4당량으로 작용하였다.

시료를 가득 채운 BOD병(전체 시료의 양 : V_1 mL)에 $MnSO_4$ 용액과 염기성 아이오딘화칼륨 용액을 넣어 잘 흔들고(첨가한 $MnSO_4$와 염기성 아이오딘화칼륨의 양 : R), 여기에 H_2SO_4 용액을 가한다. 이 용액 일정량(적정에 사용하는 시료의 양 : V_2 mL)을 취하여 0.025 N $Na_2S_2O_3$ 표준용액(적정값 : f)으로 적정(소비량 : mL_T)하여 DO를 구하게 된다.

수중의 용존산소량(mg)은 식 (8-19)로부터 다음과 같이 구할 수 있다.

$$mg_S = \frac{fw_S(mg/meq)}{n} \times N_T \times mL_T \tag{8-20}$$

이 과정에서 구하는 DO의 단위는 mg/L이므로 시료의 양은 부피(mL)이다. 따라서 위의 식은 다음과 같이 나타낼 수 있다.

$$\frac{\text{mg}_S}{\text{L}_{\text{시료}}} = \frac{\text{mg}_S}{1000\ \text{mL}_{\text{시료}}} = \frac{1000 \times fw_S/n(\text{mg/meq}) \times \text{N}_T \times \text{mL}_T}{\text{mL}_{\text{시료}}} \qquad (8\text{-}21)$$

여기에서 처음 시료의 부피(V_1 mL)와 $MnSO_4$ 용액/염기성 아이오딘화칼륨 용액의 부피 (R mL)를 합한 용액 중에서 V_2 mL를 취하였으므로 적정에 사용한 시료, S의 실제 부피 ($\text{mL}_{\text{시료}}$)는 다음과 같다.

$$\text{mL}_{\text{시료}} = V_2 \times \frac{V_1 - R}{V_1}$$

이것을 식 (8-21)에 대입하여 아래와 같이 DO를 구한다.

$$\text{DO (mg/L)} = \frac{1000 \times fw_{O_2}/n\,(\text{mg/meq}) \times \text{N}_T \times \text{mL}_T}{V_2 \times \dfrac{V_1 - R}{V_1}}$$

$$= \frac{1000 \times \dfrac{31.998}{4}(\text{mg/meq}) \times 0.025\ \text{N} \times \text{mL}_T}{V_2 \times \dfrac{V_1 - R}{V_1}}$$

위 식을 수질오염공정시험법상의 식으로 정리하면 다음과 같다.

$$\text{DO (mg/L)} = \text{mL}_T \times f \times \frac{V_1}{V_2} \times \frac{1000}{V_1 - R} \times 0.2 \qquad (8\text{-}22)$$

예제 8-13

어떤 하천수의 용존산소 농도를 측정하기 위하여 시료 200.0 mL를 취하고 여기에 $MnSO_4$와 염기성 아이오딘화칼륨(NaOH+KI)용액을 각각 1.0 mL씩 가하고 황산을 가한 다음 150.0 mL를 분취하여 0.025 N $Na_2S_2O_3$(적정값=1)로 적정하였더니 8.0 mL가 소비되었다. DO(mg/L)는 얼마인가?

풀이 $\text{DO (mg/L)} = \text{mL}_T \times f \times \dfrac{V_1}{V_2} \times \dfrac{1000}{V_1 - R} \times 0.2$

$$= 8.0\,\text{mL} \times 1 \times \frac{200.0\,\text{mL}}{150.0\,\text{mL}} \times \frac{1000}{(200.0-2.0)\,\text{mL}} \times 0.2$$
$$= 10.77\,\text{mg/L}$$

2) COD의 측정

먼저 COD는 수중에 존재하는 유기물을 산화제로 산화시킬 때 요구되는 산소의 양이다. 이때 산화제로 $KMnO_4$와 $K_2Cr_2O_7$를 사용하며, 일반적으로 $KMnO_4$를 산화제로 사용할 경우 COD_{Mn}으로 나타내고 $K_2Cr_2O_7$의 경우는 COD_{Cr}으로 표시한다.

여기에서는 $KMnO_4$를 산화제 사용하는 COD 측정법을 알아보기로 하고 상세한 것은 '제 11장 산화-환원 적정'에서 살펴보기로 하자. 측정의 원리는 시료를 황산 산성으로 하여 과량의 $KMnO_4$를 넣고 가열하여 $KMnO_4$가 수중의 유기물을 분해시킬 때 소모된 $KMnO_4$의 양으로부터 산소의 농도를 측정하는 것이다. 과량의 $KMnO_4$는 수중의 유기물을 분해시키고 일부는 남는다. 이 남은 $KMnO_4$는 과량의 $Na_2C_2O_4$와 반응시키면 $Na_2C_2O_4$가 다시 일부 남게 된다. 남은 $Na_2C_2O_4$는 수중의 유기물을 분해하기 위하여 소모된 $KMnO_4$의 양과 같으므로 남은 $Na_2C_2O_4$를 다시 $KMnO_4$로 역적정하여 COD를 구한다.

실제 실험에서는 둥근바닥플라스크에 시료 적당량을 취하여 물을 넣어 전체 부피($mL_{시료}$)를 100 mL로 하고 0.025 N $KMnO_4$를 정확하게 10.0 mL를 가하여 수욕상에서 30분간 가열한다. 가열이 끝나면 0.025 N $Na_2C_2O_4$ 10.0 mL를 정확하게 넣어 미반응의 $KMnO_4$와 반응시키고 남은 $Na_2C_2O_4$를 0.025 N $KMnO_4$로 엷은 분홍색이 나타나서 없어지지 않을 때까지 역적정하여 $KMnO_4$의 소비량(mL_T)을 구한다. 또 따로 물 100을 사용하여 같은 방법으로 실험하여 바탕시험(blank test)을 하여 $KMnO_4$의 소비량(mL_B)을 구하여 COD는 식 (8-21)로부터 다음과 같이 구할 수 있다.

$$\begin{aligned}\text{COD}(\text{mg/L}) &= \frac{1000 \times fw_{O_2}/n\,(\text{mg/meq}) \times N_T \times mL_T}{mL_{시료}} \\ &= \frac{1000 \times \dfrac{31.998}{4}(\text{mg/meq}) \times 0.025\,\text{N} \times mL_T}{mL_{시료}} \\ &= \frac{(mL_T - mL_B) \times 1000 \times 0.2}{mL_{시료}} \qquad (8\text{-}23)\end{aligned}$$

예제 8-14

시료 50.0 mL를 취하여 산성 $KMnO_4$법으로 어느 공장폐수의 COD를 측정하였다. 역적정에 소모된 0.025 N $KMnO_4$는 8.0 mL이었으며, 바탕실험에서는 0.025 N $KMnO_4$가 2.0 mL 소비되었다면 COD(mg/L)를 구하라.

풀이

$$\mathrm{COD\,(mg/L)} = \frac{(\mathrm{mL}_T - \mathrm{mL}_B) \times 1000 \times 0.2}{\mathrm{mL}_{\text{시료}}}$$

$$= \frac{(8.0-2.0) \times 1000 \times 0.2}{50.0}$$

$$= 24.0\ \mathrm{mg/L}$$

연습문제 8

1. 아래 반응식에 따라 불순한 $MgCl_2$ 시료 0.300 g을 0.100 M $AgNO_3$ 45.00 mL로 적정하였다.

$MgCl_2 + 2AgNO_3 \rightarrow 2AgCl(s) + Mg(NO_3)_2$

1) 시료 중의 염소 이온의 %를 구하라.

2) 시료 중의 $MgCl_2$의 %를 구하라.

2. $AgNO_3$ 8.5332 g을 전체가 50 mL가 되도록 녹이고 다음 물질로 적정하였다. 이때 다음 물질의 몰농도를 계산하라.

1) NaCl　　2) $CaCl_2$

3. NaCl 용액 25.00 mL를 50.00 mL가 되도록 묽히고 이 중에서 20.00 mL를 취하여 0.0110 M $AgNO_3$ 표준용액 적정하였더니 3.923 mL가 소비되었다.

1) 원래 NaCl의 몰농도를 계산하라.

2) 원래 NaCl의 mg/L를 계산하라.

4. 일차표준물질인 프탈산수소포타슘[$(KOOC)C_6H_4COOH$, Mw=204.22] 600.0 mg를 적정하는데 NaOH가 정확히 23.16 mL가 소비되었다. NaOH의 몰농도를 구하라.

5. 0.1079 M OH^- 25.00 mL를 적정하는데 HCl 27.08 mL가 소비되었다. HCl의 몰농도를 구하라.

6. 불순물을 포함하는 Na_2CO_3 시료 500.0 mg을 적정하는데 0.1800 M HCl 22.00 mL가 소비되었다면 이 Na_2CO_3의 순도를 계산하라.

7. HCl 용액 50.00 mL에 $AgNO_3$를 과량 가하였을 때 AgCl이 0.8620 g이 생성되었다면 이 HCl의 몰농도를 구하라.

8. H_2SO_4 용액 25.00 mL에 $BaCl_2$를 과량 가하였을 때 $BaSO_4$가 0.3084 g이 생성되었다면 이 H_2SO_4의 몰농도는 얼마인가?

9. 일차표준물질인 As_2O_3은 다음과 같이 용해한다.

$As_2O_3 \rightarrow 2H_3AsO_3$

As_2O_3 93.0 mg을 녹여 생기는 H_3AsO_3는 다음 반응식과 같이 반응하여 Ce^{4+} 18.4 mL를 소비하였다.

$H_3AsO_3 + 2Ce^{4+} \rightarrow 2H_3AsO_4 + 2Ce^{3+}$

Ce^{4+}의 M농도와 N농도를 구하라.

10. 일차표준물질인 Na_2CO_3 0.500 g을 적정하는데 H_2SO_4가 25.06 mL 소비되었을 때 H_2SO_4의 몰농도를 구하라. 당량점에서의 반응식은 다음과 같다.

$CO_3^{2-} + 2H^+ \rightarrow H_2O + CO_2(g)$

11. $HClO_4$를 표정하기 위하여 다음과 같이 KBr 용액 속에 일차표준물질인 HgO 0.600 g을 녹여 사용하였다.

$HgO(s) + 4Br^- + H_2O \rightarrow HgBr_4^{2-} + 2OH^-$

이때 유리된 OH^-을 $HClO_4$로 적정하였더니 47.90 mL가 소비되었다. $HClO_4$의 몰농도를 구하라.

12. 0.0525 M $Na_2C_2O_4$ 50.00 mL를 적정하는데 $KMnO_4$ 38.71 mL가 소비되었다. 다음 반응식을 참고하여 $KMnO_4$의 몰농도를 구하라.

$2MnO_4^- + 5H_2C_2O_4 + 6H^+ \rightarrow 2Mn^{2+} + 10CO_2(s) + 8H_2O$

13. 일차표준물질인 KIO_3 0.1238 g에서 유리되는 I_2를 $Na_2S_2O_3$ 41.27 mL로 적정하였다. 다음 반응식을 참고하여 $Na_2S_2O_3$의 몰농도를 구하라.

$IO_3^- + 5I^- + 6H^+ \rightarrow 3I_2 + 3H_2O$

$I_2 + 2S_2O_3^{2-} \rightarrow 2I^- + S_4O_6^{2-}$

14. 일차표준물질인 Na_2CO_3를 이용하여 미지 농도의 $HClO_4$를 표준화하기 위하여 Na_2CO_3 0.2340 g을 일정량의 물에 녹이고 $HClO_4$ 20.0 mL를 가하여 반응시킨 다음 끓여서 CO_2를 날려 보내고 남은 $HClO_4$를 역시 미지 농도의 NaOH로 적정하였더니 4.80 mL가 소비되었다. 따로 같은 용액의 NaOH 10.0 mL를 같은 $HClO_4$로 적정하였더니 14.30 mL가 소비되었다. $HClO_4$와 NaOH의 몰농도를 구하라.

15. 온천수 100.0 mL에 포함되어 있는 철을 Fe^{2+}로 환원시켜 다음과 같이 0.0021 M $K_2Cr_2O_7$ 25.00 mL와 반응시켰다.

$$6Fe^{2+} + Cr_2O_7^{2-} + 14H^+ \rightarrow 6Fe^{3+} + 2Cr^{3+} + 7H_2O$$

이때 과량으로 들어간 $K_2Cr_2O_7$를 0.0098 M Fe^{2+}로 역적정하였더니 Fe^{2+}가 7.47 mL가 소비되었다. 온천수 중 철의 ppm을 구하라.

16. 일산화탄소(CO)를 함유하는 기체시료 30.0 L를 150℃에서 오산화아이오딘(I_2O_5)이 들어 있는 시료채취기를 통과시키면 이산화탄소(CO_2)로 산화되고 기체상태의 아이오딘(I_2)을 발생시킨다. 발생된 I_2를 0.020 M $Na_2S_2O_3$ 10.0 mL가 들어 있는 흡수관에 포집하면 $Na_2S_2O_3$는 I_2를 환원시키고 여분은 남게 된다. 남아 있는 $Na_2S_2O_3$를 0.002 M I_2로 역정하였더니 3.80 mL가 소비되었다. 시료 중 CO의 농도(ppm)를 구하라. 단, 반응에 관여한 식은 다음과 같다.

$$I_2O_5(s) + 5CO(g) \rightarrow 5CO_2(g) + I_2(g)$$

$$I_2(aq) + 2S_2O_3^{2-}(aq) \rightarrow 2I^-(aq) + S_4O_6^{2-}(aq)$$

제 9 장

산-염기 적정

산과 염기의 반응을 산-염기반응 또는 중화반응이라고 하고, 이를 이용한 부피분석을 **산-염기 적정**(acid-base titration) 또는 중화 적정(neutralization titration)이라고 한다.

1. 산-염기 지시약

산-염기 지시약(indicator)은 용액 중의 pH 변화에 따라 색깔이 변하여 적정 시 종말점을 지시하여 주며, 지시약은 그 자신이 약한산(HIn) 또는 약한염기(InOH)이다. 지시약의 변색이론에 관한 이론이 몇 가지 있으나 모든 지시약의 변색을 설명할 수는 없다.

만약 약한산인 지시약 HIn을 산성 용액에 가하였을 때 공통이온인 H^+의 영향으로 이온화가 억제되어 분자상태인 HIn으로 대부분 존재하여 분자색(molecular color)을 띠게 된다. 적정이 진행되면 용액 중의 H^+는 점차 감소되어 HIn은 이온화하여 In^-를 생성하므로 **이온색**(ionic color)이 나타난다.

$$\underset{\substack{\text{분자색}\\(\text{산성색})}}{\mathrm{HIn}} \rightleftharpoons \mathrm{H^+} + \underset{\substack{\text{이온색}\\(\text{염기성색})}}{\mathrm{In^-}} \tag{9-1}$$

즉, 약한산인 지시약이 산성 용액 중에서는 **분자색**(산성색)을 나타내고, 염기성 용액에서는 **이온색**(염기성색)을 나타낸다는 것이 이 이론의 주요 골자이다.

식 (9-1)에서 지시약의 이온화는 이온화상수를 K라고 할 때 다음과 같이 나타낼 수 있다.

$$K = \frac{[\mathrm{H^+}][\mathrm{In^-}]}{[\mathrm{HIn}]} \tag{9-2}$$

$$[\mathrm{H^+}] = K \cdot \frac{[\mathrm{HIn}]}{[\mathrm{In^-}]} = K \cdot \frac{[\text{분자색}]}{[\text{이온색}]} = K \cdot \frac{[\text{산성색}]}{[\text{염기성색}]} \tag{9-3}$$

$$\mathrm{pH} = \mathrm{p}K - \log\frac{[\mathrm{HIn}]}{[\mathrm{In^-}]} \tag{9-4}$$

식 (9-2)에서 $[H^+]=K$일 때 [분자색]=[이온색] 또는 [산성색]=[염기성색]이 되어 분자색과 이온색의 중간을 나타내게 된다. 산성 용액 중에서 HIn은 전부 분자색만을 띠며, 적정이 시작되면 조금씩 이온색으로 변하여 가다가 [분자색]=[이온색]이 되는 점을 지나서 나중에는 이온색만을 띠게 된다. 그러나 [분자색]이 [이온색]으로 조금 변하였다고 변색을 금방 알아볼 수 있는 것은 아니고 두 색의 차이가 10% 정도일 때 변색을 알아볼 수 있는 것이다.

지시약이 분자색만으로 존재하다가 그 중 9%가 이온색으로 변하였을 때 변색을 알아보았다고 가정하면 식 (9-4)에 의하여 pH는 다음과 같다.

$$\begin{aligned} \text{pH} &= \text{p}K - \log\frac{[\text{분자색}]}{[\text{이온색}]} \\ &= \text{p}K - \log\frac{91}{9} \\ &= \text{p}K - 1 \end{aligned}$$

또한, 이온색이 계속 증가하여 91%에 도달하게 되면 pH는 다음과 같다.

$$\begin{aligned} \text{pH} &= \text{p}K - \log\frac{[\text{분자색}]}{[\text{이온색}]} \\ &= \text{p}K - \log\frac{9}{91} \\ &= \text{p}K + 1 \end{aligned}$$

이상을 정리하면 [분자색]과 [이온색]의 차이가 9%일 때 pH = pK ± 1이다. 즉, 분자색이 보이기 시작할 때 pH = pK + 1이고, 이온색이 보이기 시작하면 pH = pK − 1이다.

따라서 지시약의 변색은 갑자기 일어나는 것이 아니고 보통 pH값의 차이가 2를 넘을 때 비로소 변색을 판단할 수 있다. 이것을 그 지시약의 변색범위(color change interval) 또는 **지시약 범위**(indicator range)라고 한다.

한편, 지시약의 사용량이 적당하지 않을 때 적정오차를 가져 올 수도 있다. 식 (9-4)에서 [이온색]은 다음과 같다.

$$[\text{In}^-] = \frac{K}{[\text{H}^+]}[\text{HIn}]$$

용액의 변색 정도는 $[\text{In}^-]$에 비례하며, $[\text{H}^+]$이 일정하면 $\frac{K}{[\text{H}^+]}$도 일정하므로 $[\text{In}^-]$는 [HIn]에 비례한다. 따라서 지시약은 $[\text{H}^+]$가 일정하여도 변색의 정도는 지시약의 농도에 어느 정도 비례하므로 지시약을 너무 많이 쓰거나 너무 적게 쓸 때는 오차의 원인이 된다. 지시약은 용액 1 L에 3～5방울 정도 넣도록 한다.

자주 사용하는 지시약은 메틸오렌지(methyl orange)와 메틸레드(methyl red) 등의 아조계와 페놀프탈레인과 같은 프탈레인계 지시약을 예로 들 수 있다.

아조계 지시약은 일반적으로 산성에서는 붉은색을 띠다가 염기성이 증가하면 노란색으로 변하고 변색 pH 범위는 대개 산성이며, 메틸오렌지의 변색은 다음과 같이 일어난다.

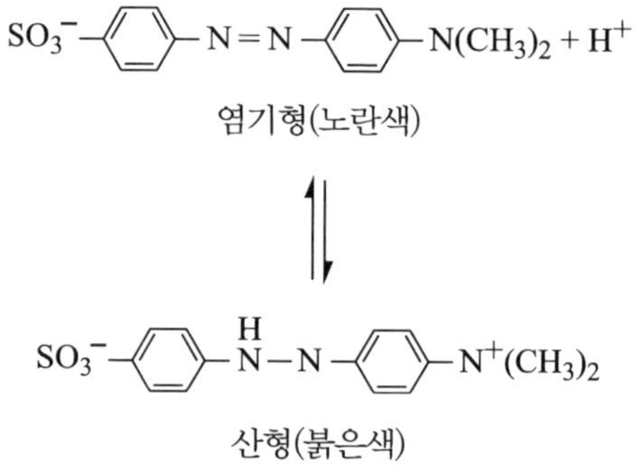

$$SO_3^- -C_6H_4-N=N-C_6H_4-N(CH_3)_2 + H^+$$

염기형(노란색)

$$\rightleftharpoons$$

$$SO_3^- -C_6H_4-NH-N-C_6H_4-N^+(CH_3)_2$$

산형(붉은색)

메틸오렌지의 $-SO_3^-$ 대신 $-COO^-$가 있으면 메틸레드가 된다.

프탈레인계 지시약은 일반적으로 산성에서 무색을 띠고 있다가 염기성이 증가하면 여러 가지 색깔을 나타내게 된다. 페놀프탈레인의 변색은 다음과 같이 일어나며, 변색 pH 범위는 pH 8.0～10.0이다.

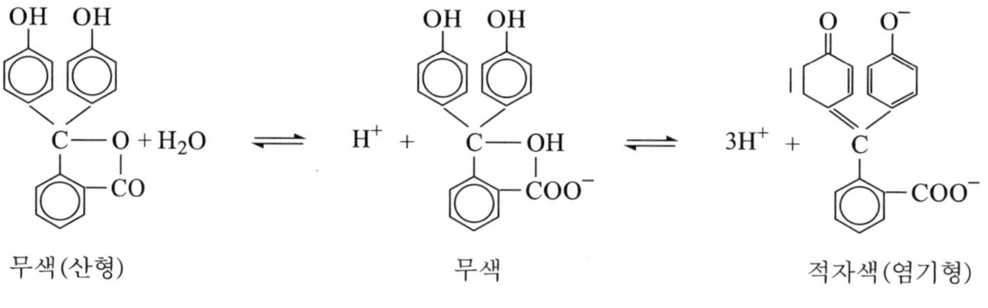

$$(HOC_6H_4)_2C(C_6H_4CO)O + H_2O \rightleftharpoons H^+ + (HOC_6H_4)_2C(OH)C_6H_4COO^- \rightleftharpoons 3H^+ + (O=C_6H_4=)C(C_6H_4O^-)C_6H_4COO^-$$

무색(산형) 　　 무색 　　 적자색(염기형)

표 9-1은 대표적인 산－염기 지시약을 나타낸 것이다.

표 9-1. 자주 사용하는 지시약과 pH범위 및 조제법

지시약 (A : 산) (B : 염기)	pH범위	색깔 (산)~(염기)	사용량 1000 cc당	조제법	
				%	용액
tropeolin(B)	1.3~3.2 (0.8~2.2)	빨강~노랑	1~3방울	1	증류수
thymol blue(A)	1.2~2.8	빨강~노랑	2~5 〃	0.1	20% alcohol
β-dinitrophenol(A)	2.4~4.0	무색~노랑	1~4 〃		
methyl orange(B)	3.1~4.4 (2.5~3.7)	빨강~적황	3~5 〃	0.1	증류수
bromophenol blue(A)	3.0~4.6	노랑~청자	2~5 〃	0.1	20% alcohol
bromocresol blue(A)	4.0~5.6	노랑~파랑	2~5 〃	0.1	20% alcohol
methyl red(A)	4.4~6.2	빨강~노랑	2~4 〃	0.2	90% alcohol
lacmoid	4.4~6.2	빨강~노랑	1~5 〃	0.2	90% alcohol
bromocresol purple(A)	5.2~6.8	노랑~보라	1~4 〃	0.1	20% alcohol
chlorophenol red(A)	4.8~6.4	노랑~빨강	1~4 〃	0.1	20% alcohol
p-nitrohenol(A)	5.0~7.0	무색~노랑	2~20 〃	0.4	증류수
bromothymol blue(A)	6.2~7.6	노랑~파랑	1~4 〃	0.1	증류수
neutral red(B)	6.8~8.0	빨강~노랑	2~4 〃	0.1	70% alcohol
phenol red(B)	6.8~8.2 (7.0~8.4)	노랑~빨강	2~4 〃	0.1	20% alcohol
rosolic acid(A)	6.9~8.0	노랑~빨강	1~4 〃	0.1	90% alcohol
cresol red(A)	7.2~8.8	노랑~빨강	1~4 〃	0.1	20% alcohol
α-naphtholphthalein(A)	7.2~8.7	염홍~초록	2~5 〃	0.1	70% alcohol
tropeolin ○○(B)	7.6~8.9	노랑~빨강	1~5 〃	0.1	증류수
phenolphthalein(A)	8.0~9.8	무색~빨강	3~10 〃	0.1	70% alcohol
thymol blue(A)	8.0~9.6	노랑~파랑	1~4 〃	0.1	20% alcohol
thymolphthalein(A)	9.3~10.5	무색~파랑	3~10 〃	0.1	90% alcohol
alizarin yellow(A)	10.0~11.2	노랑~염자	5~10 〃	0.1	증류수
salicyl yellow(A)	10.0~11.2	노랑~등갈	1~4 〃	0.1	90% alcohol
tropelin ○(B)	11.0~11.3	노랑~등갈	5~10 〃	0.1	증류수
nitramine(B)	11.0~11.3 (9.0~10.5)	무색~등갈	1~3 〃	0.1	70% alcohol

2. 센산을 센염기로 적정하는 경우

센산 HA를 OH^-를 갖는 센염기로 적정하는 경우 적정곡선을 그리기 위하여 $[H^+]$ 또는 $[OH^-]$를 구하는 식을 요약하면 아래와 같다.

구분	존재종	식
적정 전	HA	$[H^+] = [HA]$
당량점 전	HA/A^-	$[H^+] = \frac{N_a V_a - N_b V_b}{V_a + V_b}$
당량점	A^-	$[H^+] = 1.0 \times 10^{-7}$
당량점 후	OH^-	$[OH^-] = \frac{N_b V_b - N_a V_a}{V_a + V_b}$

예를 들어, 0.1 N HCl 100 mL를 0.1 N NaOH로 적정하는 경우를 생각하여 보자. 여기서 HCl의 농도를 N_a, 부피를 V_a라고 하고, NaOH의 농도를 N_b, 부피를 V_b라고 하자.

① **적정 전** : NaOH를 적가하기 전의 pH는 0.1 N HCl의 pH와 같으며, HCl은 센전해질이므로 다음과 같이 $[H^+]$를 구한다.

$$[H^+] = [HCl]$$

즉, HCl의 농도는 0.1이므로 $[H^+]$의 농도도 0.1이다. 그러므로 pH는 1이다.

② **당량점 전** : NaOH를 적가하기 시작하여 당량점 전까지는 NaOH를 적가한 당량($N_b V_b$)만큼 HCl은 중화되어 NaCl을 생성하고 일부는 중화되지 않고 남아 있게 된다. 따라서 남은 HCl의 농도가 곧 $[H^+]$이다. 즉,

$$[H^+] = [HCl] = \frac{N_a V_a - N_b V_b}{V_a + V_b}$$

예제 9-1

0.1 N HCl 50.0 mL에 0.1 N NaOH 25.0 mL를 가했을 때의 $[H^+]$와 pH는 얼마인가?

풀이 당량점 전까지 NaOH가 적가되었으므로 NaOH가 적가된 만큼 HCl은 NaCl로 변하고 나머지는 남아 있게 된다. HCl의 농도와 부피를 각각 N_a, V_a이라고 하고 NaOH의 농도와 부

피를 각각 N_b, V_b라고 하면 다음과 같이 $[H^+]$와 pH를 구한다.

$$[H^+] = \frac{N_a V_a - N_b V_b}{V_a + V_b}$$

$$= \frac{0.1\ N \times 50\ mL - 0.1\ N \times 25\ mL}{(50+25)\ mL}$$

$$= 0.0333\ N$$

$$pH = -\log[H^+]$$

$$= 1.4771$$

예제 9-2

0.1 N HCl을 0.2 N NaOH로 98% 중화할 때 $[H^+]$와 pH는 얼마인가?

풀이 0.1 N HCl을 0.2 N NaOH로 98% 중화하면 예제 9-1과 같이 당량점 이전이므로 남은 HCl의 농도가 곧 $[H^+]$이다. 0.1 N HCl을 100.0 mL라고 가정하면 당량점에서는 0.2 N NaOH가 50.0 mL 소비된다. 그러나 98% 소비되었으므로 NaOH는 49.0 mL가 소비된 셈이다. 따라서 다음과 같이 $[H^+]$와 pH를 구한다.

$$[H^+] = \frac{N_a V_a - N_b V_b}{V_a + V_b}$$

$$= \frac{0.1\ N \times 100.0\ mL - 0.2\ N \times 49.0\ mL}{(100.0+49.0)\ mL}$$

$$\fallingdotseq 1.34 \times 10^{-3}\ N$$

$$pH = -\log[H^+] = 2.87$$

③ **당량점** : NaOH를 HCl의 당량만큼 적가하였을 때, 즉 당량점에서는 다음과 같이 완전한 중화반응이 일어난다.

$$HCl + NaOH \rightleftharpoons NaCl + H_2O$$

생성된 NaCl은 센산과 센염기로 된 염이어서 가수분해를 하지 않으므로 용액의 액성은 중성이다. 즉,

$$[H^+] = [OH^-] = 1.0 \times 10^{-7}$$

④ **당량점 후** : NaOH를 당량점보다 더 적가한 경우에는 더 이상 중화반응이 일어나지 않으므로 더 적가된 NaOH가 그 용액의 pH를 좌우하게 된다. NaOH는 센전해질이므로 $[OH^-]$는 NaOH의 농도와 같다. 즉,

$$[OH^-] = \frac{N_b V_b - N_a V_a}{V_a + V_b}$$

예제 9-3

0.1 N HCl 50 mL에 0.1 N NaOH를 당량점을 넘어 0.1% 적가하였을 때의 pH는 얼마인가?

풀이 당량점 이후에는 더 적가한 NaOH가 용액 중에 그대로 남아 있으므로 NaOH가 용액의 액성을 좌우하며, [NaOH]가 곧 $[OH^-]$이다. 당량점을 지나 0.1% NaOH를 더 적가하였다는 것은 당량점인 50.0 mL의 0.1%, 즉 0.05 mL를 더 적가하였다는 뜻이다. HCl의 농도와 부피를 각각 N_a, V_a라고 하고 NaOH의 농도와 부피를 N_b, V_b라고 한다면 다음과 같이 $[OH^-]$와 pH를 구할 수 있다.

$$[OH^-] = \frac{N_b V_b - N_a V_a}{V_a + V_b}$$

$$= \frac{0.1\,N \times 50.05\,mL - 0.1\,N \times 50.0\,mL}{(50.0 + 50.05)\,mL}$$

$$\fallingdotseq 5.0 \times 10^{-5}\,N$$

$$pH = 14 - pOH = 14 - 4.3 = 9.7$$

센산을 센염기로 적정하거나 센염기를 센산으로 적정하는 경우들을 정리하여 보면 그림 9-1과 같다. 이 경우 당량점 부근에서 pH의 범위가 넓은 것이 특징이므로 선택할 수 있는 지시약이 여러 가지가 있어서 편리하다.

또한, 그림 9-1에서 보는 바와 같이 농도가 클수록 pH의 변화(pH jump)가 크다는 것을 알 수 있다.

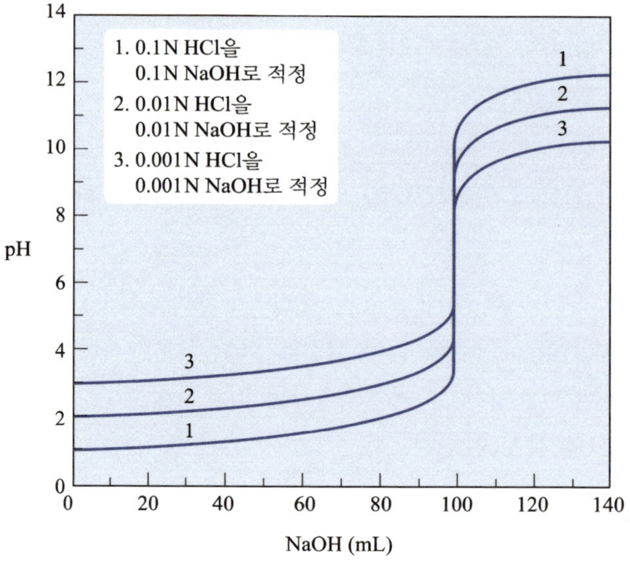

그림 9-1. HCl 100 mL를 NaOH로 적정할 때 적정곡선

3. 약한산을 센염기로 적정하는 경우

약한산을 센염기로 적정하였을 때 생성되는 염은 가수분해하여 용액의 액성을 염기성으로 만든다. 그러므로 pH=7.0 이상에서 당량점이 정해진다. 약한산 HA를 OH^-를 갖는 센염기로 적정하는 경우 적정곡선을 그리기 위하여 $[H^+]$ 또는 $[OH^-]$를 구하는 식을 요약하면 아래와 같다.

구분	존재종	식
적정 전	HA	$[H^+] = \sqrt{K_a C}$
당량점 전	HA/A^-	$[H^+] = K_a \times \dfrac{N_a V_a - N_b V_b}{N_b V_b}$
당량점	A^-	$[H^+] = \sqrt{\dfrac{K_w K_a}{C/2}}$
당량점 후	OH^-	$[OH^-] = \dfrac{N_b V_b - N_a V_a}{V_a + V_b}$

예를 들어, 0.1 N HAc 100 mL를 0.1 N NaOH로 적정하는 경우를 생각하여 보자. 여기서 HAc의 농도를 N_a, 부피를 V_a라고 하고, NaOH의 농도를 N_b, 부피를 V_b라고 하자.

① **적정 전** : NaOH를 적가하기 전의 $[H^+]$는 HAc의 $[H^+]$와 같다. HAc는 약한산이므로 다음과 같이 $[H^+]$를 구할 수 있다.

$$[H^+] = \sqrt{K_a C} = \sqrt{1.8 \times 10^{-5} \times 0.1} = 1.3 \times 10^{-3}$$

$$pH = 2.9$$

② **당량점 전** : NaOH를 적가하기 시작하여 당량점 전까지 적정하였을 때는 NaOH를 적가한 만큼 HAc는 중화되어 NaAc를 생성하고 중화되지 않은 HAc는 일부 남게 되어 완충용액을 형성한다. 이 완충용액은 약한산(HAc)과 그 공통이온을 포함하는 센전해질(NaAc)이 혼합된 완충용액이므로 다음과 같이 $[H^+]$를 구한다.

$$[H^+] = K_a \times \frac{[\text{산}]}{[\text{염}]} = K_a \times \frac{\dfrac{N_a V_a - N_b V_b}{V_a + V_b}}{\dfrac{N_b V_b}{V_a + V_b}} = K_a \times \frac{N_a V_a - N_b V_b}{N_b V_b}$$

③ **당량점** : NaOH를 당량점까지 적가하였을 때는 다음과 같이 중화반응이 완전히 일어나게 된다.

$$HAc + NaOH \rightleftharpoons NaAc + H_2O$$

여기서 생성된 NaAc는 약한산과 센염기로 된 염이므로 $[H^+]$는 식 (4-70)으로 구할 수 있다. 그러나 0.1 N HAc 100 mL를 0.1 N NaOH로 적정할 경우 NaOH가 100 mL 소비되었을 때 당량점에 이르게 되므로 전체의 부피는 200 mL가 되어 농도는 1/2로 감소하게 된다. 따라서 다음과 같이 $[H^+]$를 구할 수 있다.

$$[H^+] = \sqrt{\frac{K_w K_a}{C/2}}$$

④ **당량점 후** : 당량점을 지나 NaOH를 더 적가하였을 때는 더 이상 중화반응이 일어나지 않으므로 적가된 NaOH는 그대로 용액 중에 남게 된다. 따라서 평준화효과(leveling effect)에 의하여 그 용액의 $[H^+]$는 NaOH에 의하여 좌우된다. NaOH는 센전해질이므로 100% 이온화하므로 $[OH^-]$는 더 적가된 NaOH의 농도와 같다. 그러므로 $[OH^-]$는 다음과 같이 구할 수 있다.

$$[OH^-] = [NaOH] = \frac{N_b V_b - N_a V_a}{V_a + V_b}$$

이상의 내용을 정리하여 그림 9-2에 나타내었으며, 그림 9-2에서 보는 바와 같이 pH

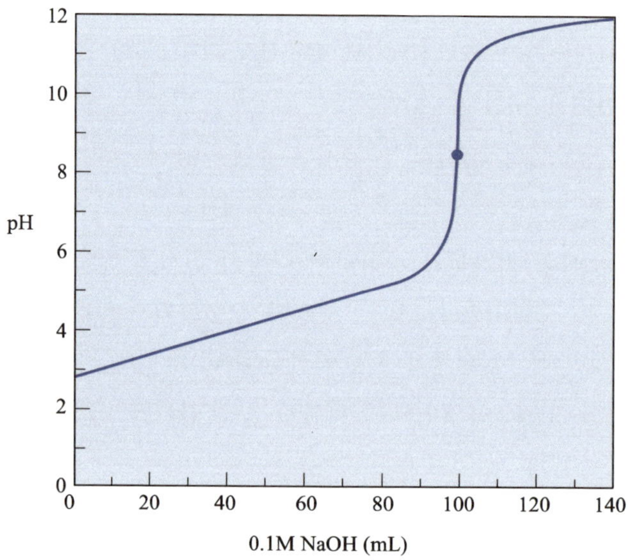

그림 9-2. 0.1 N HAc 100 mL를 0.1 N NaOH로 적정할 때 적정곡선

jump(당량점)는 염기성 쪽으로 치우쳐 있으므로 여기에 적합한 지시약은 페놀프탈레인이다. 한편, 당량점 이전에는 HAc와 NaAc로 된 완충용액이 형성되므로 pH가 느린 속도로 증가하는 것을 볼 수 있다.

예제 9-4

0.1 N HAc 100 mL를 0.1 N NaOH로 적정할 때 NaOH가 0, 50, 100 및 110 mL가 소비되었을 경우의 pH를 각각 구하고 적당한 지시약을 선택하라(단, $K_{HAc} = 1.8 \times 10^{-5}$).

풀이 HAc와 NaOH의 농도와 부피를 각각 N_a, V_a 및 N_b, V_b 라고 하자.

① **0 mL 소비**

적정하기 전이므로 용액의 pH는 0.1 N HAc의 pH이며, HAc는 약한산이므로 다음과 같이 pH를 구한다.

$$[H^+] = \sqrt{K_a C}$$
$$= \sqrt{1.8 \times 10^{-5} \times 0.1}$$
$$= 1.3 \times 10^{-3}$$

pH = 2.87

② **50 mL 소비**

NaOH를 적가한 만큼 HAc는 NaAc로 변하고 일부는 남아 있게 되어 약한산과 그 염으로 된 완충용액을 형성한다.

$$[H^+] = K_a \times \frac{[\text{산}]}{[\text{염}]}$$
$$= K_a \times \frac{N_a V_a - N_b V_b}{N_b V_b}$$
$$= 1.8 \times 10^{-5} \times \frac{0.1 \times 100 - 0.1 \times 50}{0.1 \times 50}$$
$$= 1.8 \times 10^{-5}$$

pH = 4.74

③ **100.0 mL 소비**

당량점에서는 전체 부피가 200.0 mL가 되었으므로 농도는 1/2로 감소하게 된다.

$$[H^+] = \sqrt{\frac{K_w K_a}{C/2}}$$
$$= \sqrt{\frac{1 \times 10^{-14} \times 1.8 \times 10^{-5}}{0.1/2}}$$
$$= 1.9 \times 10^{-9}$$

pH = 8.72

④ **110.0 mL 소비**

당량점을 지나 더 적가된 NaOH는 더 이상 중화되지 않고 용액 중에 그대로 남게 되므로 $[OH^-]$ = [NaOH]가 된다.

$$[OH^-] = \frac{N_bV_b - N_aV_a}{V_a + V_b}$$
$$= \frac{0.1 \times 110.0 - 0.1 \times 100.0}{210.0}$$
$$= 4.76 \times 10^{-3}$$
$$pOH = 2.32$$
$$pH = 11.68$$

4. 약한염기를 센산으로 적정하는 경우

이 경우는 당량점에서 생성되는 염이 약한염기와 센산으로 된 염이므로 용액의 액성은 산성이다. 그러므로 pH = 7.0 이하에서 당량점이 나타난다. 약한염기 BOH를 H^+를 갖는 센산으로 적정하는 경우 적정곡선을 그리기 위하여 $[H^+]$ 또는 $[OH^-]$를 구하는 식을 요약하면 아래와 같다.

구분	존재종	식
적정 전	BOH	$[OH^-] = \sqrt{K_bC}$
당량점 전	BOH/B^+	$[OH^-] = K_b \times \frac{N_bV_b - N_aV_a}{N_aV_a}$
당량점	B^+	$[H^+] = \sqrt{\frac{K_wC/2}{K_b}}$
당량점 후	H^+	$[H^+] = \frac{N_aV_a - N_bV_b}{V_a + V_b}$

예를 들어, 0.1 N NH_4OH 100 mL를 0.1 N HCl로 적정하는 경우를 생각하여 보자. 여기서 NH_4OH의 농도를 N_b, 부피를 V_b라고 하고, HCl의 농도와 부피를 각각 N_a, V_a라고 하자.

① **적정 전** : HCl을 적가하기 전의 용액의 pH는 0.1 N NH_4OH의 pH와 같으므로 다음과 같이 $[OH^-]$를 먼저 구하여 pH를 계산하면 된다.

$$[OH^-] = \sqrt{K_b C}$$

② **당량점 전** : HCl을 적가하기 시작하여 당량점 전까지 적정하였을 때는 HCl을 적가한 만큼 NH_4OH는 중화되어 NH_4Cl을 생성하고 중화되지 않은 NH_4OH는 일부 남게 되어 완충용액을 형성한다. 이 완충용액은 약한염기(NH_4OH)와 그 공통이온을 포함하는 센 전해질(NH_4Cl)이 혼합된 완충용액이므로 다음과 같이 $[OH^-]$를 먼저 구한 다음 pH를 계산한다.

$$[OH^-] = K_b \times \frac{[염기]}{[염]} = K_b \times \frac{\dfrac{N_b V_b - N_a V_a}{V_a + V_a}}{\dfrac{N_a V_a}{V_a + V_b}} = K_b \times \frac{N_b V_b - N_a V_a}{N_a V_a}$$

③ **당량점** : HCl을 당량점까지 적가하였을 때는 다음과 같이 중화반응이 완전히 일어나게 된다.

$$NH_4OH + HCl \rightleftharpoons NH_4Cl + H_2O$$

여기서 생성된 NH_4Cl은 약한염기와 센산으로 된 염이므로 $[H^+]$는 식 (4-83)으로 구할 수 있다. 그러나 0.1 N NH_4Cl 100 mL를 0.1 N HCl로 적정할 경우 HCl이 100 mL 소비되었을 때 당량점에 이르게 되므로 전체의 부피는 200 mL가 되어 농도는 1/2로 감소하게 된다. 따라서 다음과 같이 $[H^+]$를 구할 수 있다.

$$[H^+] = \sqrt{\frac{K_w C/2}{K_b}}$$

④ **당량점 후** : 당량점을 지나 HCl을 더 적가하였을 때는 더 이상 중화반응이 일어나지 않으므로 적가된 HCl은 그대로 용액 중에 남게 된다. 따라서 평준화효과(leveling effect)에 의하여 그 용액의 $[H^+]$는 HCl에 의하여 좌우된다. HCl은 센전해질이므로 100% 이온화하므로 $[H^+]$는 더 적가된 HCl의 농도와 같다. 그러므로 $[H^+]$는 다음과 같이 구할 수 있다.

$$[H^+] = [HCl] = \frac{N_a V_a - N_b V_b}{V_a + V_b}$$

이상의 내용을 정리하여 그림 9-3에 나타내었으며, 그림 9-3에서 보는 바와 같이 pH jump(당량점)는 산성 쪽으로 치우쳐 있으므로 여기에 적합한 지시약은 메틸오렌지이다. 이 경우도 앞의 경우와 마찬가지로 당량점 전에 완충용액이 형성되므로 pH의 감소가 완만함을 볼 수 있다.

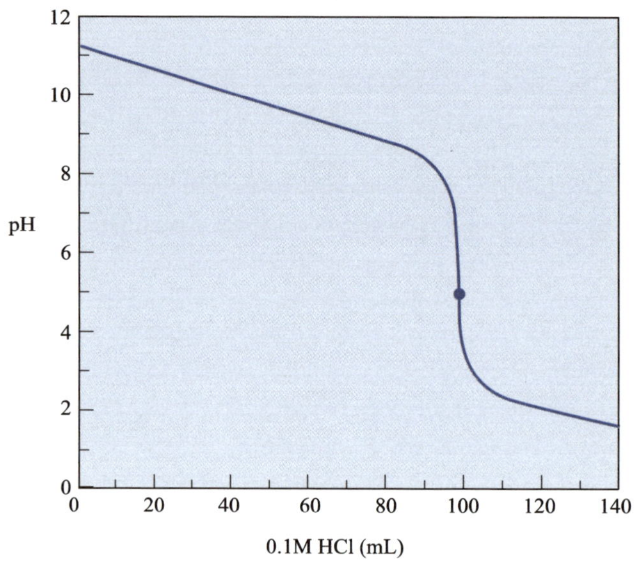

그림 9-3. 0.1 N NH_4OH 100 mL를 0.1 N HCl로 적정할 때 적정곡선

예제 9-5

0.1 N NH_4OH 100.0 mL를 0.1 N HCl로 적정할 때 적정 전, 99% 적정, 당량점, 101% 적정의 경우 각각 pH를 구하라(단, $K_b = 1.75 \times 10^{-5}$).

풀이 NH_4OH와 HCl의 농도와 부피를 각각 N_b, V_b 및 N_a, V_a라고 하자.

① **적정 전**

적정 전에는 NH_4OH의 pH를 구하면 된다.

$$[OH^-] = \sqrt{K_b C}$$

$$= \sqrt{1.75 \times 10^{-5} \times 0.1}$$

$$= 1.32 \times 10^{-3}$$

pOH = 2.88, pH = 11.12

② **99% 적정**

적가한 HCl의 양 만큼 NH_4OH는 NH_4Cl로 변하고 1%는 남아 있게 되어 완충용액을 형성한다.

$$[OH^-] = K_b \times \frac{[염기]}{[염]}$$

$$= K_b \times \frac{N_b V_b - N_a V_a}{N_a V_a}$$

$$= 1.75 \times 10^{-5} \times \frac{0.1\text{ N} \times 100\text{ mL} - 0.1\text{ N} \times 99.0\text{ mL}}{0.1\text{ N} \times 99\text{ mL}}$$

$$= 1.78 \times 10^{-7}\text{ N}$$

pOH = 6.75, pH = 7.25

③ **당량점**

당량점에서 생성된 NH_4Cl은 센산과 약한염기로 된 염이므로 식 (4-83)에 의해서 $[H^+]$를 구할 수 있다. 당량점에서는 부피가 2배로 늘어났으므로 다음과 같이 pH를 구한다.

$$[H^+] = \sqrt{\frac{K_w C/2}{K_b}}$$

$$= \sqrt{\frac{1.0\times 10^{-14}\times 0.1/2}{1.75\times 10^{-5}}}$$

$$= 5.33\times 10^{-6}$$

$pH = 5.27$

④ **101% 적정**

당량점을 지나 더 적가된 HCl은 더 이상 중화되지 않고 용액 중에 그대로 남게 되므로 $[H^+] = [HCl]$이다.

$$[H^+] = [HCl] = \frac{N_a V_a - N_b V_b}{V_a + V_b}$$

$$= \frac{0.1\ N\times 101.0\ mL - 0.1\ N\times 100.0\ mL}{(100.0 + 101.0)\ mL}$$

$$= 4.96\times 10^{-4}\ N$$

$pH = 3.30$

5. 다양성자산의 적정

HCl 또는 HAc와 같이 양성자가 1개인 경우에는 pH jump(당량점)는 1개가 나타나지만 H_2SO_4 또는 H_3PO_4 등과 같은 다양성자산은 pH jump가 2번 이상 나타나며, 첫 번째 pH jump를 제1당량점이라고 하고, 두 번째 pH jump를 제2당량점이라고 한다.

예를 들어. 0.1 N $H_3PO_4(N_a)$ 100 mL(V_a)를 0.1 N(N_b) NaOH(V_b)로 적정하는 경우 pH 변화를 구하여 보자.

① **적정 전** : NaOH를 적가하기 전의 $[H^+]$는 H_3PO_4의 $[H^+]$와 같다. H_3PO_4는 약한산이므로 다음과 같이 $[H^+]$를 구할 수 있다.

$$[H^+] = \sqrt{K_1 C} = \sqrt{7.5\times 10^{-3}\times 0.1} = 2.74\times 10^{-2}$$

$pH = 1.56$

② **제1당량점 전** : NaOH를 적가하기 시작하여 제1당량점 전까지 적정하였을 때는 NaOH를 적가한 만큼 H_3PO_4는 중화되어 NaH_2PO_4를 생성하고 중화되지 않은 H_3PO_4는 일부 남게 되어 완충용액을 형성한다. 이 완충용액은 약한산(H_3PO_4)과 그 공통이온을 포함하는 센전해질(NaH_2PO_4)이 혼합된 완충용액이므로 다음과 같이 $[H^+]$를 구한다.

$$[H^+] = K_1 \times \frac{[산]}{[염]} = K_1 \times \frac{\dfrac{N_aV_a - N_bV_b}{V_a + V_b}}{\dfrac{N_bV_b}{V_a + V_b}} = K_1 \times \frac{N_aV_a - N_bV_b}{N_bV_b}$$

③ **제1당량점** : NaOH를 제1당량점까지 적가하였을 때는 다음과 같이 중화반응이 완전히 일어나게 된다.

$$H_3PO_4 \ + \ NaOH \ \rightleftharpoons \ NaH_2PO_4 \ + \ H_2O$$

여기서 생성된 NaH_2PO_4는 약한산과 센염기로 된 염이므로 $[H^+]$는 식 (4-105)로부터 구할 수 있다.

$$[H^+] = \sqrt{K_1K_2}$$

④ **제1당량점 후** : 제1당량점을 지나 NaOH를 적가하였을 때는 적가한 만큼 NaH_2PO_4는 계속하여 중화되어 Na_2HPO_4를 생성하고 중화되지 않은 NaH_2PO_4는 일부 남게 되어 완충용액을 형성한다. 이 용액의 $[H^+]$는 식 (4-110)과 같은 방법으로부터 구할 수 있으며, 여기서는 0.1 N H_3PO_4 100 mL를 0.1 N NaOH로 적정하기 때문에 제1당량점까지 소비된 NaOH는 H_3PO_4를 NaH_2PO_4로 중화하는데 소모되었으므로 적가된 NaOH의 실제 농도는 $N_2V_2 - 100$이 되는 것이다. 따라서 다음과 같이 $[H^+]$를 구할 수 있다.

$$[H^+] = K_2 \times \frac{[산]}{[염]} = K_2 \times \frac{\dfrac{N_aV_a - (N_bV_b - 100)}{V_a + V_b}}{\dfrac{N_bV_b - 100}{V_a + V_b}}$$

$$= K_2 \times \frac{N_aV_a - (N_bV_b - 100)}{N_bV_b - 100}$$

⑤ **제2당량점** : NaOH를 제2당량점까지 적가하였을 때는 다음과 같이 중화반응이 완전히 일어나게 된다.

$$NaH_2PO_4 \ + \ NaOH \ \rightleftharpoons \ Na_2HPO_4 \ + \ H_2O$$

여기서 생성된 NaH_2PO_4는 약한산과 센염기로 된 염이므로 $[H^+]$는 식 (4-106)으로 구할 수 있다.

$$[H^+] = \sqrt{K_2K_3}$$

⑥ **제2당량점 이후** : H_3PO_4의 $K_3 = 4.8 \times 10^{-13}$이기 때문에 HPO_4^{2-}는 매우 이온화하기 어려워 적정이 곤란하다. 따라서 제2당량점 이후의 $[H^+]$는 NaOH에 의하여 결정된다.

이상의 방법으로 pH를 구하여 적정곡선을 그렸을 때는 그림 9-4와 같이 나타낼 수 있다.

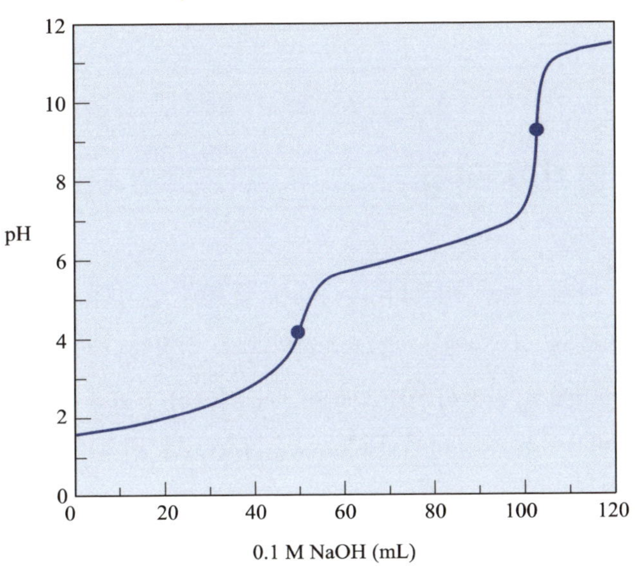

그림 9-4. H_3PO_4를 NaOH로 적정할 때 적정곡선

예제 9-6

0.1 N H_3PO_4를 0.1 N NaOH로 적정할 때 제1당량점과 제2당량점에서의 pH를 구하고 적당한 지시약을 선택하라(단, $K_1 = 7.5 \times 10^{-3}$, $K_2 = 6.2 \times 10^{-8}$, $K_3 = 4.8 \times 10^{-13}$).

풀이 ① **제1당량점** : 제1당량점에서는 다음과 같이 H_3PO_4와 NaOH가 반응하여 NaH_2PO_4를 생성하며, 이것의 pH는 식 (4-105)로 구한다.

$$H_3PO_4 + NaOH \rightleftharpoons NaH_2PO_4 + H_2O$$

$$\begin{aligned}[H^+] &= \sqrt{K_1 K_2} \\ &= \sqrt{7.5 \times 10^{-3} \times 6.2 \times 10^{-8}} \\ &= 2.16 \times 10^{-5}\end{aligned}$$

$$pH = 4.67$$

② **제2당량점** : 제2당량점에서는 다음과 같이 제1당량점에서 생긴 NaH_2PO_4와 NaOH가 반응하여 Na_2HPO_4를 생성하며, 식 (4-106)에 의하여 pH를 구한다.

$$NaH_2PO_4 + NaOH \rightleftharpoons Na_2HPO_4 + H_2O$$

$$[H^+] = \sqrt{K_2K_3}$$
$$= \sqrt{6.2\times10^{-8}\times4.8\times10^{-13}}$$
$$= 1.73\times10^{-10}$$
$$pH = 9.76$$

지시약으로서는 pH 변색범위가 8.0~9.8인 phenolphthalein이 적당하다.

6. 다가 염기의 적정

탄산 이온과 같이 단계적으로 이온화하는 다가 염기에 있어서 제1 및 제2 이온화상수의 차이가 큰 경우($K_1/K_2 = 10^{-4}$)에는 산 표준용액으로 적정이 가능하다. 예를 들어, 탄산나트륨(Na_2CO_3)은 수용액에서 완전히 이온화하며, 이것을 염산 표준용액으로 적정하면 CO_3^{2-}는 HCl의 H^+와 단계적으로 반응하여 HCO_3^-와 H_2CO_3로 변하며 제1 및 제2 당량점에서 pH jump를 나타내게 된다.

탄산(H_2CO_3)은 다음과 같이 이온화하며, K_1과 K_2의 차이가 10^4배 이상의 차이가 있다.

$$H_2CO_3 \rightleftharpoons H^+ + HCO_3^- \qquad K_1 = 4.3\times10^{-7}$$
$$HCO_3^- \rightleftharpoons H^+ + CO_3^{2-} \qquad K_2 = 5.6\times10^{-11}$$

0.1 N Na_2CO_3 용액 100 mL를 0.1 N HCl로 적정하는 경우 pH의 변화를 알아보자. Na_2CO_3와 HCl의 농도와 부피를 각각 N_b, V_b 및 N_a, V_a라고 하자.

① **적정 전** : 적정이 시작되기 전까지 Na_2CO_3의 $[H^+]$를 구하여 pH를 계산하면 된다. Na_2CO_3의 $[H^+]$는 식 (4-107)과 같은 방법으로 구할 수 있다.

$$[H^+] = \sqrt{\frac{K_wK_2}{C}}$$

② **제1당량점 전** : HCl을 적가하기 시작하여 제1당량점 전까지 적정하였을 때는 Na_2CO_3는 $NaHCO_3$로 중화되고 일부는 남아 있으므로 $NaHCO_3$와 Na_2CO_3로 된 완충용액을 형성한다. 따라서 $[H^+]$는 식 (4-110)과 같은 방법에 의하여 다음과 같이 구할 수 있다.

$$[H^+] = K_2 \times \frac{[\text{산}(NaHCO_3)]}{[\text{염}(Na_2CO_3)]} = K_2 \times \frac{\dfrac{N_aV_a}{V_a+V_b}}{\dfrac{N_bV_b-N_aV_a}{V_a+V_b}}$$

$$= K_2 \times \frac{N_aV_a}{N_bV_b-N_aV_a}$$

③ **제1당량점** : HCl을 제1당량점까지 적가하면 다음과 같이 중화반응이 완전히 일어나게 되어 Na_2CO_3는 $NaHCO_3$로 된다.

$$Na_2CO_3 + HCl \rightleftharpoons NaHCO_3 + NaCl$$

여기서 생성된 $NaHCO_3$는 약한산과 센염기로 된 염이므로 식 (4-105)로 수소이온농도를 구할 수 있다.

$$[H^+] = \sqrt{K_1K_2}$$

④ **제1당량점 후** : 제1당량점을 지나 계속하여 HCl을 적가하면 $NaHCO_3$는 HCl을 적가한 만큼 H_2CO_3로 되어 $NaHCO_3$와 H_2CO_3가 공존하게 되므로 완충용액이 된다.

$$NaHCO_3 + HCl \rightleftharpoons H_2CO_3 + NaCl$$

이 용액의 $[H^+]$는 식 (4-110)과 같은 방법으로부터 구할 수 있으며, 여기서는 0.1 N Na_2CO_3 100 mL를 0.1 N HCl로 적정하기 때문에 제1당량점까지 소비된 HCl는 Na_2CO_3를 $NaHCO_3$로 중화하는데 소모되었으므로 적가된 HCl의 실제 농도는 N_2V_2-100이 되는 것이다. 따라서 다음과 같이 $[H^+]$를 구할 수 있다.

$$[H^+] = K_1 \times \frac{[\text{산}(H_2CO_3)]}{[\text{염}(NaHCO_3)]} = K_1 \times \frac{\dfrac{N_aV_a-100}{V_a+V_b}}{\dfrac{N_bV_b-(N_aV_a-100)}{V_a+V_b}}$$

$$= K_1 \times \frac{N_aV_a-100}{N_bV_b-(N_aV_a-100)}$$

⑤ **제2당량점** : 제2당량점에서는 모든 Na_2CO_3가 H_2CO_3로 바뀌게 되며, H_2CO_3는 다양성자산이다. 그러나 전체 용액의 부피는 처음에 비하여 3배로 증가하였으므로 수소이온 농도를 구하는 식은 다음과 같다.

$$[H^+] = \sqrt{K_1 \cdot \frac{C}{3}}$$

⑥ **제2당량점 이후** : 제2당량점에서 생성된 H_2CO_3보다 적가되는 HCl이 더 센산이므로 이때의 pH는 적가된 HCl의 농도에 따르게 된다.

이상에서 소비된 HCl의 부피로부터 pH를 계산하여 적정곡선을 그리면 그림 9-5와 같다.

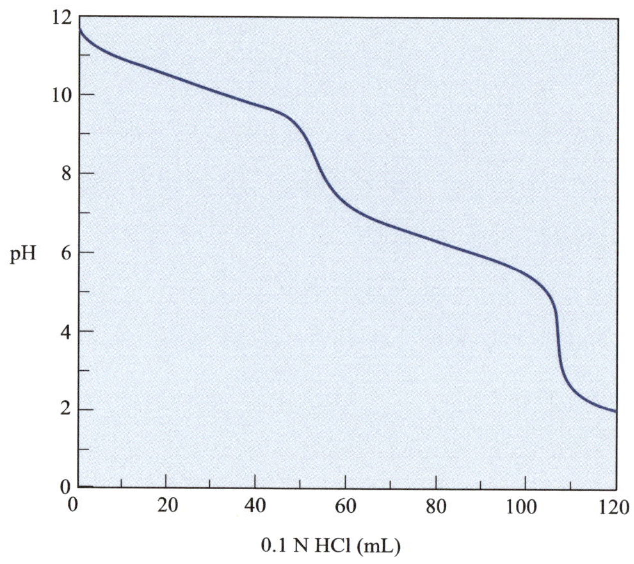

그림 9-5. 0.1 N Na_2CO_3 50 mL를 0.1 N HCl로 적정할 때 적정곡선

7. 염기 표준용액을 이용한 적정

1) 0.1 N NaOH 용액의 제조 및 표준화

0.1 N NaOH 용액은 0.1 g-당량의 NaOH(4 g)를 물에 녹여 1000 mL의 용액을 만들면 된다. 그러나 NaOH는 공기 중의 탄산가스를 흡수하여 표면이 탄산염으로 되어 있으며, 조해성 때문에 정확히 4 g을 칭량하기란 곤란하다. 그러므로 NaOH 약 8 g을 칭량하여 소량의 갓 식힌 물로 반쯤 녹여서, 녹인 액을 버리고 남는 약 4.0 g을 물에 녹여 100 mL로 만들고 정확한 농도를 결정한다. 즉, 옥살산($H_2C_2O_4 \cdot 2H_2O$)이나 프탈산수소칼륨[potassium hydrogen phthalate; $C_6H_4(COOK)COOH$] 등 칭량이 용이한 물질을 정확히 일정량 칭량하여 일정 농도의 기지용액을 만들고, 이 용액 일정량을 삼각플라스크에 넣고 지시약으로 phenolphthalein(P.P)을 가한 후 약 0.1 N NaOH 용액을 지시약의 색이 변하는 점까지 적가하여 $NV = N'V'$에 의하여 정확한 NaOH 용액의 농도를 결정한다.

이들 표준물질과 NaOH의 중화반응은 다음과 같다.

$$H_2C_2O_4 + 2NaOH \rightarrow Na_2C_2O_4 + 2H_2O$$
$$C_6H_4(COOK)COOH + NaOH \rightarrow C_6H_4(COOK)COONa + H_2O$$

(1) 0.1 N NaOH 용액의 조제

NaOH 약 2.0 g을 칭량한 후 비커에 넣고 소량의 갓 식힌 물로 반쯤 녹여 녹인 액을 버리고 남는 약 1.0 g의 NaOH를 250 mL 용량플라스크에 넣고 갓 식힌 증류수로 녹여 눈금선까지 채운다.

(2) 표준화

① 옥살산($H_2C_2O_4 \cdot 2H_2O$ = 126.0) 6.300 g을 물에 녹여 1,000 mL로 만든 용액 25 mL를 삼각플라스크에 넣고, P.P. 약 3방울을 떨어뜨린 후,

② 뷰렛을 적정하려는 NaOH 용액으로 2회쯤 씻어낸 후, NaOH 용액으로 위 눈금(0.00)을 약간 넘게 채우고, 뷰렛의 코르크를 재빨리 잠시 동안 열어서 용액을 약간 흘려 내려서 코크 아랫부분에 남아 있는 공기를 밀어낸 다음 코크를 잠그고 용액의 눈금을 읽고 기록한다.

③ 뷰렛으로부터 NaOH 용액을 0.1 N 옥살산 용액 25.0 mL와 P.P.가 들어 있는 삼각플라스크에 가하면서 삼각플라스크를 흔들어 나타나는 적색이 사라지도록 한다.

④ 한 방울씩 NaOH 용액을 가하여 NaOH 용액 한 방울로 사라지지 않는 분홍색이 나타나게 한 후 눈금을 읽어 기록한다.

⑤ 이때 소비된 NaOH 용액의 농도를 N'라고 하고 소비된 부피를 V'라고 하면 정확한 NaOH의 농도는 다음 식으로 결정된다.

$$NV = N'V'$$
$$0.1 \times 25.0 = N' \times V'$$
$$\therefore N' = \frac{2.5}{V'} \text{ (N)}$$

⑥ 정확한 NaOH 농도를 결정하기 위해 ①에서 ⑤까지의 과정을 3회 반복해 평균값을 사용한다. 제조한 표준용액은 다음과 같이 label을 표시한 시약병에 옮겨 사용한다.

0.1 N HCl (f = 1.2345), 20℃ 년 월 일

2) 식초의 농도 결정

미지용액을 25.0 mL 정확히 취한 후, 삼각플라스크에 옮기고 P.P 세 방울을 가한 다음 표준화된 NaOH 표준용액으로 적정하여 식초 중의 아세트산 농도를 결정한다. 이때 NaOH 표준용액의 농도를 N'라고 하고, 소비된 부피가 V'이었다면 식초 중의 아세트산 농도는 다음과 같이 구한다.

$$N \times 25.0 = N' \times V'$$

$$\therefore\ N = \frac{N' \times V'}{25.0}\ (\mathrm{N})$$

3) 인산 정량

H_3PO_4는 3양성자산의 대표적인 특징을 가지고 있는 산으로 다음 식에서 볼 수 있는 바와 같이 세 단계로 이온화한다.

$$H_3PO_4 \rightleftarrows H^+ + H_2PO_4^- \qquad K_1 = 7.5 \times 10^{-3}$$

$$H_2PO_4^- \rightleftarrows H^+ + HPO_4^{2-} \qquad K_2 = 6.2 \times 10^{-8}$$

$$HPO_4^{2-} \rightleftarrows H^+ + PO_4^{3-} \qquad K_3 = 4.8 \times 10^{-13}$$

따라서 H_3PO_4는 센염기로 다음과 같이 적정되어질 수 있다.

$$H_3PO_4 \rightleftarrows OH^+ + H_2PO_4^- + H_2O \qquad \text{당량점 pH} = 4.7$$

$$H_2PO_4^- \rightleftarrows OH^- + HPO_4^{2-} + H_2O \qquad \text{당량점 pH} = 9.6$$

그러므로 H_3PO_4를 pH 4.5 부근에서 변색하는 지시약 M.O를 사용하면 1양성자산으로 정량할 수 있고, pH 9.6 부근에서 변색하는 지시약 P.P를 사용하면 2양성자산으로 정량할 수 있다. 그러나 제2당량점까지 적정하면 그 때 생성된 Na_2HPO_4가 가수분해하여 상당한 오차가 생기므로 처음에 NaCl을 가하여 가수분해를 억제해 주는 것이 좋다.

4) 1양성자산으로서의 정량

시료 일정량을 취한 후 M.O 몇 방울을 가하고 0.1 N NaOH로 적정한다.

$$0.1\ N\ NaOH\ 1\ mL \equiv 0.098\ g\ H_3PO_4$$

5) 2양성자산으로서의 정량

시료 일정량을 취하여 물로 전체 양을 30~40 mL로 하고, NaCl(고체) 10~15 g과 P.P 몇 방울을 가한 다음 0.1 N NaOH로 적정한다.

$$0.1\ N\ NaOH\ 1\ mL \equiv 0.049\ g\ H_3PO_4$$

6) H_3PO_4와 H_2SO_4 혼산 중 각 성분의 정량

H_3PO_4와 H_2SO_4가 혼합된 시료 일정량을 정밀하게 취하고, M.O 1~2방울을 가하여 0.1 N NaOH로 적정하였을 때 a mL가 소비되었다고 하자. 이때는 H_2SO_4 전량과 H_3PO_4 1/3에 해당하는 양이 중화된다.

$$H_2SO_4 + 2NaOH \rightarrow Na_2SO_4 + 2H_2O$$

$$H_3PO_4 + NaOH \rightarrow NaH_2PO_4 + H_2O$$

따로 다시 같은 시료량을 취하고 충분한 양의 NaCl과 P.P 2~3방울을 가한 다음 0.1 N NaOH로 적정하였을 때 b mL가 소비되었다고 하자. 이때는 H_2SO_4 전량과 H_3PO_4 2/3에 해당하는 양이 중화된다.

$$H_2SO_4 + 2NaOH \rightarrow Na_2SO_4 + 2H_2O$$

$$H_3PO_4 + 2NaOH \rightarrow Na_2HPO_4 + 2H_2O$$

따라서 시료 중 각각의 함량은 다음과 같이 구할 수 있다.

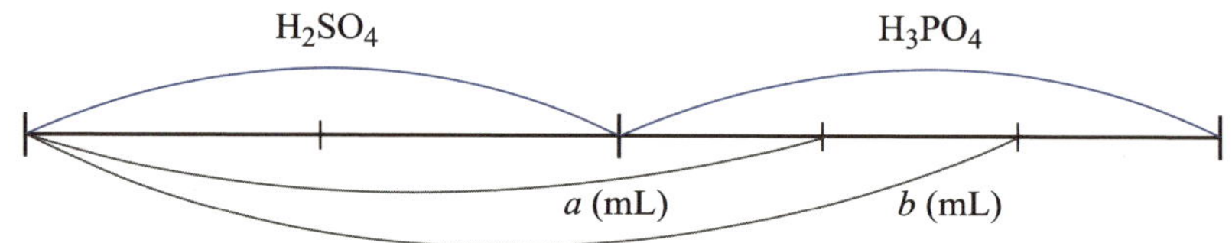

$$H_2SO_4(\%) = \frac{\frac{fw_{H_2SO_4}}{\text{당량가}(n)}(\text{mg/meq}) \times Nf\ V}{\text{시료의 양(mg)}} \times 100$$

$$= \frac{\frac{98.078}{2}(\text{mg/meq}) \times Nf \times [a-(b-a)]}{\text{시료의 양(mg)}} \times 100$$

$$= \frac{49.039(\text{mg/meq}) \times Nf \times (2a-b)}{\text{시료의 양(mg)}} \times 100$$

$$H_3PO_4(\%) = \frac{\frac{fw_{H_3PO_4}}{\text{당량가}(n)}(\text{mg/meq}) \times Nf\ V}{\text{시료의 양(mg)}} \times 100$$

$$= \frac{\frac{97.995}{3}(\text{mg/meq}) \times Nf \times 3(b-a)}{\text{시료의 양(mg)}} \times 100$$

7) 아스피린의 정량

OCOCH$_3$ / COOH (benzene ring) = 180.16

아스피린(aspirin; $C_9H_8O_4$)은 분자식에서 보는 바와 같이 약한산이므로 염기 표준용액으로 쉽게 적정할 수 있다.

$$\text{C}_6\text{H}_4(\text{OCOCH}_3)(\text{COOH}) + \text{NaOH} \rightleftarrows \text{C}_6\text{H}_4(\text{OCOCH}_3)(\text{COONa})$$

시료를 묽은 알코올에 녹이고 P.P를 지시약으로 하여 NaOH 표준용액으로 적정한다. 이때 위의 반응식에서 보는 바와 같이 아스피린은 1당량물질로 작용한다.

그러나 보통은 시료에 일정 과량의 NaOH를 가하여 중화와 검화(saponification)시키면 다음 반응식과 같이 되며, 이때 남은 NaOH 표준용액을 산 표준용액으로 역적정한다. 이 경우 아스피린은 2당량물질로 작용하게 된다.

$$\text{C}_6\text{H}_4(\text{OCOCH}_3)(\text{COOH}) + \text{NaOH} \rightleftarrows \text{C}_6\text{H}_4(\text{OH})(\text{COONa}) + CH_3COONa$$

8. 산 표준용액을 이용한 적정

1) 0.1 N HCl 용액의 제조 및 표준화

산 표준용액으로는 HCl 또는 H_2SO_4 등이 있으나 HCl이 만드는 염화물은 대부분 수용성이기 때문에 HCl을 가장 널리 사용한다. H_2SO_4는 알칼리토금속과 반응하여 난용성 염을 형성하므로 HCl 만큼 많이 사용하지 않으나 오랜 시간 동안 가열하여야 할 때 또는 뜨거운 용액의 적정에 사용한다.

한편, HNO_3는 센산이므로 표준용액으로 사용할 수는 있지만 HNO_3는 소량의 HNO_2를 함유하고 있으며, HNO_3 자체가 강한 산화제이고 HNO_2는 산화제 또는 환원제로 작용할 수 있기 때문에 지시약을 파괴할 수도 있으므로 가능한 한 사용을 피하는 것이 좋다.

(1) 0.1 N HCl 용액의 제조

HCl = 36.5(35 w/w%, 비중 = 1.18)

0.1 N HCl 1 L를 만들기 위하여 필요한 HCl의 양(g)은 다음과 같이 구할 수 있다.

$$0.1\ \mathrm{N\ HCl} = 0.1\ \mathrm{eq/L\ HCl}$$
$$= 0.1 \times \frac{36.5}{1}\ \mathrm{g/L\ HCl} = 3.65\ \mathrm{g/L\ HCl}$$

즉, 0.1 N HCl 용액 1 L를 만들기 위하여 필요한 HCl은 3.65 g이 필요하다. 그러나 HCl은 액체이므로 부피를 취하여야 하며, 시판하고 있는 HCl은 대략 무게비로 35% 정도의 농도이므로 식 (3-9)와 같이 무게를 부피로 환산할 수 있다.

$$m = dV \times \frac{\%}{100}$$
$$V = \frac{m}{d} \times \frac{100}{\%} = \frac{3.65\ \mathrm{g}}{1.18\ \mathrm{g/mL}} \times \frac{100}{35} = 8.84\ \mathrm{mL}$$

따라서 35% HCl 8.84 mL를 취하여 전체가 1 L가 되도록 물로 묽히면 0.1 N HCl이 된다.

(2) 표준화

① 표준화된 NaOH 표준용액을 사용하는 방법

농도를 결정하려는 염산용액 일정량(V mL)를 취하여 삼각플라스크에 넣고 P.P 2~3 방울을 가한 다음, 미리 표준화된 NaOH 표준용액을 한 방울씩 가하여 가며 삼각플라스크를 흔들어 주었을 때 사라지지 않는 분홍색이 나타날 때를 적정 종말점으로 한다. 이때 NaOH의 농도를 N'라고 하고 소비된 부피를 V'라고 하면 다음과 같이 HCl의 농도를 구할 수 있다.

$$NV = N'V'$$
$$N = \frac{N' \times V'}{V}$$

② $KHCO_3$를 사용하는 방법

HCl을 표준화하는데 사용되는 일차표준물질로는 $KHCO_3$, 무수 Na_2CO_3, $Na_2B_4O_7$ 등이 있는데 보통은 $KHCO_3$를 사용한다. 정제된 $KHCO_3$ a g을 정확히 취하여 삼각플라스크에 넣고 물 약 20 mL에 녹인다. 이 용액에 M.O 두 방울을 가한다. 다음에 표준화하려고 하는 약 0.1 N HCl 용액으로 먼저 준비한 $KHCO_3$를 녹인 삼각플라스크에 적가하여 색이 약간 적색이 되려고 할 때 일단 적정을 중지하고, 약 2분간 가열하여 용액 중의 CO_2를 구축한 다음, 한 방울을 더 가하여 액이 약간 적색이 되었으면 적정을 중지한다. 이때 HCl 용액의 소비량이 b mL라고 하면 다음과 같이 HCl의 농도보정계수 (f)를 바로 구할 수 있다.

$$KHCO_3 + HCl \rightarrow KCl + CO_2 + H_2O$$

$$10.012\ g : 1000\ mL(0.1\ N)$$

$$a\ g : x\ mL$$

$$x(\text{이론값}) = \frac{1000 \times a}{10.012}\ (mL)$$

$$f = \frac{\text{이론값}(mL)}{\text{실험값}(mL)} = \frac{\frac{1000 \times a}{10.012}}{b} = \frac{1000}{10.012} \times \frac{a}{b}$$

2) 0.1 N H_2SO_4 용액의 제조 및 표준화

(1) 0.1 N H_2SO_4 용액의 제조; H_2SO_4 = 98.08(95.0 w/w%, 비중 = 1.839)

0.1 N H_2SO_4 1 L를 만들기 위하여 필요한 H_2SO_4의 양(g)은 다음과 같이 구할 수 있다.

$$0.1\,N\ H_2SO_4 = 0.1\ eq/L\ H_2SO_4$$

$$= 0.1 \times \frac{98.08}{2}\ g/L\ H_2SO_4 = 4.904\ g/L\ H_2SO_4$$

즉, 0.1 N H_2SO_4 용액 1 L를 만들기 위하여 필요한 H_2SO_4는 4.904 g이 필요하다. 그러나 H_2SO_4도 액체이므로 부피로 취하여야 하며, 시판하고 있는 H_2SO_4는 대략 무게비로 95% 정도의 농도이므로 식 (3-9)와 같이 무게를 부피로 환산할 수 있다.

$$m = dV \times \frac{\%}{100}$$

$$V = \frac{m}{d} \times \frac{100}{\%} = \frac{4.904\ g}{1.839\ g/mL} \times \frac{100}{95} = 2.8\ mL$$

따라서 95% H_2SO_4 2.8 mL를 취하여 전체가 1 L가 되도록 물로 묽히면 0.1 N H_2SO_4가 된다.

(2) 표준화

0.1 N HCl과 같이 $KHCO_3$나 Na_2CO_3 등을 표준물질로 하여 농도를 결정할 수 있다. 즉, Na_2CO_3를 이용할 경우 사용하는 NaCO의 무게를 *a* g이라고 하고, 적정에서 소비된 H_2SO_4의 부피를 *b* mL라고 한다면 다음과 같이 농도보정계수(f)를 구할 수 있다.

$$Na_2CO_3 \quad + \quad H_2SO_4 \quad \rightarrow \quad Na_2SO_4 \quad + \quad CO_2 \quad + \quad H_2O$$

5.3002 g : 1000 mL(0.1 N)

a g : *x* mL

$$x(\text{이론값}) = \frac{1000 \times a}{5.3002} (\text{mL})$$

$$f = \frac{\text{이론값(mL)}}{\text{실험값(mL)}} = \frac{\frac{1000 \times a}{5.3002}}{b} = \frac{1000}{5.3002} \times \frac{a}{b}$$

3) Na_2CO_3의 정량

탄산나트륨(Na_2CO_3)은 다음과 같이 산에 의하여 2단계로 중화된다. 제1당량점에서는 $NaHCO_3$를 형성하고 제2당량점에서는 H_2CO_3를 형성한다. 그러므로 HCl이나 H_2SO_4와 같은 센산으로 적정하면 pH 8.4(P.P)에서 $NaHCO_3$가 형성하며 pH 3.8(M.O)에서 완전 중화되어 H_2CO_3로 변한다.

$$CO_3^{2-} + H^+ \rightarrow HCO_3^-$$

$$HCO_3^- + H^+ \rightarrow H_2O + CO_2$$

(1) 제1당량점까지 적정하는 경우

건조된 시료 일정량(s g)을 취하여 물에 녹인 다음 P.P를 지시약으로 하고, 0.1 N HCl로 용액의 색깔이 분홍색에서 무색이 될 때까지 적정한다.

이때 Na_2CO_3는 1당량점까지만 적정되므로 1당량물질에 해당한다. 따라서, 0.1 N HCl 용액 1 mL에 해당하는 Na_2CO_3의 양과 함량은 다음과 같이 구할 수 있다.

$$0.1\ \text{N HCl } 1\ \text{mL} \equiv 0.1\ \text{meq/mL} \times 106.004\ \text{mg/meq } Na_2CO_3$$

$$Na_2CO_3(\%) = \frac{\frac{fw_{Na_2CO_3}}{n}(mg/meq) \times Nf\,V}{s\ mg} \times 100$$

(2) 제2당량점까지 적정하는 경우

역시 건조된 시료 s g을 취하여 물에 녹인 다음 M.O를 지시약으로 하여 용액의 색깔이 오렌지색에서 붉은색이 될 때까지 0.1 N HCl로 적정한다. 이 경우에는 반응 생성물질 중에 CO_2가 발생하므로 용액의 색이 오렌지색에서 분홍색으로 변하면 용액을 3분 동안 끓이고, 다시 식혀서 적정을 계속한다.

이때 Na_2CO_3는 2당량점까지 전부 적정되므로 0.1 N HCl 용액 1 mL에 해당하는 Na_2CO_3의 양과 함량은 다음과 같이 구할 수 있다.

$$0.1\ N\ \ HCl\ \ 1\ mL \equiv 0.1\ meq/mL \times \frac{106.004}{2}\ mg/meq\ Na_2CO_3$$

$$Na_2CO_3(\%) = \frac{\frac{fw_{Na_2CO_3}}{2}(mg/meq) \times Nf\,V}{s\ mg} \times 100$$

4) Soda Ash 중 Na_2CO_3와 NaOH의 정량

(1) Warder법

시료 0.500 g를 정확하게 달아 물 25.0 mL에 용해시킨 다음 P.P 몇 방울을 가하고, 0.1 N HCl로 적정하여 분홍색에서 무색이 될 때까지 적정하였더니 a mL가 소비되었다고 하자. 다음에 이 용액에 M.O. 몇 방울을 가하고 계속 적정하여 용액의 색이 오렌지색에서 붉은색이 되면 약 5분간 가열하고 한 방울을 가하여 붉은색이면 적정을 중지하고 그 때 b mL가 소비되었다고 가정하면 다음과 같이 각각의 함량을 계산한다.

이 경우에는 NaOH 전부와 Na_2CO_3 1/2에 해당하는 양이 적정되었으며, 반응식은 다음과 같다.

$$NaOH + HCl \rightleftharpoons NaCl + H_2O$$

$$Na_2CO_3 + HCl \rightleftharpoons NaHCO_3 + NaCl$$

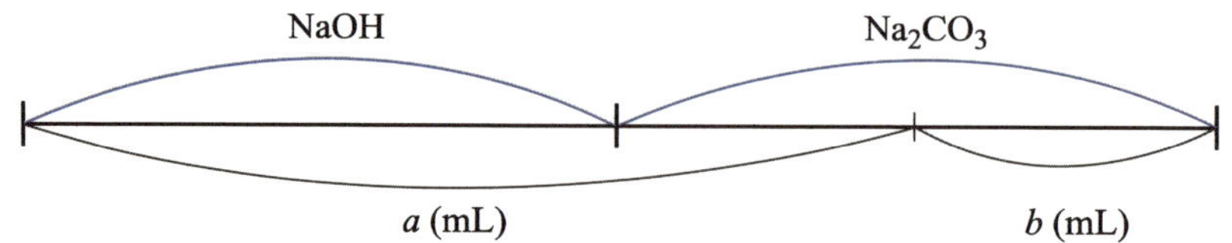

$$NaOH(\%) = \frac{\frac{fw_{NaOH}}{n}(mg/meq) \times Nf\ V}{s\ mg} \times 100$$

$$= \frac{\frac{40}{1}(mg/meq) \times Nf \times (a-b)}{s\ mg} \times 100$$

$$Na_2CO_3(\%) = \frac{\frac{fw_{Na_2CO_3}}{n}(mg/meq) \times Nf\ V}{s\ mg} \times 100$$

$$= \frac{\frac{106.004}{2}(mg/meq) \times Nf\ 2b}{s\ mg} \times 100$$

(2) Winkler법

시료 s g을 정확하게 달아 물에 용해시킨 다음, 이 용액을 정확하게 250 mL로 희석시키고 그 용액 50 mL를 정확하게 취하여 M.O를 지시약으로 하여 0.1 N HCl로 적정하였을 때 소비된 양이 a mL라고 하자. 다음에 새로이 50 mL를 정확히 다시 취하여 10% $BaCl_2$를 10 mL가 하고 침전이 완결된 후 P.P를 지시약으로 하여 서서히 0.1 N HCl로 적정하였을 때 b mL가 소비되었다고 하자.

여기서 $BaCl_2$는 Na_2CO_3와 반응하여 난용성 염인 $BaCO_3$를 생성함으로써 용액 중 염기는 NaOH만 남게 되어 적가되는 HCl은 NaOH만 중화시키게 된다. 따라서 반응식은 다음과 같다.

$$Na_2CO_3 + BaCl_2 \rightarrow BaCO_3 \downarrow + 2NaCl$$

$$NaOH + HCl \rightarrow NaCl + H_2O$$

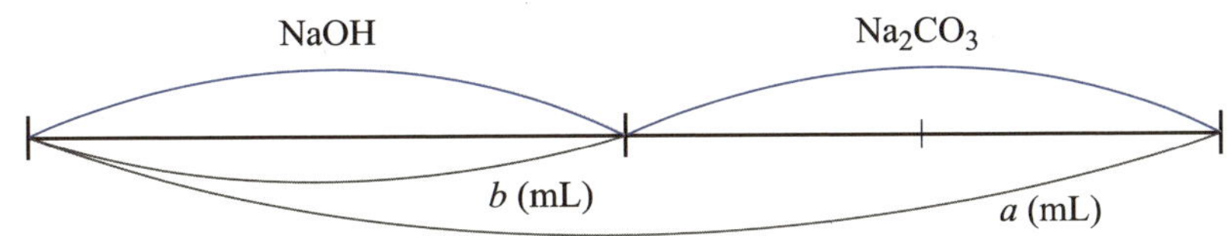

$$\text{NaOH}(\%) = \frac{\frac{fw_{\text{NaOH}}}{n}(\text{mg/meq}) \times Nf\,V}{s\ \text{mg}} \times 100$$

$$= \frac{\frac{40}{1}(\text{mg/meq}) \times Nfb}{s\ \text{mg}} \times 100$$

$$\text{Na}_2\text{CO}_3(\%) = \frac{\frac{fw_{\text{Na}_2\text{CO}_3}}{n}(\text{mg/meq}) \times Nf\,V}{s\ \text{mg}} \times 100$$

$$= \frac{\frac{106.004}{2}(\text{mg/meq}) \times Nf \times (a-b)}{s\ \text{mg}} \times 100$$

5) 물의 경도 측정

물속에 Mg^{2+}, Ca^{2+}, Sr^{2+} 등의 알칼리토금속류가 포함되어 있을 때 경수(hard water; 센물)라고 한다. 물의 세기 정도를 나타내는 경도는 2가 양이온 금속의 함량을 이에 대응하는 $CaCO_3$ ppm으로 환산한 것이며, $CaCO_3$ 1 mg이 있을 때 1°라 한다. 경도에는 **일시경도**(temporary hardness)와 **영구경도**(permanent hardness)로 구별되고 둘을 합한 것을 **전경도**(total hardness; 총경도)라고 한다.

만약 Ca^{2+}와 Mg^{2+} 등이 탄산염(CO_3^{2-})이나 중탄산염(HCO_3^-) 등과 결합하고 있을 때는 이를 **탄산경도**(carbonate hardness)라고 하며, 이들은 끓여 주면 침전이 형성되어 연수화되므로 일시경도라고 한다. 물속에서 일시경도는 대부분 $CaHCO_3$의 형태이며, 다음과 같이 $CaCO_3$와 CO_2로 제거된다.

$$CaHCO_3 \rightarrow CaCO_3\downarrow + CO_2\uparrow + H_2O$$

그러나 Ca^{2+}와 Mg^{2+} 등이 SO_4^{2-}, Cl^-, NO_3^-, SiO_3^{2-} 등과 결합하고 있을 때를 **비탄산**

경도(non-carbonate hardness)라고 하며, 이것은 끓여도 제거되지 않으므로 영구경도라고 한다.

경도의 측정은 Hehner법에 의하여 일시경도를 측정할 수 있고, Pfeifer-Wartha법에 의하여 영구경도를 측정할 수 있지만 여기서는 일시경도의 측정을 소개한다.

시료 100 mL를 취하고 지시약으로는 M.O를 사용하여 0.1 N HCl로 적정하여 오렌지색이 될 때까지 적정한다.

$$Ca(HCO_3)_2 + 2HCl \rightarrow CaCl_2 + 2H_2O + 2CO_2$$

$$0.1\ N\ HCl\ 1.0\ mL \equiv 0.1\ meq/mL \times \frac{100.09}{2}\ (mg/meq)\ CaCO_3$$

적정에서 0.1 N HCl이 y mL 소비되었다면 시료 100 mL 중 $CaCO_3$의 양은 다음과 같이 구할 수 있다.

$$CaCO_3(mg/100\ mL) = y \times 5$$

연습문제 9

1. 0.1 N HCl 25.0 mL을 0.1 N NaOH로 적정할 때 적정곡선을 그려라.

2. 0.1 N HAc 25.0 mL를 0.1 N NaOH로 적정할 때 적정곡선을 그려라.
($K_a = 1.80 \times 10^{-5}$)

3. 0.1 N NH_4OH 25.0 mL를 0.1 N HCl로 적정할 때 적정곡선을 그려라.
($K_b = 1.80 \times 10^{-5}$)

4. 0.04 M 벤조산(benzoic acid) 100.0 mL를 0.05 M NaOH로 적정할 때 적정곡선을 그려라.
($K_a = 6.30 \times 10^{-5}$)

5. 0.10 M 프탈산수소칼륨 50.0 mL를 0.10 M NaOH로 적정할 때 적정곡선을 그려라.
($K_a = 3.90 \times 10^{-6}$)

6. 페놀프탈레인을 지시약으로 하여 321.5 mg의 Na_2CO_3를 적정할 때 HCl이 28.5 mL가 소비되었다면 이 HCl의 농도(M)는?

7. 프탈산수소칼륨[$(KOOC)C_6H_4COOH$, Mw=204.22] 638.2 mg을 적정하는데 NaOH가 35.7 mL가 소비되었다면 이 NaOH의 농도(M)는?

8. 3 mmole의 H_3PO_4을 60 mL의 물에 녹여 0.2 M NaOH로 적정할 때 제1 및 제2 당량점에서의 pH를 구하고 적당한 지시약을 선택하라.

9. NaH_2PO_4 0.500 g을 달아 물에 녹이고 페놀프탈레인을 지시약으로 0.10 M NaOH로 적정하였더니 NaOH가 16.10 mL가 소비되었다. NaH_2PO_4의 함량(%)을 구하라.

10. 불순물을 포함하는 Na_2CO_3 0.50 g을 H_2CO_3로 중화하는데 0.10 M HCl이 21.0 mL 소비되었으면 Na_2CO_3의 함량(%)은?

11. 불순물을 포함하는 Na_2CO_3 0.250 g을 물에 녹여 브로모크레졸 그린(bromocresol green)을 지시약으로 하여 0.10 M HCl로 적정하였더니 HCl이 36.50 mL가 소비되었다. Na_2CO_3의 함량(%)을 구하라.

12. 식초(s.g＝1.060) 50.0 mL를 250.0 mL가 되도록 희석하고 이 중에서 25.0 mL를 취하여 0.10 M NaOH로 적정하였더니 NaOH가 34.60 mL가 소비되었다. 희석하기 전 식초의 농도(mg/mL)를 구하라.

13. 불순물을 포함하는 NaOH와 Na_2CO_3의 혼합물 1.200 g을 달아 물에 녹인 다음 0.50 N HCl로 적정하였다. 페놀프탈레인 종말점에서 HCl이 30.0 mL가 소비되었으며, 계속하여 메틸오렌지를 넣고 적정하였을 때 HCl이 5.0 mL가 소비되었을 때 용액의 색깔이 변하였다. NaOH와 Na_2CO_3의 함량(%)을 각각 구하라.

14. 순수하지 않은 Na_2CO_3와 $NaHCO_3$의 혼합물 2.0 g을 달아 물에 녹여 0.50 N HCl로 적정하였다. 페놀프탈레인 종말점과 메틸오렌지 종말점에서 HCl이 각각 15.0 mL와 22.0 mL이었다. Na_2CO_3와 $NaHCO_3$의 함량(%)을 각각 구하라.

15. H_3PO_4, Na_2HPO_4 및 Na_2HPO_4 혼합물 1.10 g을 달아 물에 녹이고 페놀프탈레인을 지시약으로 하여 0.50 N NaOH로 적정하였더니 페놀프탈레인 종말점과 메틸오렌지 종말점에서 NaOH가 각각 20.0 mL와 12.0 mL가 소비되었다. 각각의 함량(%)을 구하라.

16. 불순한 HgO 1.016 g을 KI 용액 중에 녹였을 때 다음과 같은 반응이 일어난다.

$$HgO + H_2O + 4I^- \rightarrow HgI_4^{2-} + 2OH^-$$

이때 생성되는 OH^-를 0.130 M HCl로 적정하였더니 43.60 mL가 소비되었다. HgO의 함량(%)을 구하라.

제 10 장

침전 적정

난용성 염의 생성반응을 이용하는 적정법을 침전법 적정(precipitation titration)이라고 한다. 정량하고자 하는 성분에 침전제를 가하면 침전이 생성되는데 이 침전의 무게를 달아서 목적성분의 함량을 계산하는 방법은 무게분석법이다. 그러나 침전법 적정에서는 목적성분의 침전이 완료된 다음 침전제가 적당한 지시약과 반응하여 착색됨으로써 종말점을 결정하게 된다.

침전법 적정에서는 여러 가지 침전제를 사용하지만 주로 $AgNO_3$를 침전제로 사용하는 은법 적정이 할로젠 원소 등의 정량에 사용한다. 여기서도 가장 많이 쓰이는 은법 적정에 대하여 알아보자.

1. 은법 적정의 적정곡선

0.1 M(N_1) NaCl 용액 100 mL(V_1)를 0.1 M(N_2) $AgNO_3$ 용액(V_2)으로 적정할 때 적정곡선을 그려보자. 이때 $K_{sp} = 1.78 \times 10^{-10}$(at 25℃)이다.

1) 적정하기 전

적정하기 전에는 용액 중에 Cl^-만 들어 있으므로

$$[Cl^-] = 0.1\ M, \qquad pCl = -\log[Cl^-] = 1.0 \tag{10-1}$$

2) 당량점 이전

예를 들어, 0.1 M $AgNO_3$ 용액을 가하였을 때는 용액 중의 Cl^-는 $AgNO_3$가 가해진 만큼 없어지고 일부는 남아 있게 된다. 남아 있는 Cl^-의 농도는 다음과 같이 구할 수 있다.

$$[Cl^-] = \frac{N_1 V_1 - N_2 V_2}{V_1 + V_2} \tag{10-2}$$

만약 0.1 M $AgNO_3$ 용액 50.0 mL를 가하였을 때 남은 Cl^-의 농도는 다음과 같이 구할 수 있다.

$$[Cl^-] = \frac{N_1V_1 - N_2V_2}{V_1 + V_2} = \frac{0.1 \times 100 - 0.1 \times 50}{100 + 50} = 0.033$$

$$pCl = -\log[Cl^-] = -\log 0.033 = 1.48$$

한편, Ag^+의 농도는 용해도곱을 이용하여 다음과 같이 구할 수 있다.

$$K_{sp} = [Ag^+][Cl^-] = 1.78 \times 10^{-10} \quad (10\text{-}3)$$

$$[Ag^+] = \frac{K_{sp}}{[Cl^-]} = \frac{1.78 \times 10^{-10}}{0.033} = 5.39 \times 10^{-9}$$

$$pAg = -\log[Ag^+] = 8.27$$

3) 당량점

당량점에서는 $[Ag^+] = [Cl^-]$이므로

$$[Cl^-] = [Ag^+] = \sqrt{K_{sp}} = 1.33 \times 10^{-5}\ M \quad (10\text{-}4)$$

$$pCl = pAg = -\frac{1}{2}\log(1.78 \times 10^{-10}) = 4.88$$

4) 당량점 이후

당량점 이후에는 Cl^-가 거의 없어지고 Ag^+의 농도가 갑자기 증가하게 된다. Ag^+의 농도는 다음과 같이 구할 수 있다.

$$[Ag^+] = \frac{N_2V_2 - N_1V_1}{V_1 + V_2} \quad (10\text{-}5)$$

예를 들어, 0.1 M $AgNO_3$ 용액 100.1 mL를 가하였을 때 남은 Ag^+의 농도는 다음과 같이 구할 수 있다.

$$[Ag^+] = \frac{N_2V_2 - N_1V_1}{V_1 + V_2} = \frac{0.1\times 100.1 - 0.1\times 100.0}{100.0 + 100.1} = 5.0\times 10^{-5}$$

$$pAg = -\log[Ag^+] = 4.30$$

당량점 이후에서도 Cl^-의 농도를 완전히 무시할 수 없으며, Cl^-의 농도도 역시 용해도곱을 이용하여 다음과 같이 구할 수 있다. 즉, 식 (10-3)으로부터

$$[Cl^-] = \frac{K_{sp}}{[Ag^+]} = \frac{1.78\times 10^{-10}}{5.0\times 10^{-5}} = 3.56\times 10^{-6}$$

$$pCl = -\log[Cl^-] = 5.45$$

표 10-1은 0.1 M $AgNO_3$ 용액으로 0.1 M NaCl, NaBr 및 NaI를 적정하였을 경우 0.1 M $AgNO_3$의 소비된 부피에 따른 Cl^-, Br^-와 I^-의 농도 변화를 나타내었으며, 이를 그림 10-1로 표현하였다.

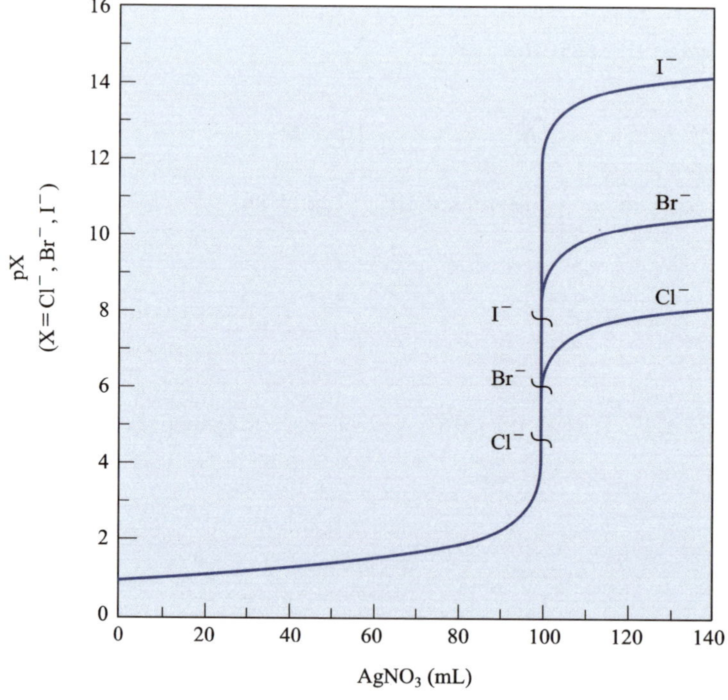

그림 10-1. 0.1 M NaCl(NaBr, NaI) 100 mL를 0.1 M $AgNO_3$으로 적정할 때 적정곡선

표 10-1. 0.1 M NaCl(NaBr, NaI) 100 mL를 0.1 M $AgNO_3$로 적정할 때 각각의 농도 변화

0.1 M $AgNO_3$의 부피 (mL)	NaCl (pCl)	NaBr (pBr)	NaI (pI)
0	1.0	1.0	1.0
90.0	2.3	2.3	2.3
98.0	3.0	3.0	3.0
99.0	3.3	3.3	3.3
99.8	4.0	4.0	4.0
99.9	4.3	4.3	4.3
100	4.9	6.2	8.0
100.1	5.5	8.0	11.7
100.2	5.8	8.3	12.0
101.0	6.5	9.0	12.7
110.0	7.5	10.0	13.7

2. 혼합용액의 적정곡선

표 10-1과 그림 10-1에서는 각각의 할로젠화 이온을 따로따로 적정하였을 경우이고, 이들을 혼합한 용액의 경우에 적정곡선을 생각해 보자. 0.08 M I^-와 0.10 M Cl^-의 혼합용액 50.0 mL를 0.2 M $AgNO_3$로 적정하는 경우를 예로 들어보자.

AgI는 AgCl보다 용해도가 훨씬 작기 때문에 $AgNO_3$를 가하면 AgI 침전이 먼저 생기게 된다. 그리고 용액 중의 I^-의 농도는 감소하는 동시에 Ag^+의 농도는 증가하여 적당히 큰 농도가 되면 Cl^-과 반응하여 AgCl의 침전이 생기기 시작한다. 이 경우 I^-와 Cl^-의 농도 관계식은 다음과 같다.

$$\frac{K_{sp_{AgI}}}{K_{sp_{AgCl}}} = \frac{[Ag^+][I^-]}{[Ag^+][Cl^-]} = \frac{8.3\times10^{-17}}{1.82\times10^{-10}}$$

$$[I^-] = 4.56\times10^{-7}[Cl^-]$$

시료 용액 중의 I^-만 침전되도록 $AgNO_3$를 20.0 mL를 적가한 지점에서의 Cl^-, I^- 및 Ag^+의 농도는 각각 다음과 같다.

$$[Cl^-] = \frac{0.10 \times 50.0}{50.0 + 20.0} = 0.0714\ M$$

$$[I^-] = 4.56 \times 10^{-7} \times 0.0714 = 3.16 \times 10^{-8}\ M$$

$$[Ag^+] = \frac{K_{sp_{AgCl}}}{[Cl^-]} = \frac{1.82 \times 10^{-10}}{0.0714} = 2.55 \times 10^{-9}$$

$$pAg = -\log(2.55 \times 10^{-9}) = 8.59$$

즉, pAg가 8.59가 되는 지점에서부터 AgCl의 침전이 생기기 시작하고 pAg의 급변은 중단된다. 그림 10-2에서 보는 바와 같이 나머지 곡선은 Cl^-의 적정곡선만 나타나게 된다. Br^-와 Cl^-이 혼합된 용액도 마찬가지이다.

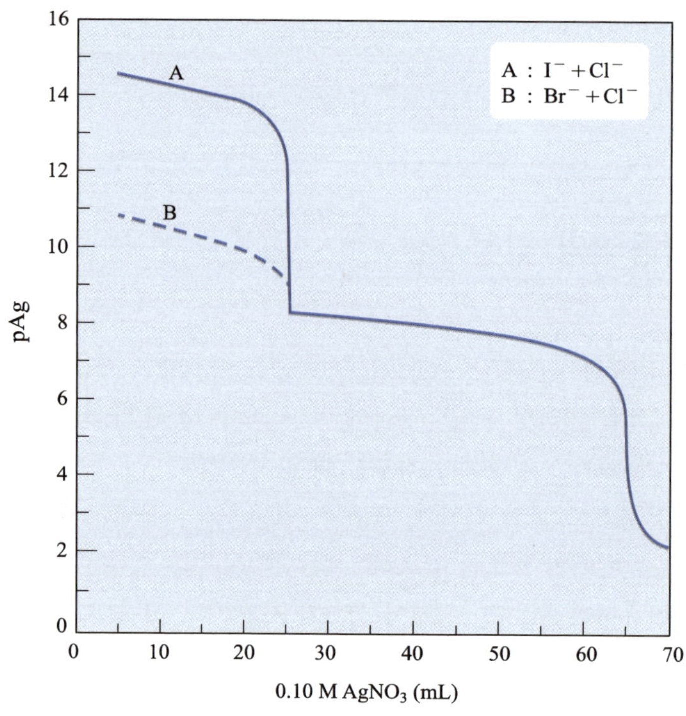

그림 10-2. 혼합 할로젠화 이온의 적정곡선

예제 10-1

0.1 N KBr 용액 100.0 mL를 0.1 N $AgNO_3$ 용액으로 적정할 때 90, 99.9, 100.0 및 100.1 mL를 각각 소비하였을 때 용액 중의 $[Br^-]$와 $[Ag^+]$를 구하라(단, $K_{sp_{AgBr}} = 5.0 \times 10^{-13}$).

풀이 90.0 mL : 이 경우 K_{Br}이 아직까지 남아 있는 상태이므로 $[Br^-]$는 다음과 같이 구한다.

$$[Br^-] = \frac{N_1V_1 - N_2V_2}{V_1 + V_2}$$

$$= \frac{0.1 \times 100 - 0.1 \times 90}{100 + 90}$$

$$= 5.3 \times 10^{-3} \text{ mole/L}$$

99.9 mL : 90.0 mL와 같이 K_{Br}이 남아 있는 상태이므로 같은 방법으로 $[Br^-]$을 구한다.

$$[Br^-] = \frac{0.1 \times 100 - 0.1 \times 99.9}{100 + 99.9}$$

$$= 5.0 \times 10^{-5} \text{ mole/L}$$

100.0 mL : 당량점에 도달하여 K_{Br}이 모두 AgBr로 바뀌었으므로 $[Ag^+] = [Br^-]$이다. 즉,

$$K_{sp} = [Ag^+][Br^-]$$

$$= 1.0 \times 10^{-13}$$

$[Ag^+] = [Br^-]$이므로

$$[Ag^+] = [Br^-]$$

$$= \sqrt{K_{sp}} = \sqrt{5.0 \times 10^{-13}}$$

$$= 7.07 \times 10^{-7} \text{ mole/L}$$

100.1 mL : 이 경우는 K_{Br}보다 $AgNO_3$가 더 들어간 상태이므로 $[Ag^+]$는 다음과 같이 구한다.

$$[Ag^+] = \frac{N_2V_2 - N_1V_1}{V_1 + V_2}$$

$$= -\frac{0.1 \times 100.1 - 0.1 \times 100.0}{100.0 + 100.1}$$

$$= 5.0 \times 10^{-5} \text{ mole/L}$$

예제 10-2

0.100 N NaCl 100.0 mL를 0.100 N $AgNO_3$로 적정할 때 적정곡선을 그려라.
(단, AgCl의 $K_{sp} = 1.8 \times 10^{-10}$)

풀이 ① **당량점 이전**

NaCl과 $AgNO_3$의 농도와 부피를 각각 N_1, V_1와 N_2, V_2라고 하고, 당량점 이전에는 아직까지 NaCl이 남아 있는 상태이므로 남아 있는 NaCl의 농도는 다음과 같이 구할 수 있다. 만약, $AgNO_3$가 90.0 mL 소비되었을 때 $[Ag^+]$를 구하여 보자.

$$[Cl^-] = [NaCl]$$

$$= \frac{N_1V_1 - N_2V_2}{V_1 + V_2}$$

$$= \frac{0.100 \times 100.0 - 0.100 \times 90.0}{100.0 + 90.0}$$

$$= 0.00526$$

한편, 생성물질인 AgCl의 $K_{sp} = 1.8 \times 10^{-10}$으로부터 $[Ag^+]$는 다음과 같다.

$$K_{sp} = [Ag^+][Cl^-]$$
$$= 1.8 \times 10^{-10}$$

$$[Ag^+] = \frac{K_{sp}}{[Cl^-]}$$
$$= \frac{1.8 \times 10^{-10}}{0.00526}$$
$$= 3.42 \times 10^{-8}$$

$$pAg = -\log[Ag^+]$$
$$= -\log(3.42 \times 10^{-8})$$
$$= 7.47$$

② **당량점**

당량점에서는 완전히 AgCl의 침전이 생성되므로 $[Ag^+]$는 용해도(s)와 같다.

$K_{sp} = [Ag^+][Cl^-] = 1.8 \times 10^{-10}$에서

$$s = [Ag^+] = [Cl^-]$$
$$= \sqrt{K_{sp}}$$
$$= \sqrt{1.8 \times 10^{-10}}$$
$$= 1.34 \times 10^{-5}$$

$$pAg = -\log[Ag^+]$$
$$= -\log(1.34 \times 10^{-5})$$
$$= 4.87$$

③ **당량점 이후**

당량점 이후에는 $AgNO_3$가 더 들어간 경우이므로 다음과 같이 $[Ag^+]$의 농도를 구한다.

만약, $AgNO_3$가 101.00 mL 소비되었다고 가정하자.

$$[Ag^+] = [AgNO_3]$$
$$= \frac{N_2 V_2 - N_1 V_1}{V_1 + V_2}$$
$$= \frac{0.100 \times 101.0 - 0.100 \times 100.0}{100.0 + 101.0}$$
$$= 4.975 \times 10^{-4}$$

$$pAg = -\log[Ag^+]$$
$$= -\log(4.975 \times 10^{-4})$$
$$= 3.30$$

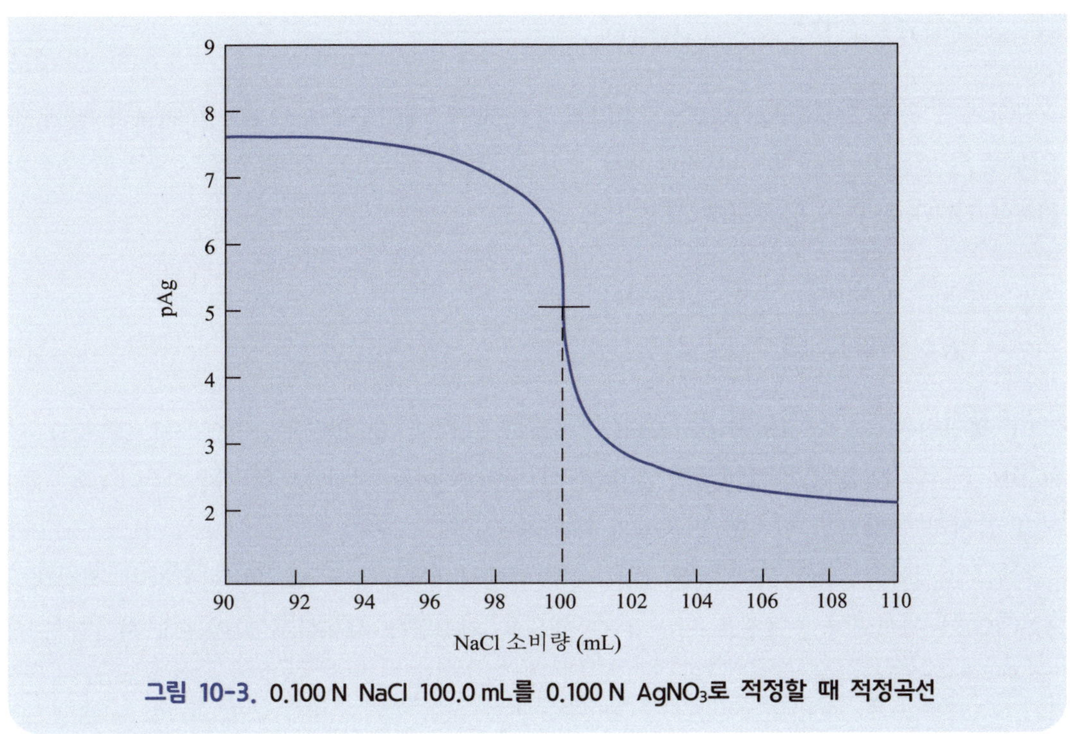

그림 10-3. 0.100 N NaCl 100.0 mL를 0.100 N $AgNO_3$로 적정할 때 적정곡선

3. 은법 적정의 분류

은 적정법은 질산은 용액을 표준용액으로 하여 할로겐족 원소(X)인 염소, 불소, 요오드 이온을 적정에 의해 정량하는 방법이다($Ag^+ + X^- \rightarrow AgX(s)$).

1) Mohr법

중성 용액 하에서 크롬산염을 종점지시약(적갈색으로 발색)으로 적정하는 것을 Mohr법이라 한다. 지시약으로 K_2CrO_4를 사용하며, 적정할 때는 중성 또는 약한염기성일 때가 좋다. 만약 너무 산성이면 지시약으로 사용하는 CrO_4^{2-}가 다음 반응이 일어나 크롬산 이온의 농도가 낮아져 지시약의 감도를 떨어뜨린다. 용액의 액성이 센산성이면 $NaHCO_3$로 용액을 중화시켜야 한다.

$$CrO_4^{2-} + H^+ \rightleftharpoons HCrO_4^-$$

센염기성 용액에서는 $AgNO_3$가 지시약과 반응하여 적갈색의 Ag_2CrO_4를 만들기 전에 다음과 같은 반응이 먼저 일어나 적정에서 오차를 수반하게 된다. 이 경우에는 오차를 줄이기 위하여 HNO_3로 미리 중화시켜 적정한다.

$$Ag^+ + OH^- \rightleftharpoons AgOH$$

$$K_{sp} = 2.6 \times 10^{-8}$$

이 적정법은 Cl^-와 Br^-의 정량에는 적합하나 I^-와 $SCBN^-$는 적합하지 않다. I^-와 $SCBN^-$는 Ag^+와 반응하여 AgI와 AgSCN이 되는데 이는 지시약으로 사용하는 CrO_4^{2-} 이온을 흡착하여 당량점 이전에 변색하기 때문이다.

한편, 지시약 K_2CrO_4를 첨가할 때는 종말점에서 CrO_4^{2-}가 Ag^+와 반응하여 적갈색의 Ag_2CrO_4가 생성되어 종말점을 확인할 수 있도록 최소량을 사용하여야 하는데 지시약의 적정 사용량을 계산하여 보자.

$$K_{sp} = [Ag^+][Cl^-] = 1.8 \times 10^{-10}$$

$$[Ag^+] = \frac{K_{sp}}{[Cl^-]} = \frac{1.8 \times 10^{-10}}{[Cl^-]} \tag{10-6}$$

$$K_{sp} = [Ag^+]^2[CrO_4^{2-}] = 1.2 \times 10^{-12}$$

$$[Ag^+] = \sqrt{\frac{K_{sp}}{[CrO_4^{2-}]}} = \sqrt{\frac{1.2 \times 10^{-12}}{[CrO_4^{2-}]}} \tag{10-7}$$

식 (10-6)과 식 (10-7)로부터

$$\frac{1.8 \times 10^{-10}}{[Cl^-]} = \sqrt{\frac{1.2 \times 10^{-12}}{[CrO_4^{2-}]}}$$

여기에 식 (10-4)를 대입하여 정리하면

$$[CrO_4^{2-}] = 1.2 \times 10^{-12} \times \left(\frac{1.34 \times 10^{-5}}{1.8 \times 10^{-10}}\right)^2 \fallingdotseq 6.65 \times 10^{-3}\ M$$

$[CrO_4^{2-}]$은 6.65×10^{-3} M 이하의 농도에서는 Ag_2CrO_4가 생성되지 않으므로 이 농도 이

하가 되도록 K_2CrO_4를 사용하여야 한다.

2) Volhard법

철명반[$Fe_2(SO_4)_3(NH_4)_2SO_4$)]을 지시약으로 사용하는 방법이며, 여기에는 직접법과 간접법 두 가지가 있다.

(1) 직접법

Ag^+를 SCN^-로 적정하는 경우 철명반을 지시약으로 사용하는 방법이며, 종말점에서는 SCN^-와 Fe^{3+}과 반응하여 rhodan철을 형성하는데 이것은 반응이 예민하여 미량의 SCN^-에 대해서도 용액의 색깔이 붉게 변한다.

$$Ag^+ + SCN^- \rightleftharpoons AgSCN$$
$$Fe^{3+} + SCN^- \rightleftharpoons Fe(SCN)^{2+}$$

(2) 간접법

Cl^-를 함유하는 시료 용액에 과량의 $AgNO_3$ 표준용액을 가하여 반응시킨 다음 남은 Ag^+를 SCN^- 표준용액으로 역적정하는 방법이다. 이때도 지시약으로 철명반을 사용하며, 관계되는 반응식은 다음과 같다.

$$Cl^- + Ag^+(\text{과량}) \rightleftharpoons AgCl + Ag^+(\text{남은 양})$$
$$Ag^+(\text{남은 양}) + SCN^- \rightleftharpoons AgSCN$$
$$SCN^- + Fe^{3+} \rightleftharpoons Fe(SCN)^{2+}$$

이 방법은 산성 용액에서 적정하는데 주로 HNO_3를 사용한다. 만약 H_2SO_4나 HCl 산성에서는 이들 산이 Ag^+와 반응하여 불용성의 침전을 생성하므로 오차의 원인이 된다.

3) Fajans법

이 적정법은 흡착지시약을 이용하는 방법으로서 Mohr법과 마찬가지로 중성 또는 약한염기성 용액에서 사용한다. Cl^-를 함유하는 시료를 Ag^+로 적정하는 경우를 생각해 보자.

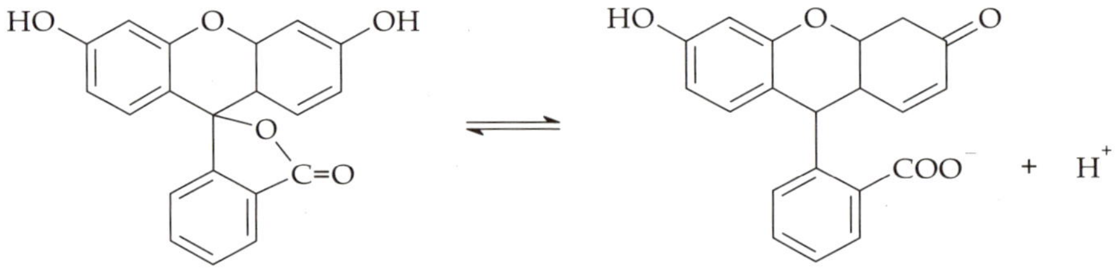

fluorescein ⇌ fluorescein (fl^-) + H^+

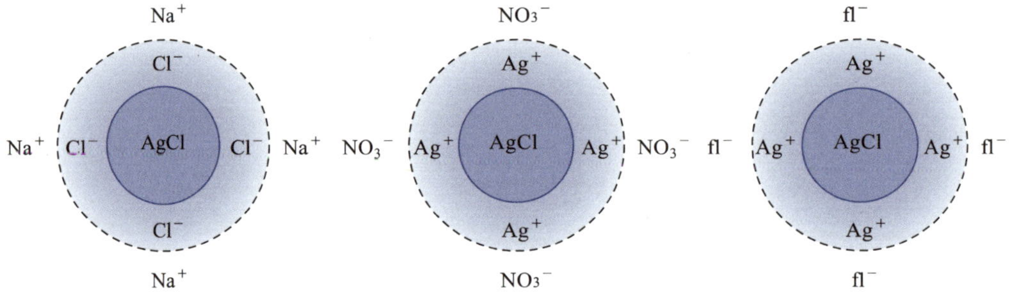

(a) 당량점 이전 (b) 당량점 (c) 당량점 이후

그림 10-4. 흡착지시약의 원리

적정이 시작되는 순간 그림 10-4(a)와 같이 생성된 colloid 상태의 AgCl 입자에 Cl^-가 흡착하고 다시 그 주위에 Na^+가 존재하게 된다. 계속하여 적정하여 당량점에 이르게 되면 그림 10-4(b)에서 보는 바와 같이 AgCl 입자의 표면에 Ag^+가 흡착되고 그 바깥에 NO_3^-가 위치하게 되며, 이때 용액 중에 흡착지시약(fl^-)이 들어 있으면 NO_3^- 대신에 fl^-가 흡착되어 침전의 색깔이 변하게 되는 것이다.

음이온으로 작용하는 흡착지시약으로는 Fluorescein이 흡착지시약으로 자주 사용되며, dichlorofluorescein과 eosin도 자주 사용하는 흡착지시약이다. dichlorofluorescein은 pH 4~8 사이에서 사용하며, 당량점에서는 황색에서 적색으로 변색한다. Eosin은 pH 2~8 사이에서 사용하며, 당량점에서는 엷은 분홍색에서 적색으로 변색한다.

반면에 양이온으로 작용하는 흡착지시약으로는 rhodamine 6G와 methyl violet이 주로 사용되며, 이들 지시약은 황색에서 보라색으로 변색한다.

4. 질산은 표준용액의 제조와 표준화

1) 0.1 N $AgNO_3$ 용액의 제조; $AgNO_3$=169.87

질산은($AgNO_3$)은 일차표준물질로 사용할 수 있는 순수한 것이며, 상당히 큰 무게당량을 가지고 있다. 질산은은 고체상태나 액체상태에서 햇빛을 받으면 쉽게 환원되어 금속 은이 석출하므로 갈색병에 넣어 낮은 온도의 어두운 곳에서 보관하여야 한다. 질산은의 Ag^+가 Cl^- 등과 쉽게 결합하여 흰색 침전물을 생성하므로 질산은 표준용액을 만들 때는 가능한 한 순수한 증류수를 사용하여야 한다.

특급 시약 $AgNO_3$는 110℃에서 1시간 건조하고 데시케이터에서 냉각하여 17 g을 정확히 취하고 증류수에 녹여 전체가 1 L가 되도록 한다.

2) Mohr법에 의한 표준화

0.1 N NaCl 20～30 mL를 정확히 취하여 물 50 mL와 K_2CrO_4 지시약 1 mL를 가한 후 0.1 N $AgNO_3$ 표준용액을 천천히 적가하여 적갈색의 침전이 나타나면 더욱 천천히 적가하여 적갈색의 침전이 10초 이상 사라지지 않는 점이 종말점이다.

- K_2CrO_4 지시약
  크롬산칼륨(K_2CrO_4) 5% 수용액을 지시약으로 사용하며, 적정용액 50～100 mL에 대하여 1 mL를 사용하는 것이 적당하다.

3) Volhard법(간접법)에 의한 표준화

0.1 N NaCl 25.0 mL를 정확하게 취하여 0.1 N $AgNO_3$ 50.0 mL를 가하여 반응시키면 흰색의 AgCl 침전이 생성된다. 이때 생성된 침전은 불안정하므로 다시 Ag^+가 소량 유리될 가능성이 있으므로 나이트로벤젠($C_6H_5NO_2$) 2 mL를 가하여 침전을 덮어준 다음 HNO_3 2 mL와 지시약 황산제1철암모늄 용액 2 mL를 가한 다음 이미 농도를 알고 있는 NH_4SCN(또는 KSCN) 표준용액으로 역적정하여 붉은색이 나타나면 적정을 중지한다.

• 황산제1철암모늄 용액
$NH_4Fe(SO_4)_2 \cdot 12H_2O$의 포화용액(약 40%)

4) Fajans법에 의한 표준화

0.1 N NaCl 25.0 mL를 정확하게 취하여 증류수 50 mL와 2% dextrin 용액 5 mL 및 지시약 fluorescein 3 mL를 가한 후 0.1 N $AgNO_3$ 용액으로 용액의 색깔이 황록색에서 분홍색으로 변할 때까지 적정한다. 이때 사용하는 dextrin은 보호 콜로이드로 작용하며 반드시 사용하여야 하는 것은 아니다.

5. 해수의 정량

해수 약 10 mL를 취하여 삼각플라스크에 넣고 적당한 양의 증류수로 희석하고 탄산수소나트륨($NaHCO_3$) 1 g 정도를 가한다. 만약 기포가 생기면 기체의 발생이 중지할 때까지 조금씩 더 가한다. 여기에 K_2CrO_4 지시약 1 mL를 가하고 0.1 N $AgNO_3$ 표준용액으로 침전의 색깔이 적갈색이 균일하게 띠기 시작할 적정을 중지한다.

바탕실험을 하는 데는 증류수 100 mL에 지시약을 위에서와 같이 1 mL를 가하고 $NaHCO_3$ 1 g을 가하여 0.1 N $AgNO_3$ 표준용액으로 적정하고 위의 $AgNO_3$ 표준용액의 적정량에서 빼주고 해수 중의 NaCl 함량을 계산한다.

6. Liebig법에 의한 CN^-의 정량

CN^- 용액에 Ag^+ 용액을 가하면 순간적으로 AgCN의 흰색 침전이 생기지만 곧 녹아서 $Ag(CN)_2^-$로 된다. 계속하여 Ag^+ 용액을 가하면 당량점에서 $Ag[Ag(CN)_2]$의 흰색 침전이 생기게 된다. 이 흰색 침전이 생기려고 할 때 반응의 종말점으로 하는 방법이다. 이 방법은

엄격히 착염 적정에 해당하며, 당량점에서는 Ag^+와 CN^-의 몰비는 1 : 2가 된다.

$$Ag^+ + CN^- \rightleftharpoons AgCN$$
$$AgCN + CN^- \rightleftharpoons Ag(CN)_2^-$$
$$Ag^+ + Ag(CN)_2^- \rightleftharpoons Ag[Ag(CN)_2]$$

시료(보통 KCN) 1 g을 정화하게 취하여 삼각플라스크에 넣고 증류수로 녹인 다음 계속하여 저어 가면서 0.1 N $AgNO_3$ 표준용액으로 적정하여 소실되지 않는 흰색 침전이 생기면 적정을 중지하고 CN^-의 함량을 계산한다.

7. Denigès법에 의한 CN^-의 정량

Liebig법은 널리 쓰이는 방법이지만 종말점을 판단하기 어려운 단점이 있다. 따라서 Denigès는 암모니아와 KI를 같이 사용하여 종말점을 쉽게 인식할 수 있는 새로운 방법을 고안하였다.

즉, NaOH와 KI를 사용하여 노란색의 AgI 침전을 형성시키면 쉽게 종말점을 인식할 수 있게 된다. Ag^+는 NH_4OH와 반응하여 $Ag(NH_3)_2{}^+$로 $Ag[Ag(CN)_2]$의 침전 생성을 방해하지만 종말점에서 AgI의 생성은 방해하지 않는다. 그 이유는 다음에서 보는 바와 같이 용해도곱의 값 때문이다.

$$K_{sp_{(AgI)}} = [Ag^+][I^-] = 8.3 \times 10^{-17}$$

$$K_{Ag(NH_3)_2^+} = \frac{[Ag^+][NH_3]^2}{[Ag(NH_3)_2^+]} = 1.0 \times 10^{-7}$$

$$K_{Ag(CN)_2^-} = \frac{[Ag^+][CN^-]^2}{[Ag(CN)_2^-]} = 1.0 \times 10^{-21}$$

$$K_{sp_{Ag[Ag(CN)_2]}} = [Ag^+][Ag(CN)_2^-] = 2.2 \times 10^{-12}$$

시료(KCN) 1 g을 정확하게 취하여 삼각플라스크에 넣고 전체가 50 mL가 되도록 증류수로 녹이고 KI 0.2 g과 28% NH_4OH 1 mL를 가한 다음 계속 저으면서 0.1 N $AgNO_3$ 표준용액으로 적정하여 노란색의 침전이 생길 때까지 적정하여 CN^-의 함량을 계산한다. 이때 관계되는 반응식은 다음과 같다.

$$KCN + NH_4OH \rightleftharpoons KOH + NH_4CN$$

$$NH_4CN + AgNO_3 \rightleftharpoons NH_4NO_3 + AgCN$$

$$AgCN + NH_4CN \rightleftharpoons NH_4Ag(CN)_2$$

$$KI + AgNO_3 \rightleftharpoons AgI + KNO_3$$

8. Cl^- 존재 하에서 I^-의 정량

AgCl과 AgI의 K_{sp}의 비를 구하면

$$\frac{[Ag^+][Cl^-]}{[Ag^-][I^-]} = \frac{1.8\times10^{-10}}{8.3\times10^{-17}} = 2.2\times10^6$$

AgI가 AgCl보다 2.2×10^6배 더 작다. 즉, $[I^-]$가 $[Cl^-]$보다 2.2×10^6배 작게 된 후에 비로소 Cl^-가 Ag^+와 결합하여 AgCl이 침전되므로 이때까지는 AgI만 침전한다. 이때 종말점을 파악하기 위해서는 적당한 지시약이 있어야 하는데, diiodofluorescein이나 dimethyldiiodofluorescein을 흡착지시약으로 사용할 수 있다.

NaCl 5 g과 KI 2 g을 증류수에 녹여 1 L 용액으로 만든 다음 적당량을 취하여 diiodofluorescein이나 dimethyldiiodofluorescein을 2~3방울 가하고 오렌지색에서 혈적색으로 변할 때까지 0.1 N $AgNO_3$로 적정하여 I^-의 양을 계산한다.

9. 금속수은 정량

금속 Hg에 HNO_3를 가하고 가열하면 다음과 같이 용해한다.

$$3Hg + 8HNO_3 \rightarrow 3Hg(NO_3)_2 + 2NO + 4H_2O$$

여기서 발생하는 HNO_2와 남아 있는 소량의 HNO_3를 분해하기 위하여 $KMnO_4$를 가하고 여분의 $KMnO_4$를 $FeSO_4$로 분해시킨 다음 철명반을 지시약으로 하여 NH_4SCN 표준용액으로 $Hg(NO_3)_2$를 역적정하여 Hg를 정량한다.

$$Hg(NO_3)_2 + 2NH_4SCN \rightarrow Hg(SCN)_2 + 2NH_4NO_3$$

$Hg(SCN)_2$의 침전이 완결되면 마지막 한 방울의 NH_4SCN이 Fe(III)와 반응하여 혈적색이 되는데 이 점을 종말점으로 한다.

시료 약 0.3 g을 삼각플라스크에 넣고 묽은 HNO_3 100 mL를 가하고 수욕상에서 약 10분간 가열하여 녹인 다음 물 200 mL를 가하여 희석한다. 여기에 엷은 적갈색이 되도록 5% $KMnO_4$ 용액을 가하고 $FeSO_4$ 용액을 가하여 탈색시킨 다음 철명반 지시약 5 mL를 가하여 0.1 N NH_4SCN 표준용액으로 적정하여 Hg의 함량을 계산한다.

연습문제 10

1. AgBr과 AgSCN이 공존하는 용액 중에서의 $[Br^-]$와 $[SCN^-]$의 비를 구하라.
단, $K_{sp_{AgBr}} = 5.0\times10^{-13}$, $K_{sp_{AgSCN}} = 1.1\times10^{-12}$

2. 순수한 NaCl 0.1725 g을 적정하는데 $AgNO_3$ 32.0 mL가 소비되었다. $AgNO_3$의 농도를 구하고, $AgNO_3$ 1 mL에 대응하는 NaCl의 양을 계산하라.

3. 시료 100.00 mL에 K_2CrO_4 지시약을 가하고 0.10 N $AgNO_3$ 용액으로 적정하여 3.85 mL가 소비되었다. 시료 중의 염소의 농도(ppm)를 구하라.

4. 은합금 0.500 g을 녹여 Volhard법에 따라 Ag를 적정하였더니 0.1000 N NH_4SCN 표준용액 22.30 mL가 소비되었다. 이 합금 중 은의 함량(%)을 구하라.

5. $BaCl_2\cdot2H_2O$ 0.4238 g에 0.010 N $AgNO_3$ 50.00 mL를 가하고 여과한 다음 여과액을 0.010 N KSCN 용액으로 적정하였더니 25.53 mL가 소비되었다. $BaCl_2\cdot2H_2O$의 순도(%)를 구하라.

6. AgBr은 $K_{sp} = 5.0\times10^{-13}$이다. 0.01 M Br^- 용액 100.0 mL를 0.01 M Ag^+ 용액으로 적정하여 Ag^+ 용액이 99.0 mL, 100.0 mL, 101.0 mL 소비되었을 때 pAg를 구하라.

7. 0.01 M Ag^+ 100.0 mL를 0.01 M SCN^- 용액으로 적정하여 SCN^- 용액이 99.9 mL, 100.0 mL, 100.1 mL 소비되었을 때 pAg를 구하라.

8. 다음은 Zn^{2+}을 $K_4Fe(CN)_6$로 적정할 때의 반응식이다.
$$3ZnCl_2 + 2K_4Fe(CN)_6 \rightleftharpoons K_2Zn_3[Fe(CN)_6]_2 + 6KCl$$
아연광석 1.60 g을 녹여 0.1 M $K_4Fe(CN)_6$으로 적정하여 34.50 mL 소비되었다. 아연광석 중 아연의 함량(%)을 구하라.

9. $SrCl_2\cdot6H_2O$ 0.5 g을 녹여 이것에 0.20 N $AgNO_3$ 50.00 mL를 가하여 생성되는 침전을 여과하여 버리고 남은 여과액을 0.20 M KSCN으로 적정하여 30.00 mL가 소비되었다. Sr의 함량(%)을 구하라.

10. Volhard법으로 바닷물 중 염화 이온을 정량하려고 한다. 바닷물 10.00 mL에 0.100 N $AgNO_3$ 용액 15.00 mL를 가하여 반응시키고 남은 $AgNO_3$를 0.100 N KSCN으로 적정하였더니 2.38 mL가 소비되었다. 바닷물 중 Cl^-의 g/L농도를 구하라.

11. 아이오딘 시료 1.000 g을 녹여 여기에 0.1000 N $AgNO_3$ 50.00 mL를 가하여 반응시킨 다음 남은 $AgNO_3$를 0.0800 N KSCN으로 적정하였더니 16.00 mL가 소비되었다. 시료 중 아이오딘(I_2)의 함량(%)을 구하라.

12. 염소 이온을 포함하는 시료 0.5000 g을 녹여 Mohr법으로 적정하였더니 0.1100 N $AgNO_3$가 15.50 mL 소비되었다. 같은 시료 1.0000 g을 녹여 pH 7에서 dichlorofluorescein을 지시약으로 하여 0.1050 N $AgNO_3$으로 적정하였더니 31.50 mL가 소비되었다. 두 방법에 의한 염소 이온의 함량(%)을 구하고 차이점을 설명하라.

13. Pb^{2+}을 정량할 때는 흡착지시약을 사용하여 K_2CrO_4로 적정하면 $PbCrO_4$의 침전이 생긴다. Pb_3O_4를 함유하는 시료를 산으로 처리하여 Pb_3O_4를 Pb^{2+}로 분해시키고 0.050 M K_2CrO_4로 적정하였더니 33.50 mL가 소비되었다. 관련되는 반응식을 쓰고 시료 중 Pb_3O_4의 함량(%) 구하라.

제 11 장

산화 – 환원 적정

1. 산화 - 환원 적정곡선

0.1 N(N_1) Fe^{2+} 100 mL(V_1)를 0.1 N(N_2) Ce^{4+}(V_2)로 적정할 때 적정곡선을 구하여 보자. 산화-환원 적정곡선은 세로축이 전극전위이고 가로축은 표준용액의 첨가량이다. 적정할 때 전체 반응식과 각각의 반쪽반응은 다음과 같다.

$$\underset{(N_1V_1)}{Fe^{2+}} + \underset{(N_2V_2)}{Ce^{4+}} \rightleftharpoons Fe^{3+} + Ce^{3+} \tag{11-1}$$

$$Fe^{3+} + e^- \rightleftharpoons Fe^{2+} \qquad E_{Fe} = 0.75\ V$$

$$Ce^{4+} + e^- \rightleftharpoons Ce^{3+} \qquad E_{Ce} = 1.61\ V$$

이 반응의 전극전위는

$$E_{Fe} = E^o_{Fe} + 0.0591 \log\frac{[Fe^{3+}]}{[Fe^{2+}]} \tag{11-2}$$

$$E_{Ce} = E^o_{Ce} + 0.0591 \log\frac{[Ce^{4+}]}{[Ce^{3+}]} \tag{11-3}$$

Fe^{2+} 용액에 Ce^{4+} 용액을 첨가하기 시작하여 당량점에 이르면 이 두 전극전위는 같게 된다. 즉,

$$E_{Fe} = E_{Ce}$$

1) 적정 전

0.1 N Fe^{2+} 용액에 Ce^{4+} 용액으로 적정하기 전에는 Fe^{2+}만 존재하고 Fe^{3+}는 생기지 않았으므로 $[Fe^{3+}] = 0$이므로 식 (11-2)에서 $[Fe^{3+}]/[Fe^{2+}] = 0/0.1$로서 이는 전극전위의 계산을 불가능하게 한다.

그러나 엄격히는 Fe^{2+}가 공기 중에서 산화하여 Fe^{3+}가 아주 미량 생기기는 하지만 Fe^{3+}의 농도를 정확히 알 수 없으므로 전극전위도 명확히 계산할 수 없다.

2) 당량점 이전

Fe^{2+}에 Ce^{4+}를 첨가하면 당량점 이전에는 Fe^{2+}가 일부 남게 되고 Fe^{3+}는 첨가한 Ce^{4+}의 양만큼 생성될 것이다. 따라서 이때의 전극전위는 다음과 같이 구할 수 있다.

$$
\begin{aligned}
E &= E^{o}_{\mathrm{Fe}} + 0.0591 \log \frac{[\mathrm{Fe}^{3+}]}{[\mathrm{Fe}^{2+}]} \\
&= E^{o}_{\mathrm{Fe}} + 0.0591 \log \frac{\dfrac{N_2 V_2}{V_1 + V_2}}{\dfrac{N_1 V_1 - N_2 V_2}{V_1 + V_2}} \\
&= E^{o}_{\mathrm{Fe}} + 0.0591 \log \frac{N_2 V_2}{N_1 V_1 - N_2 V_2} \qquad (11\text{-}4)
\end{aligned}
$$

3) 당량점

당량점에서의 전극전위는 식 (6-29)로부터 다음과 같이 구할 수 있다.

$$
\begin{aligned}
E &= \frac{b\,E^{o}_1 + a\,E^{o}_2}{b + a} \\
&= \frac{0.75 + 1.61}{1 + 1} = +1.18\ \mathrm{V}
\end{aligned}
$$

4) 당량점 이후

Fe^{2+}에 Ce^{4+}를 첨가하면 당량점 이후에는 Fe^{2+}가 존재하는 만큼의 Ce^{4+}는 Ce^{3+}로 환원되고 일부는 Ce^{4+}의 상태로 남게 될 것이다. 따라서 이때의 전극전위는 식 (11-3)을 이용하여 다음과 같이 구할 수 있다.

$$
E = E^{o}_{\mathrm{Ce}} + 0.0591 \log \frac{[\mathrm{Ce}^{4+}]}{[\mathrm{Ce}^{3+}]} = E^{o}_{\mathrm{Ce}} + 0.0591 \log \frac{\dfrac{N_2 V_2 - N_1 V_1}{V_1 + V_2}}{\dfrac{N_1 V_1}{V_1 + V_2}}
$$

$$= E^{o}_{Ce} + 0.0591 \log \frac{N_2 V_2 - N_1 V_1}{N_1 V_1} \tag{11-5}$$

이상과 같은 방법으로 Ce^{4+}표준용액의 첨가량에 따라 전극전위를 구하여 표 11-1과 그림 11-1에 나타내었다. 그림 11-1에서 보는 바와 같이 적정곡선에서는 당량점 부근에서 급격한 전위의 증가가 나타남을 알 수 있다.

표 11-1. 0.1 N Fe^{2+} 100 mL를 0.1 N Ce^{4+} 표준용액으로 적정할 때 전극전위

표준용액의 부피(mL)	전극전위(V)	표준용액의 부피(mL)	전극전위(V)
0.0	-	99.9	+ 0.86
10.0	+ 0.62	100.0	+ 1.06
30.0	+ 0.66	100.1	+ 1.26
50.0	+ 0.68	101.0	+ 1.32
70.0	+ 0.70	110.0	+ 1.38
90.0	+ 0.74	130.0	+ 1.40
99.0	+ 0.80		

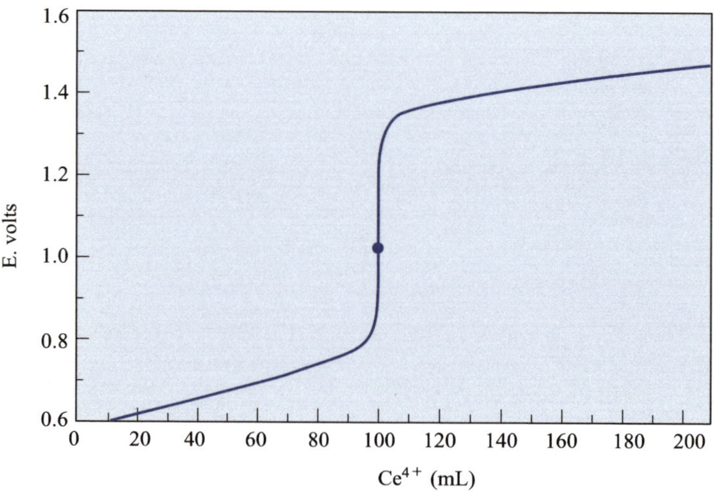

그림 11-1. 0.1 N Fe^{2+} 100 mL를 0.1 N Ce^{4+} 표준용액으로 적정할 때 적정곡선

2. 산화 - 환원 지시약

산화－환원 적정곡선에서 보는 바와 같이 당량점 부근에서 전극전위의 급격한 변화(potential jump)는 이 전위 부근에서 변색하는 산화－환원 지시약을 사용하거나 그 전위를 직접 측정함으로써 당량점을 구할 수 있다. 여기서는 산화－환원 지시약을 이용하여 당량점을 판단하는 방법에 대하여 알아보기로 하자.

1) 자체 지시약

적정에 사용하는 산화제 또는 환원제 자체가 분명한 색깔을 띠는 경우에는 그 색깔을 종말점을 판단하는데 사용할 수 있다. 산화제로 사용하는 과망간산칼륨($KMnO_4$)이 대표적인 예이며, 이는 MnO_4^- 이온이 진한 용액의 경우에는 짙은 보라색을 띠고 묽은 용액에서는 분홍색을 띤다. 적정할 때 보라색 또는 분홍색의 MnO_4^-는 반응 후 환원되어 Mn^{2+}를 생성하는데 이것은 무색이므로 반응이 끝났을 때는 다시 MnO_4^-의 보라색이 나타나 반응의 종말점을 판단하는데 사용할 수 있다. 이 경우 종말점은 당량점 뒤에 나타나 오차를 수반하지만 바탕실험 또는 표준화에 의하여 보정되는 오차이다.

2) 녹말 지시약

적정에서 반응에 참여하는 물질, 즉 산화제 또는 환원제와 반응하여 명확한 색을 나타내는 특수한 물질이 지시약으로 사용되기도 한다. 아이오딘법 적정의 경우 녹말용액은 적정에서 여분으로 남아 있는 I_3^-과 반응하여 짙은 청색을 띤다. 이 반응은 아주 소량의 아이오딘에 대하여도 매우 민감하며, 아이오딘을 산화제로 사용하여 환원제를 적정할 때 당량점까지는 용액이 무색이다. 당량점을 지나 한 방울이 더 적가되면 명확한 청색을 나타낸다.

3) 여러 가지 산화 - 환원 지시약

위의 두 경우보다는 일반적인 산화－환원반응에서는 **산화－환원 지시약**(redox indicator)을 사용하는데, 적정하는 동안 변화하는 전극전위에 따라 색깔이 변하는 것을 산화－환원 지시약이라고 한다. 이 지시약은 대부분 약한 산화제 또는 환원제이며, 산화형과 환원형의 색깔이 다르므로 종말점을 판단하는데 유용하게 사용할 수 있다. 이 지시약의 반쪽반응과 환원 전위는 다음과 같다.

$$\underset{\text{(산화형 색깔)}}{\mathrm{In_{Ox}}} + ne^- \rightleftharpoons \underset{\text{(환원형 색깔)}}{\mathrm{In_{Red}}}$$

$$E = E^o + \frac{0.0591}{n}\log\frac{[\mathrm{In_{Ox}}]}{[\mathrm{In_{Red}}]} \qquad (11\text{-}6)$$

지시약의 변색은 pH 지시약이 pH에 따라 변색하는 것과 유사하며, 색깔의 세기는 지시약의 농도에 비례하고 산화형 또는 환원형의 색깔이 분명히 나타나기 위해서는 산화형과 환원형의 농도비가 10배 이상이어야 한다. 즉,

$$\text{산화형 색깔}: \frac{[\mathrm{In_{Ox}}]}{[\mathrm{In_{Red}}]} \geq 10$$

$$\text{환원형 색깔}: \frac{[\mathrm{In_{Ox}}]}{[\mathrm{In_{Red}}]} \leq 10$$

만약 분명한 변색을 확인하기 위해서 $[\mathrm{In_{Ox}}]/[\mathrm{In_{Red}}]$의 비가 10/1에서 1/10으로 농도비가 10배 변하였다면 $2 \times (0.0591/n)$ V의 전위 값이 필요하게 된다. 즉, $n=1$일 때를 가정하면

$$\text{산화형 색깔}: E = E^o + 0.0591\log\frac{10}{1} = E^o + 0.0591$$

$$\text{환원형 색깔}: E = E^o + 0.0591\log\frac{1}{10} = E^o - 0.0591$$

그러므로 산화형 색깔과 환원형 색깔의 전위 값의 차이가 약 0.12 V가 되는 것이다. E^o는 적정에서 당량점과 가까운 값이므로 이 값보다 0.12 V가 넘는 전위가 급격하게 변한다면 당량점에서 색깔이 변하게 되어 당량점을 식별할 수 있게 된다.

표 11-2에 몇 가지 주요 산화-환원 지시약을 표준전위에 따라 나타내었으며, 몇 가지 산화-환원 지시약의 특성을 알아보자.

(1) 1,10-페난트롤린(페로인)

철(II)의 1,10-phenanthroline 착물을 페로인(feroin)이라고도 하며, $(\mathrm{Ph})_3\mathrm{Fe}^{2+}$로 나타내기

도 한다. 페로인은 비교적 안정하고 색깔이 짙기 때문에 감도가 높으며, 산화－환원반응은 다음과 같다.

페로인의 산화－환원반응은 가역적이며, 산화되면 엷은 청색으로 되고 환원되면 붉은색을 띤다. 1 M H_2SO_4 용액에서 용액의 전위가 1.06 V에서 변색한다.

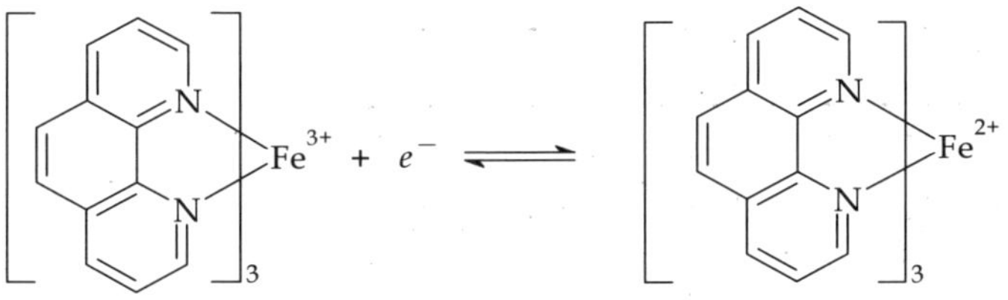

$$[Fe(phen)_3]^{3+} + e^- \rightleftharpoons [Fe(phen)_3]^{2+}$$

산화된 형태
(엷은 청색)

환원된 형태
(적색)

(2) 다이페닐아민설폰산

다이페닐아민설폰산(diphenylamine sulfonic acid)은 설폰기를 가지고 있어 물에 대한 용해도가 크므로 지시약으로 널리 이용한다. 산화－환원반응은 아래에 설명하는 다이페닐아민과 같다.

(3) 다이페닐아민

1924년 Knop이 Fe^{2+} 이온을 중크롬산칼륨으로 적정할 때 처음 사용하였던 산화－환원 지시약이고 산화제와 다음과 같이 반응한다.

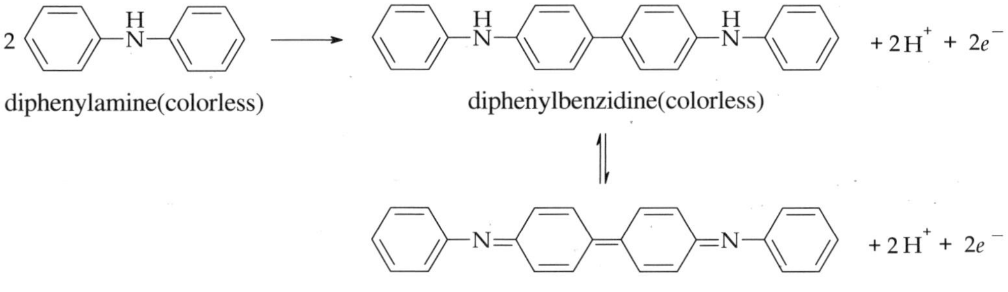

$$2\,\text{diphenylamine} \longrightarrow \text{diphenylbenzidine} + 2H^+ + 2e^-$$

diphenylamine(colorless)

diphenylbenzidine(colorless)

$$\text{diphenylbenzidine} \rightleftharpoons \text{diphenylbenzidine violet} + 2H^+ + 2e^-$$

diphenylbenzidine violet(violet)

위의 반응식에서 보는 바와 같이, 처음에는 비가역적 반응(diphenylamine → diphenyl benzidine)이고, diphenylbenzidine이 생기면 가역적으로 보라색 생성물로 변한다. 이때 가역반응에서 전위가 0.76 V 이상에서는 보라색으로 변하고 0.70 V 이하에서는 무색이 된다.

이 지시약은 물에 대한 용해도가 낮은 것이 단점이므로 1 g의 다이페닐아민을 100 mL에 녹여 사용한다. Hg(II)이 존재하면 반응이 느리고, 텅스텐 이온과 반응하여서는 침전을 생성하기도 하는 단점이 있다.

표 11-2. 주요 산화-환원 지시약 H_2SO_4

지시약	색		변색전위 E^o (V)	용액
	환원형	산화형		
나이트로페로인	적색	엷은 청색	+1.25	1 M H_2SO_4
1,10-페난트롤린철(II)	적색	엷은 청색	+1.06	1 M H_2SO_4
에리오그라우친 A	황록색	청자색	+0.98	0.5 M H_2SO_4
다이페닐아민설폰산	무색	적자색	+0.84	묽은 산
다이페닐아민	무색	적자색	+0.76	1 M H_2SO_4
메틸렌블루	청색	무색	+0.53	1 M 산
테트라설폰산 인디고	무색	청색	+0.36	1 M 산
페노사프라닌	무색	적색	+0.28	1 M 산

3. 산화-환원 적정시약

1) 과망간산칼륨

과망간산칼륨($KMnO_4$)은 $K_2Cr_2O_7$과 같이 오래 전부터 사용해 온 산화제로서 산성 용액에서 $KMnO_4$ 1몰은 5당량으로 작용하는 물질이고, 1 M H_2SO_4 산성 용액에서 전극전위는 1.51 V인 센산화제이다. 특히 $KMnO_4$는 그 자체가 보라색을 띠고 있어 지시약을 쓰지 않고서도 적정이 가능하다. $KMnO_4$ 적정은 반응이 느리므로 70~80℃에서 적정하여야 하며, 80℃ 이상이 되면 MnO_2와 O_2로 분해된다.

산성 용액에서 $KMnO_4$의 반응은 다음과 같다.

$$MnO_4^- + 8H^+ + 5e^- \rightleftharpoons Mn^{2+} + 4H_2O; \quad E^o = 1.51\text{ V}$$
(보라색) (무색)

HCl 산성 용액에서는 $KMnO_4$일부는 HCl과 반응하여 Cl_2를 발생하므로 적정오차의 원인이 된다. 즉,

$$2KMnO_4 + 16HCl \rightleftharpoons 2KCl + 2MnCl_2 + 8H_2O + 6Cl_2$$

그러므로 H_2SO_4 용액에서 사용하되 H_2SO_4의 양이 부족하여 약한 산성이 되면 생성된 Mn^{2+}가 MnO_4^-를 분해하여 MnO_2를 생성하므로 역시 오차의 원인이 될 수 있다. 즉,

$$2KMnO_4 + 3H_2SO_4 + 7H_2O \rightleftharpoons 2KHSO_4 + H_2SO_4 + 5MnO_2 \cdot H_2O$$

한편 $KMnO_4$는 약한 산성이나 중성 또는 염기성 용액에서는 3당량물질로 작용한다. 즉,

$$MnO_4^- + 4H^+ + 3e^- \rightleftharpoons MnO_2 + 2H_2O; \quad E^o = 1.695\text{ V}$$

2) 세륨(IV)

Ce^{4+} 표준용액은 산성 용액에서 산화제로 사용하며, $Ce(SO_4)_2$, $(NH_4)_4Ce(SO_4)_4 \cdot 2H_2O$, $(NH_4)_2Ce(NO_3)_6$ 또는 $Ce(OH)_4$ 형태의 염을 사용한다. Ce^{4+}는 산화력이 세고, 그 용액은 매우 안정하며, 환원제에 의해 자신은 환원되고 환원제는 산화시키므로 적정에 이용할 수 있다.

$$Ce^{4+} + e^- \rightleftharpoons Ce^{3+}$$

Ce^{4+}의 형식전위는 사용하는 산의 종류에 따라 크게 변하지만 농도에는 영향이 크지 않다. 사용하는 각종 산의 종류와 농도에 따른 형식전위를 표 11-3에 나타내었다.

표 11-3. 산의 종류와 농도에 따른 Ce^{4+}의 형식전위

농도(M)	$HClO_4$	HNO_3	H_2SO_4	HCl
1	1.70	1.61	1.44	1.28
2	1.71	1.62	1.44	-
4	1.75	1.61	1.43	-
6	1.82	-	-	-
8	1.87	1.56	1.42	-

표 11-3에서 보는 바와 같이 $HClO_4$와 HNO_3 산성 용액 중에서 Ce^{4+}는 비교적 센산화제로 작용하지만 이 용액에서는 불안정하여 H_2SO_4나 HCl 산성 용액에서 주로 사용한다.

3) 중크롬산칼륨

중크롬산칼륨($K_2Cr_2O_7$)은 산성에서 용액의 농도가 진할 때는 적갈색을 띠고, 농도가 묽을 때는 오렌지색을 띠는 강한 산화제이다.

$$Cr_2O_7^{2-} + 14H^+ + 6e^- \rightleftharpoons 2Cr^{3+} + 7H_2O; \quad E^o = 1.33\ V$$

$K_2Cr_2O_7$은 1 M HCl 용액에서의 형식전위는 1.0 V이고, 2 M H_2SO_4 용액에서는 1.11 V이므로 $KMnO_4$와 Ce(IV)보다는 약한산화제이다. $K_2Cr_2O_7$은 순수하여 일차표준물질로 사용할 수 있으며, 용액은 안정성이 뛰어나 오래 보존할 수 있고, 온도가 높아도 분해되지 않는다.

$K_2Cr_2O_7$은 환원되었을 때는 오렌지색에서 엷은 청색으로 변하기 때문에 적정에 사용하는 지시약은 뚜렷하게 색깔 변화를 일으키는 것이 필요하며, 다이페닐아민설폰산(diphenylamine sulfonic acid)이나 다이페닐아민(diphenylamine) 등을 사용한다.

4) 아이오딘

아이오딘(I_2; iodine)은 비교적 약한산화제이므로 산화전위가 낮은 물질은 산화되며, 자신은 I^-로 환원된다.

$$I_2 + 2e^- \rightleftharpoons 2I^- \qquad E^o = 0.5355\ V$$

아이오딘을 사용할 때는 두 가지 방법을 이용한다. I_2를 직접 산화제로 사용하여 적정하는 방법을 **직접아이오딘 적정법**(iodimetry)이라고 하고, I^-(주로 KI)를 다른 산화제(시료)에 과량 가하여 시료에 의하여 생성된 I_2를 $Na_2S_2O_3$로 역적정하는 방법을 **간접아이오딘 적정법**(iodometry)이라고 한다. 아이오딘 적정법에서 종말점의 판단은 I_2가 녹말에 흡착하여 짙은 청색을 나타내는 것을 이용한다.

(1) 직접아이오딘 적정법(Iodimetry)

아이오딘(I_2)은 물에 대한 용해도가 극히 낮아 고체 아이오딘을 진한 아이오딘화 이온 용액에 녹여서 원하는 농도의 용액으로 묽혀 사용한다.

$$I_2(aq) + I^- \rightleftharpoons I_3^-(aq) \qquad K = \frac{[I_3^-]}{[I_2][I^-]} = 708$$

$$I_3^- + 2e^- \rightleftharpoons 3I^- \qquad E^o = 0.536\ V$$

삼아이오딘화 이온(I_3^-)은 적당한 산화력을 가진 산화제이며, 자신보다 낮은 산화전위를 갖는 시료에 대하여 다음과 같이 정량적으로 적정에 이용할 수 있다.

$$H_3AsO_3 + I_3^- + H_2O \rightleftharpoons H_3AsO_4 + 3I^- + 2H^+$$

$$H_2S + I_3^- \rightleftharpoons S + 3I^- + 2H^+$$

$$Sn^{2+} + I_3^- \rightleftharpoons Sn^{4+} + 3I^-$$

$$2S_2O_3^{2-} + I_3^- \rightleftharpoons S_4O_6^{2-} + 3I^-$$

(2) 간접아이오딘 적정법(Iodometry)

시료(산화제) 용액에 과량의 KI 용액을 가하면 시료에 존재하는 산화제와 같은 양만큼의 I_2가 유리되며, 이 I_2를 $Na_2S_2O_3$와 같은 환원제 표준용액으로 적정하여 시료를 정량분석하는 방법이다. 이 방법은 직접아이오딘 적정법과 달리 0.536 V보다 높은 산화전위를 갖는 물질의 정량에 사용하며, 아이오딘산(IO_3^-)과 중크롬산($Cr_2O_7^{2-}$)의 정량을 예로 들어보자.

$$IO_3^- + 5I^- + 6H^+ \rightleftharpoons 3I_2 + 3H_2O$$

$$Cr_2O_7^{2-} + 6I^- + 14H^+ \rightleftharpoons 2Cr^{3+} + 3I_2 + 7H_2O$$

$$I_2 + 2S_2O_3^{2-} \rightleftharpoons 2I^- + S_4O_6^{2-}$$

(3) 녹말 지시약

아이오딘 적정법에서는 아이오딘의 진한 용액(I_2 또는 I_3^-)은 진한 갈색을 띠고 있으며, 묽은 용액은 연한 노란색을 띠고 있다. 이 색의 변화로 종말점을 확인할 수도 있지만 가용성 **녹말 지시약**(starch indicator)을 사용하면 검출한계가 10배 정도 넓어진다.

직접아이오딘 적정법에서는 녹말 지시약을 적정하기 전에 가하는데 당량점 이후 첫 번째 한 방울의 I_3^-가 용액을 진한 푸른색으로 변하게 한다. 간접아이오딘 적정법에서는 처음부터 용액 중에 I_3^-가 존재하므로 녹말 지시약을 가하면 진한 푸른색을 나타내는데 이것은 당량점 이후에도 계속 남아 있게 되어 적정오차를 유발하게 된다. 따라서 간접아이오딘 적정법에서는 당량점 직전까지는 녹말 지시약을 가해서는 안 된다.

아이오딘은 녹말 중의 아밀로스(amylose)와 반응하여 짙은 청색을 나타내는데 녹말을 50℃의 더운 물에 넣으면 아밀로스는 α-amylose와 β-amylose로 구분되는데 이 중에서 β-amylose가 아이오딘과 가역적으로 반응하여 짙은 청색을 나타낸다. 이 β-amylose가 곧 가용성 녹말(soluble starch)이며, 감자녹말에 비교적 많이 들어 있다.

녹말 지시약은 적정할 때마다 새로 만들어 쓰는 것이 좋으며, 녹말 지시약은 가용성 녹말 약 1 g을 취하여 물 100 mL에 넣고 5분간 끓이고 여과하여 사용한다. 방부제로 아이오딘화제이수은(HgI_2), 벤조산(benzoic acid), 붕산(boric acid) 등을 사용한다. 특히 묽은 I_2 용액을 사용할 때 지시약의 감도를 높이기 위해서는 CCl_4나 $CHCl_3$을 사용하면 용액의 아래층이 보다 예민하게 반응한다.

4. 과망간산칼륨을 이용한 적정

1) 과망간산칼륨 표준용액의 제조

$KMnO_4$ 약 3.2 g을 1 L의 물에 넣고 약 70~80℃의 온도로 1시간 동안 가열하거나 2~3일 실온에서 보관한다. $KMnO_4$는 미량의 이산화망가니즈(MnO_2)를 포함하고 있으며, 가열하거나 실온에 방치하는 동안에도 이산화망가니즈가 생성되기도 한다. 용액 중의 이산화망가니즈는 거름종이를 사용하지 않고 유리거르개를 이용하여 여과하고 갈색병에 넣어 차고 어두운 곳에 보관하며, 이산화망가니즈 침전이 생기면 언제든지 다시 여과하고 표준화하여 사용하여야 한다.

2) 표준화

(1) 옥살산에 의한 표준화; $Na_2C_2O_4 = 134.0$

$KMnO_4$는 옥살산($C_2O_4^{2-}$)과 반응하여 이산화탄소를 발생시킨다.

$$5C_2O_4^{2-} + 2MnO_4^- + 16H^+ \rightleftharpoons 10CO_2 + 2Mn^{2+} + 8H_2O$$

일차표준물질로서 순수한 $Na_2C_2O_4$를 105～110℃에서 건조시켜 0.15～0.20 g을 정확하게 취하여 250 mL 삼각플라스크에 넣고 증류수 50 mL를 가하여 녹이고 1 : 8 황산 10 mL를 가한다. 이 용액을 70～80℃로 가열하고 저어가면서 천천히 0.1 N $KMnO_4$로 연분홍색이 될 때까지 적정한다. 이때 용액의 온도가 60℃ 이하가 되면 반응이 느려져서 적정오차를 수반하게 된다.

(2) 아비산에 의한 표준화; $As_2O_3 = 197.84$

아비산(As_2O_3; 삼산화비소)은 일차표준물질로 사용할 수 있을 만큼 순수하며, 물이나 산에는 잘 녹지 않고 수산화나트륨 용액에 잘 녹는다. 따라서 다음과 같이 수산화나트륨 용액에 녹이면

$$As_2O_3 + 6OH^- \rightleftharpoons 2AsO_3^{3-} + 3H_2O$$

여기에 다시 염산을 가하여 산성으로 하고 과망간산칼륨으로 적정하면 다음과 같은 반응이 일어난다.

$$2MnO_4^- + 5HAsO_3^{2-} + 16H^+ + 3H_2O \rightleftharpoons 2Mn^{2+} + 5H_3AsO_4$$

105～110℃에서 잘 건조된 순수한 As_2O_3 0.2～0.3 g을 정확히 취하여 3 N NaOH 용액 10 mL에 녹인 다음 1 : 1 HCl 15 mL를 가하여 산성으로 하고 물 50 mL를 가하여 묽힌다. 여기에 촉매로서 0.002 M KIO_3 용액 한 방울을 가하고 과망간산칼륨 용액으로 연분홍색이 될 때까지 적정한다.

(3) Mohr염에 의한 표준화;

$FeSO_4(NH_4)_2SO_4 \cdot 6H_2O$, $(Fe(NH_4)_2(SO_4)_2 \cdot 6H_2O) = 392.14$

$$10FeSO_4(NH_4)_2SO_4 + 2KMnO_4 + 8H_2SO_4$$

$$\rightleftharpoons K_2SO_4 + 2MnSO_4 + 5Fe_2(SO_4)_3 + 10(NH_4)_2SO_4 + 8H_2O$$

Mohr염은 일정량을 취하여 황산에 녹여 인산을 가하고 과망간산으로 적정한다.

즉, 공기 중에서 산화가 일어나지 않은 연한 녹색의 $FeSO_4(NH_4)_2SO_4 \cdot 6H_2O$ 1.2 g을 정확하게 취하여 1 N H_2SO_4에 녹이고 연한 분홍색이 될 때까지 적정한다.

3) 제1철염의 정량

HCl 또는 염화물이 포함되어 있지 않을 때는 시료를 H_2SO_4 산성 용액에서 0.1 N $KMnO_4$ 표준용액으로 적정한다.

$$2KMnO_4 + 10FeSO_4 + 8H_2SO_4$$

$$\rightleftharpoons K_2SO_4 + 2MnSO_4 + 8H_2O + 5Fe_2(SO_4)_3$$

시료 0.5~1.0 g을 정확하게 달아 d-H_2SO_4 약 30 mL에 녹이고 증류수 약 30 mL를 가하고 70~80℃로 가열하면서 0.1 N $KMnO_4$ 표준용액으로 엷은 분홍색이 될 때까지 적정한다.

만약 시료 중에 염산 또는 염화물이 포함되어 있으면 염소가 산화되어 $KMnO_4$의 소비량이 증가한다. 이를 방지하기 위하여 Zimmermann-Reinhardt **시약**을 사용한다.

실험은 시료 일정량을 취하여 H_2SO_4 10 mL에 녹이고 Zimmermann-Reinhardt 시약 8 mL를 가한 다음 증류수 약 50 mL로 희석하고 0.1 N $KMnO_4$로 엷은 분홍색이 될 때까지 적정한다.

(1) Zimmermann-Reinhardt 시약의 제조법

$MnSO_4 \cdot H_2O$ 70 g을 증류수 500 mL에 녹이고 c-H_2SO_4 125 mL와 85% H_3PO_4 125 mL를 가하여 전체가 1 L가 되도록 증류수로 채워 제조한다.

(2) Zimmermann－Reinhardt 시약의 역할

① $MnSO_4$: $KMnO_4$의 산화력을 약화시켜 Cl^-의 산화를 방지하는데 아래의 Nernst 식에서 보는 바와 같이 $[Mn^{2+}]$의 농도를 크게 하면 E는 Cl^-를 산화시킬 수 없는 정도의 값으로 떨어지게 된다.

$$E = E^o + \frac{0.0591}{5} \log \frac{[MnO_4^-][H^+]}{[Mn^{2+}]}$$

② H_3PO_4 : Fe^{2+}의 환원력을 증가시킨다.

$$Fe^{3+} + 2H_3PO_4 \rightleftharpoons Fe(PO_4)_2^{3-} + 6H^+$$

$$E = E^o + \frac{0.0591}{1} \log \frac{[Fe^{3+}]}{[Fe^{2+}]}$$

즉, Fe^{2+}가 산화되어 Fe^{3+}가 생성되면 Fe^{3+}는 H_3PO_4에 의하여 감소되어 위의 Nernst 식에서 보는 바와 같이 산화전위가 떨어지게 되는데 바꾸어 말하면 환원력이 증가된다.

4) 철광석의 정량

철광석은 적철광(Fe_2O_3) 및 자철광(Fe_3O_4)이 주된 것이고 이들을 곱게 빻은 가루를 염산과 같이 가열하면 그 중에 포함된 철 성분을 쉽게 추출할 수 있다. 철광석은 철이 완전히 추출되면 흰색의 모래만 남게 된다.

이때 추출된 용액 중에는 철(III)이 포함되어 있어 이를 철(II)로 환원시킨 다음 과망간산칼륨으로 적정한다.

(1) 철 시료의 환원법

① **염화주석($SnCl_2$) 용액을 이용하는 방법**

$SnCl_2 \cdot H_2O$ 1.5 g을 1 : 2 염산 10 mL에 녹이고 이 용액에 공기 산화를 막기 위하여 금속 주석조각을 넣어 준다.

이 용액을 철을 포함하는 시료에 가하여 철(III)을 철(II)로 환원시키고 염화주석(II)은 조금만 남도록 한다.

$$2Fe^{2+} + Sn^{2+} \rightleftharpoons 2Fe^{3+} + Sn^{4+}$$

여분으로 남아 있는 환원제인 $SnCl_2$를 제거하기 위하여 산화제로서 염화수은($HgCl_2$)으로 산화시키는데, 이때 철(II)은 산화되지 않는다. 이때 염화수은(II)은 염화주석(II)과 반응하여 Hg_2Cl_2의 형태로 침전되어 제거된다.

$$Sn^{2+} + 2HgCl_2 \rightleftharpoons Hg_2Cl_2 + Sn^{4+} + 2Cl^-$$

② Zimmermann-Reinhardt 시약을 이용하는 방법

철이 포함된 시료 약 1 g을 정확하게 달아 *c*-HNO_3 20 mL 및 HCl 20 mL에 용해시키고 증발시킨 다음 HCl을 가하여 2~3회 증발 건조시키고 식힌 다음 500 mL의 용량플라스크에서 정확하게 희석한다. 그리고 이 중에서 100 mL를 취하여 농축시키고 $SnCl_2$ 용액을 적가하여 액이 무색이 되면 1~2방울 더 가한다.

$$2Fe^{3+} + Sn^{2+} + 6Cl^- \rightleftharpoons 2Fe^{2+} + SnCl_6^{2-}$$

따로 1 L 용량플라스크에 물 300 mL와 Zimmermann-Reinhardt 용액 25 mL를 가한 다음 위에서 준비한 시료 용액을 가하고 여기에 $HgCl_2$ 용액 약 5 mL를 한꺼번에 가한다.

$$SnCl_2 + 2HgCl_2 + 2HCl \rightleftharpoons H_2SnCl_6 + Hg_2Cl_2$$

이 용액을 실온에서 약 5분간 방치한 다음 과망간산칼륨 용액으로 적정한다.

- $SnCl_2$ 용액 : *c*-HCl 100 mL를 수욕 상에서 가온한 다음 $SnCl_2$를 소량씩 가하면서 포화시킨 다음 증류수 1 L로 희석하고 소량의 금속 주석조각을 넣고 갈색병에 보관한다.
- $HgCl_2$ 용액 : 포화용액을 사용한다.

③ Jones 환원관을 이용하는 방법

철을 환원시키는 환원제로는 황화수소(H_2S)와 아황산(H_2SO_3) 등이 있으나 아연, 카드뮴과 같은 금속도 사용한다. 이 중에서 아연 아말감을 이용하는 Jones 환원관은 가장 좋은 예이다.

산성 용액에서는 금속 아연은 다음과 같이 철(III)을 쉽게 환원시킨다.

$$Zn + 2Fe^{3+} \rightleftharpoons Zn^{2+} + 2Fe^{2+}$$

아연은 산에 녹아 수소를 발생하지만 아연 아말감을 사용하면 철(III)은 환원되지만 수소는 발생되지 않는다.

아연 아말감은 철, 비소 등의 불순물이 포함되지 않은 순수한 아연 300 g 정도를 비커에 넣고 1 N HCl으로 씻고 2% $Hg(NO_3)_2$ 또는 $HgCl_2$ 용액을 가하여 반응시켜 제조한다. 5~10분간 잘 젓고 용액을 버린 다음 증류수로 2~3회 씻어내면 아연 표면은 수은으로 덮여 은빛을 내는 아연 아말감이 된다.

$$Zn + Hg^{2+} \rightleftharpoons Zn^{2+} + Hg$$

그림 11-2와 같은 길이 30~40 cm, 지름 2 cm 정도의 유리관 또는 뷰렛의 밑 부분에 유리솜으로 막고 여기에 아연 아말감을 천천히 채워 환원관을 만든다.

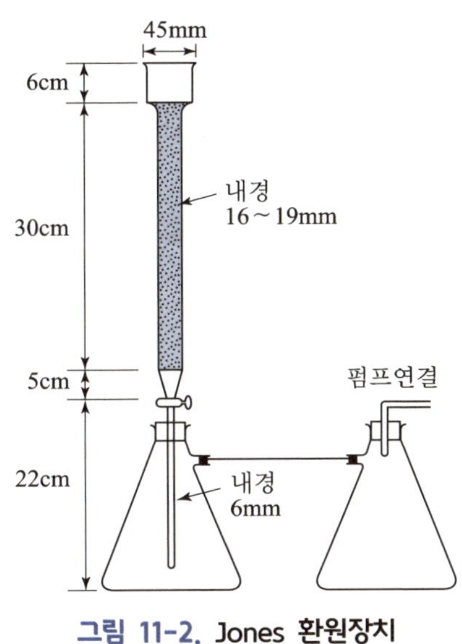

그림 11-2. Jones 환원장치

시료를 처리하기 전에 먼저 1 : 20 묽은 황산 30 mL씩을 아연 아말감이 들어 있는 환원관에 가하여 5~6회 씻고 깨끗한 삼각플라스크를 환원관 밑에 받치고 철을 포함하는 2 N 정도의 산성 시료용액 100~150 mL를 가하여 3 mL/min 정도의 속도로 환원관을 통하게 한다. 그리고 1 : 20 황산을 25~30 mL씩 가하여 3회 씻고 다시 증류수를 25~30 mL씩 가하여 3회 씻는다.

환원된 철이 포함된 삼각플라스크의 용액 한 방울과 싸이오사이안산칼륨(KSCN) 용액 한 방울을 반응시켜 붉은색이 생기지 않음을 확인하고 과망간산칼륨 용액으로 적정한다. 만약 붉은색이 생기면 이것은 Rohdan 철로서 아직까지 철(III)이 포함되어 있음을 의미한다.

(2) 철광석 중의 철의 정량

곱게 빻은 철광석 가루를 105℃에서 1시간 말린 후 0.35 g 정도를 정확히 취하여 진한 염산 10 mL와 증류수 10 mL를 가하여 천천히 가열하여 흰 모래만 남을 때까지 계속 철을 추출한다. 일부 검은 찌꺼기가 남으면 진한 질산 몇 방울을 가하고 계속 가열한다.

6 N HCl을 보충하면서 이 시료용액의 부피를 20 mL 정도가 되도록 유지하고 이것을 끓인 다음 염화주석(II) 용액을 조심스럽게 저으면서 한 방울씩 가한다. 철(III)의 노란색이 없어지면 1～2방울 더 가한다.

이 용액을 실온까지 식히고 10 mL 염화수은(II) 용액을 한꺼번에 빨리 가하고 젓는다. 이 때 얻은 침전은 흰 은실 같은 것이라야 하고 이것이 회색을 띠게 되면 금속 수은이 석출하였기 때문에 버리고 처음부터 다시 시작하여야 한다.

1～2분 후 증류수 200 mL를 가하고 Zimmermann-Reinhardt 시약 25 mL를 가하여 0.1 N $KMnO_4$ 표준용액으로 엷은 분홍색이 될 때까지 천천히 적정한다.

5) H_2O_2의 정량

H_2O_2는 H_2SO_4 산성 하에서 $KMnO_4$와 다음과 같이 반응하므로

$$5H_2O_2 + 2KMnO_4 + 4H_2SO_4 \rightarrow 5O_2 + 2MnSO_4 + 2KHSO_4 + 8H_2O$$

$KMnO_4$에 상당하는 양은 다음과 같다.

$$0.1\ N\ KMnO_4\ 1\ mL = 0.001701\ g\ H_2O_2$$

시료 약 5 mL(3% H_2O_2, 비중 1.01)를 정확하게 취하여 물 10 mL와 H_2SO_4 10 mL를 가하여 흔들면서 상온에서 담홍색이 될 때까지 0.1 N $KMnO_4$로 적정하여 H_2O_2의 함량을 계산한다.

6) $NaNO_2$의 정량

$NaNO_2$ 용액을 산성으로 하면 HNO_2가 되고 이것은 다음과 같이 쉽게 분해되어

$$2HNO_2 \rightarrow H_2O + N_2O_3$$

Gas로 휘발하거나 공기 산화되어 HNO_3로 되기 때문에 무게 다는 병을 사용하여야 한다. NO_2^-는 H_2SO_4 산성 하에서 $KMnO_4$와 반응하여 NO_3^-로 산화되므로 $KMnO_4$ 표준용액으로 적정할 수 있다.

$$5NaNO_2 + 2KMnO_4 + 3H_2SO_4$$
$$\rightleftharpoons 5NaNO_3 + 2MnSO_4 + 3H_2O + K_2SO_4$$

그러므로 $KMnO_4$에 상당하는 $NaNO_2$의 양은 다음과 같다.

$$0.1\ N\ KMnO_4\ 1\ mL = 0.00345\ g\ NaNO_2$$

시료를 데시케이터(H_2SO_4)에서 4시간 건조시킨 다음 그 중에서 약 1 g을 정확하게 취하여 물에 녹여 정확히 100 mL로 하여 뷰렛에 넣고, 비커에는 0.1 N $KMnO_4$ 30 mL, 물 100~300 mL 및 진한 황산 5 mL를 넣고 수욕 상에서 약 40℃로 가온하면서 용액이 무색이 될 때까지 적정하여 $NaNO_2$의 함량을 계산한다.

7) 화학적 산소요구량(망간법; COD_{Mn})

화학적 산소요구량(COD; chemical oxygen demand)은 수중에 들어 있는 유기물이 산화제에 의하여 분해되면서 소비되는 산소량을 mg/L로 나타낸 것을 말한다. COD는 산화제의 종류, 농도, 반응온도, 시간 등에 따라서 크게 영향을 받으므로 측정값에는 반드시 시험법을 표시하여야 한다.

(1) 산성에서 과망간산칼륨에 의한 COD

시료를 황산 산성으로 하여 과망간산칼륨을 과량 넣고 30분간 수욕 상에서 가열하여 소비된 과망간산칼륨으로부터 이에 상당하는 산소의 양을 측정하는 방법이다. 염소 이온이 2000 mg/L 이하인 시료에 적용하며, 그 이상일 때는 염기성법으로 분석한다.

300 mL 둥근바닥 플라스크에 시료 적당량을 취하여 물을 넣어 전체가 100 mL가 되도록 하고, 황산(1+2) 10 mL를 넣고 황산은(Ag_2SO_4) 분말 약 1 g을 넣어 세게 흔들어 준 다음 수 분간 방치하고, 0.025 N $KMnO_4$ 10 mL를 정확히 넣고 둥근바닥 플라스크에 냉각관을 연결하고 수욕 상에서 30분간 가열한다. 냉각관의 끝을 통하여 소량의 물로 씻어준 다음 냉각관 $KMnO_4$을 제거하고 0.025 N $Na_2C_2O_4$ 10 mL를 정확하게 넣고 60~80℃를 유지하면서 0.025 N 용액으로 용액의 색깔이 엷은 홍색을 나타낼 때까지 적정한다. 따로 물 100 mL를 같은 조건으로 바탕시험을 행한다. 식 (8-23)을 이용하면 수질오염공정시험법에서 제시하는 아래 식을 구할 수 있으며, COD를 계산할 수 있다.

$$\mathrm{COD\,(mg/L)} = (b-a) \times f \times \frac{1000}{V} \times 0.2 \tag{11-7}$$

여기서, f : $KMnO_4$의 factor

a : 바탕시험에 소비된 $KMnO_4$의 양(mL)

b : 시료의 적정에 소비된 $KMnO_4$의 양(mL)

V : 시료의 양(mL)

(2) 염기성에서 과망간산칼륨에 의한 COD

염기성에서 COD를 측정하는 방법은 시료 중의 염소 이온이 2,000 mg/ L 이상일 때 사용하는 방법이며, 시료를 염기성으로 하여 과망간산칼륨을 과량 넣고 수욕 상에 60분간 가열하고 아이오딘화칼륨(KI) 및 황산을 넣어 남아 있는 과망간산칼륨을 적정하여 유리된 아이오딘의 양으로부터 산소의 양을 측정하는 방법이다.

300 mL 둥근바닥 플라스크에 시료 적당량을 넣어 물을 넣어 전체 50 mL가 되도록 하고 10% NaOH 용액 1 mL를 넣어 염기성으로 한다. 여기에 0.025 N $KMnO_4$ 용액 10 mL를 정확하게 넣은 다음 둥근바닥 플라스크에 냉각관을 연결하고 수욕 상에서 60분간 가열한다. 물 소량으로 냉각관을 씻고 제거한 다음 10%(w/v) KI 용액 1 mL를 넣어 방냉한다. 4%(w/v) NaN_3 한 방울을 가하고 황산용액(2+1) 5 mL를 넣어 녹말 지시약으로 유리된 아이오딘을 0.025 N $Na_2S_2O_3$ 용액으로 무색이 될 때까지 적정한다. 따로 시료의 양과 같은 양의 물을 사용하여 같은 방법으로 바탕시험을 행하고 다음 식으로 COD를 계산한다.

$$\mathrm{COD\,(mg/L)} = (a-b) \times f \times \frac{1000}{V} \times 0.2 \tag{11-8}$$

여기서, f : $Na_2S_2O_3$의 factor

a : 바탕시험에 소비된 $Na_2S_2O_3$의 양(mL)

b : 시료의 적정에 소비된 $Na_2S_2O_3$의 양(mL)

V : 시료의 양(mL)

5. 중크롬산을 이용한 적정

1) 0.1 N $K_2Cr_2O_7$ 용액의 제조

$K_2Cr_2O_7$ (Mw=294.21)은 순수하게 얻을 수 있어 일차표준물질 없이 그대로 표준용액으로 사용할 수 있다. 순수한 $K_2Cr_2O_7$ 4.9035 g을 정확히 취하여 소량의 물에 녹여 용량플라스크에 옮기고 전체가 1 L가 되도록 묽힌다.

2) 염화 제1철의 정량

$FeCl_2$(Mw=126.764)를 증류수에 녹이고 묽은 염산 또는 황산 및 H_3PO_4와 지시약으로 diphenylamine 용액을 넣고 0.1 N $K_2Cr_2O_7$ 표준용액으로 적정한다. 종말점에서 용액은 자청색으로 변한다. 외부 지시약으로 $K_3Fe(CN)_6$를 사용하기도 한다.

$$K_2Cr_2O_7 + 6FeCl_2 + 14HCl \rightleftharpoons 2KCl + 2CrCl_3 + 6FeCl_3 + 7H_2O$$

시료 약 0.2 g을 정확하게 취하여 증류수 약 50 mL에 녹이고 묽은 HCl 또는 H_2SO_4 약 15 mL 및 25% H_3PO_4 약 5 mL를 가한 다음 1% diphenylamine 용액 3~4방울을 가하고 0.1 N $K_2Cr_2O_7$으로 적정한다. 당량점 부근에서는 천천히 적정하여 자청색이 되면 적정을 중지하고 $FeCl_2$의 함량을 계산한다.

3) 화학적 산소요구량(크롬법; COD_{Cr})

이 방법은 유기물이 거의 완전에 가까울 정도로 산화한다. Ag_2SO_4를 첨가함으로써 유기물의 산화를 촉진함과 동시에 Cl^-의 영향을 피할 수 있다.

시료를 황산산성으로 하여 $K_2Cr_2O_7$을 과량 가하여 2시간 가열한 다음 소비된 $K_2Cr_2O_7$의 양을 구하기 위하여 환원되지 않고 남아 있는 $K_2Cr_2O_7$을 황산제1철암모늄[$(NH_4)_2Fe(SO_4)_2$] 용액으로 적정하여 시료에 의해 소비된 $K_2Cr_2O_7$을 계산하고 이에 상당하는 산소의 양을 측정하는 방법이다.

250 mL 플라스크에 시료 적당량을 넣고 여기에 황산제2수은($HgSO_4$) 약 0.4 g을 넣은 다음 물을 넣어 전체가 20 mL가 되도록 하여 잘 흔들어 섞고 몇 개의 비등석을 넣은 다음 천천히 흔들어 주면서 Ag_2SO_4 용액(11 g/ L) 2 mL를 천천히 넣고 0.025 N $K_2Cr_2O_7$ 용액 10 mL를 정확히 넣은 다음 플라스크에 냉각관을 연결하여 가열한다. 냉각관 끝에서 황산은 용액 28 mL를 천천히 흔들면서 기한 디음 냉각관 끝을 비커로 덮고 2시간 동안 가열하고 방냉한다. 물 약 10 mL로 냉각관을 씻은 다음 냉각관을 제거하고 전체가 약 140 mL가 되도록 물을 가하고 *o*-페난트롤린제1철 용액 2~3방울을 넣은 다음 0.025 N [$(NH_4)_2Fe(SO_4)_2$] 용액으로 용액의 색깔이 청록색에서 적갈색으로 변할 때까지 적정한다. 따로 물 20 mL를 사용하여 같은 방법으로 바탕시험을 행한다.

- *o*-페난트롤린제1철 용액
  o-페난트롤린 1.48 g과 $FeSO_4 \cdot 7H_2O$ 0.7 g을 증류수에 용해하여 전체가 100 mL가 되도록 한다.

$$\mathrm{COD}\,(\mathrm{mg/L}) = (b-a)\times f \times \frac{1000}{V} \times 0.2 \qquad (11\text{-}9)$$

여기서, a : 적정에 소비된 $(NH_4)_2Fe(SO_4)_2$의 양(mL)
b : 바탕시험에 소비된 $(NH_4)_2Fe(SO_4)_2$의 양(mL)
f : $(NH_4)_2Fe(SO_4)_2$의 factor
V : 시료의 양(mL)

6. 아이오딘을 이용하는 적정

1) 0.1 N I_2 용액의 제조 및 표준화

(1) 제조

I_2의 표준용액은 I_2의 KI 용액을 사용한다. 이 용액은 I_2의 휘발성이 적어지고 녹말용액과 반응이 예민하고 I_2만의 용액보다는 산화전위가 조금 낮아 $Na_2S_2O_3$를 $Na_2S_4O_6$로 산화시키는데 적당하므로 표준용액으로 사용할 수 있다.

$$I_2 + 2e^- \rightleftharpoons 2I^-$$

즉, I_2는 1분자가 2당량이므로 1 L의 용량플라스크에 20~25 g의 순수한 KI를 증류수 약 40 mL에 녹인 용액을 넣고, 12.7~12.8 g의 순수한 I_2를 가하여 녹인 다음 증류수를 가하여 전체가 1 L가 되도록 제조하고 갈색병에 넣어 냉소에 보관한다.

(2) 0.1 N I_2 용액의 표준화

As_2O_3 분말을 20% HCl로 재결정하고, 다시 증류수에서 수회 재결정시켜 건조시킨 다음 0.1~0.2 g을 정확하게 취한다. 이를 1 N NaOH 약 10 mL에 녹여 메틸오렌지 몇 방울을 가하여 황산으로 중화시키고 $NaHCO_3$ 2 g을 가하고, 증류수로 희석하여 50 mL 정도가 되도록 한 다음 녹말용액을 지시약으로 하여 0.1 N I_2 용액으로 적정한다. 이때 관련되는 반응식은 다음과 같다.

$$As_2O_3 + 6NaOH \rightleftharpoons 2Na_3AsO_3 + 3H_2O$$

$$2Na_3AsO_3 + 3H_2SO_4 \rightleftharpoons 2H_3AsO_3 + 3Na_2SO_4$$

$$2H_3AsO_3 + 2I_2 + 10NaHCO_3 \rightleftharpoons 2Na_3AsO_4 + 4NaI + 10CO_2 + 8H_2O$$

이 반응에서의 알짜반응, 즉 아비산은 I_2에 의하여 비소산으로 산화된다.

$$AsO_3^{3-} + I_2 + H_2O \rightleftharpoons AsO_4^{3-} + 2I^- + 2H^+$$

• 녹말용액의 제조
가용성 녹말 2 g을 소량의 증류수와 잘 저어서 죽과 같이 되게 하고, 이것을 온수 1 L 중에 가한다. 2~3분 동안 가열하여 투명한 용액을 만든다. 이것을 냉각시킨 다음 하루 동안 방치하고 여과한다. 오래 동안 보존하려면 방부제로서 톨루엔 1~2방울이나 HgI_2 1~2 mg을 가해 준다. 적정 용액 100 mL에 대해서 녹말용액 3 mL를 사용하는 것이 적당하다.

2) 0.1 N $Na_2S_2O_3$ 용액의 제조 및 표준화

(1) 제조

$Na_2S_2O_3$는 환원제로서 다음과 같이 산화된다.

$$2S_2O_3 + 2e^- \rightleftharpoons S_4O_6^{2-}$$

그러므로 $Na_2S_2O_3$는 1당량이므로 $Na_2S_2O_3 \cdot 5H_2O$ 25 g을 용량플라스크에 넣고 증류수로 녹여 전체가 1 L가 되도록 한다.

(2) 표준화

$Na_2S_2O_3$를 표준화할 때는 위에서 표준화한 I_2와 $K_2Cr_2O_7$ 표준용액을 사용하기도 하지만 일반적으로는 KIO_3를 표준물질로 주로 사용한다.

순수한 아이오딘산칼륨(KIO_3) 0.14~0.15 g을 정확히 취하여 삼각플라스크에서 85 mL의 증류수로 녹이고 순수한 KI 2 g을 가하고 10 mL의 1 N 황산 또는 염산을 가하여 잘 저으면서 0.1 N $Na_2S_2O_3$ 용액으로 적정한다. 용액의 색이 연한 노란색으로 될 즈음에 녹말용액 3 mL를 가하여 청색이 무색으로 될 때까지 적정한다.

3) 용존산소(DO)의 측정

수중의 용존산소(dissolved oxygen; DO)를 측정하는 방법은 Winkler법을 근간으로 하여 Winkler-azide화 나트륨변법(Alsterberg법)과 Winkler-potassium permanganate변법(Rideal-Stewart법) 등이 있으나 Winkler-azide화 나트륨변법이 주로 사용되고 있다. Winkler-azide화 나트륨변법의 원리는 황산망가니즈($MnSO_4$)와 염기성 아이오딘화칼륨(alkaline KI) 용액을 넣을 때 생기는 수산화제일망가니즈[$Mn(OH)_2$]가 용존산소에 의하여 산화되어 수산화제이망가니즈[$Mn(OH)_3$]으로 되고 이것은 황산 산성에서 아이오딘을 유리시킨다. 유리된 아이오딘을 싸이오황산나트륨($Na_2S_2O_3$)으로 적정하여 용존산소의 양을 측정한다. 이상의 반응에 관계되는 반응식은 다음과 같다.

$$Mn^{2+} + 2OH^- \rightleftharpoons Mn(OH)_2$$

$$2Mn(OH)_2 + \frac{1}{2}O_2 + H_2O \rightleftharpoons 2Mn(OH)_3$$

$$2Mn(OH)_3 + 2I^- + 6H^+ \rightleftharpoons 2Mn^{2+} + I_2 + 6H_2O$$

$$I_2 + 2S_2O_3^{2-} \rightleftharpoons 2I^- + S_4O_6^{2-}$$

시료를 가득 채운 300 mL 용존산소측정병에 황산망가니즈 용액 1 mL와 염기성 아이오딘화칼륨–아자이드화나트륨(KI–NaN_3) 용액 1 mL를 넣고 기포가 남지 않게 조심하여 마개를 닫고 수회 병을 회전시키면서 섞는다. 시료가 해수이거나 염기성에서 산화되기 쉬운 유기물을 함유하는 폐수는 2분간 병을 회전하여 섞는다. 2분간 정치시키고 위의 맑은 상징액에 미세한 침전이 남아 있으면 다시 회전시켜 혼합한 다음 정치하여 완전히 침전시킨다. 100 mL 이상의 맑은 층이 생기면 마개를 열고 진한 황산 2 mL를 천천히 가한다. 마개를 다시 닫고 갈색의 침전물이 완전히 용해될 때까지 병을 회전시킨다. 이 중에서 200 mL를 정확하게 취하여 노란색이 될 때까지 0.025 N $Na_2S_2O_3$ 용액으로 적정한 다음 녹말용액 1 mL를 가하고 푸른색의 용액이 무색으로 될 때까지 계속하여 적정하고 0.025 N $Na_2S_2O_3$의 소비량으로부터 용존산소의 농도(mg/ L)를 다음과 같이 계산한다.

이 식은 수질오염공정시험법에 제시되어 있는데 식 (8-22)로부터 구할 수 있다.

$$O_2(mg/L) = a \times f \times \frac{V_1}{V_2} \times \frac{1000}{V_1 - R} \times 0.2 \qquad (11\text{-}10)$$

여기서, a : 적정에 소비된 0.025 N $Na_2S_2O_3$의 양(mL)

f : 적정에 사용한 0.025 N $Na_2S_2O_3$의 농도보정계수(역가)

V_1 : 전체 시료의 양(mL, 용존산소측정병의 양; 300 mL)

V_2 : 적정에 사용한 시료의 양(mL)

R : 첨가한 $MnSO_4$와 염기성 KI 용액의 양(mL)

- 황산망가니즈($MnSO_4$) 용액의 제조 : $MnSO_4 \cdot 4H_2O$ 240 g을 물에 녹여 전체가 500 mL가 되도록 한다.
- 염기성 아이오딘화칼륨 아자이드화나트륨 용액의 제조 : 수산화나트륨(NaOH) 250 g, 아이오딘화칼륨(KI) 750 g을 물에 녹여 전체가 500 mL가 되도록 하고, 따로 아자이드화나트륨(NaN_3) 5 g을 증류수 20 mL에 녹여 두 용액을 혼합하여 갈색병에 넣어 암소에 보관한다.

4) 표백분 중 유효염소의 정량

표백분은 $Ca(OCl)_2$와 $CaCl_2$의 혼합물로서 보통 Ca(OCl)Cl로 표시하며, $CaClO_3$와 CaO 등의 불순물을 포함하고 있다. 다음과 같이 표백분은 산성에서 염소를 발생하며,

$$Ca(OCl)Cl \quad + \quad 2H^+ \quad \rightarrow \quad Ca^{2+} \quad + \quad Cl_2 \quad + \quad H_2O$$

이 염소를 **유효염소**(available chlorine)라고 한다. 이때 KI를 가하면 I_2를 유리하게 되고 이 I_2를 싸이오황산나트륨($Na_2S_2O_3$)으로 적정한다. 적정에 관계되는 반응식과 $Na_2S_2O_3$에 상당하는 Cl_2의 양은 다음과 같다.

$$Ca(OCl)_2 + 2KI + H_2SO_4 \rightarrow K_2SO_4 + CaCl_2 + H_2O + I_2$$

$$0.1\ N\ Na_2S_2O_3\ 1\ mL = 0.002536\ g\ Cl_2$$

시료 약 5 g을 정확하게 달아서 막자사발에서 물을 조금씩 가하면서 빻아 덩어리를 풀고 용량플라스크에 옮겨 전체가 500 mL가 되도록 묽힌다. 이 중에서 50 mL를 정확하게 취하여 삼각플라스크에 옮기고 KI 2 g을 가하고, 다시 4 N H_2SO_4 15 mL를 가한 다음 녹말용액을 지시약으로 하여 0.1 N $Na_2S_2O_3$ 표준용액으로 적정하여 유효염소의 양을 계산한다.

연습문제 11

1. $KMnO_4$ 0.400 g을 물에 녹여 0.05 N $KMnO_4$ 용액을 만들면 몇 mL를 만들 수 있는가? 단, $KMnO_4$는 황산 산성에서 산화제로 사용하고자 한다.

2. 일차표준물질로 사용할 수 있는 $K_2Cr_2O_7$ 2.460 g을 물에 녹여 전체가 500.0 mL가 되도록 하였다. 이 용액을 황산 산성에서 사용한다고 가정하고 N농도와 M농도를 구하라.

3. 산성 용액 중에 들어 있는 Fe^{2+} 100 mg을 산화시키는데 필요한 0.100 N $KMnO_4$의 부피를 계산하라.

4. 0.80 g/100.0 mL $FeSO_4(NH_4)_2SO_4 \cdot 6H_2O$를 황산 산성 하에서 0.80 g/250.0 mL의 $KMnO_4$로 적정하고자 한다.

1) 각각의 N농도를 계산하라.
2) 적정반응의 반응식을 완결하라.
3) $KMnO_4$의 소비량을 계산하라.

5. 순수한 $Na_2C_2O_4$ 0.15 g을 달아 물에 녹이고 묽은 황산 6 mL을 가하여 70℃로 가온하면서 0.10 N $KMnO_4$로 적정하였더니 21.50 mL가 소비되었다. $KMnO_4$의 농도보정계수(factor; f)를 구하라.

6. 일차표준물질인 As_2O_3 0.1234 g을 적정하는데 $KMnO_4$ 용액 20.50 mL가 소비되었다. $KMnO_4$의 N농도를 구하라.

7. Mohr's salt[$FeSO_4 \cdot (NH_4)_2SO_4 \cdot 6H_2O$] 1.5350 g을 적정하는데 0.1133 N $KMnO_4$가 34.33 mL가 소비되었다. Mohr's salt 중 철의 함량(%)을 구하고 이론치와 비교하라.

8. 염산 농도가 1.0 M일 때 다음 적정에서 적가액이 49.9, 50.0, 50.1 mL 소비되었을 때 용액의 환원전위를 계산하고 적당한 지시약을 선택하라.

1) 0.10 M Sn^{2+} 50 mL를 0.10 M Fe^{3+}로 적정하는 경우
2) 0.10 M Sn^{2+} 50 mL를 0.10 M I_3^-로 적정하는 경우

9. $K_2Cr_2O_7$ 용액에 KI를 과량 가하여 유리되는 아이오딘을 적정할 때 0.050 N $Na_2S_2O_3$ 용액이 48.80 mL 소비되었다. 용액 중의 $K_2Cr_2O_7$는 몇 g인가?

10. 아이오딘 용액 1 L 중에 I_2가 15.76 g 녹아 있다. 이 용액 1 mL에 대응하는 $Na_2S_2O_3$의 g수는?

11. 표백분은 산과 반응하여 다음과 같이 염소를 발생시킨다. 이때 발생한 염소는 용액 중의 아이오딘화 이온(I^-)을 산화시켜 아이오딘(I_2)을 유리시킨다.

$CaOCl_2 + 2HCl \rightarrow CaCl_2 + H_2O + Cl_2\uparrow$

$2I^- + Cl_2 \rightarrow I_2 + 2Cl^-$

표백분 2.3450 g을 막자사발에서 곱게 갈아 250.0 mL가 되도록 녹이고 이 중에서 25.00 mL를 취하여 KI 2 g과 진한염산 3 mL를 가한 다음 녹말용액을 지시약으로 하여 0.1000 N($f = 1.0533$) $Na_2S_2O_3$로 적정하였더니 18.09 mL가 소비되었다. 표백분 속의 유효염소의 함량(%)을 구하라.

12. 0.1 N $KMnO_4$ 용액 1 L를 만들고 이 용액의 농도를 결정하기 위하여 순수한 $Na_2S_2O_3$ 표준시약 0.20 g을 취하여 30 mL의 증류수에 녹이고 묽은 황산 6 mL을 가하여 70℃로 가온하면서 $KMnO_4$로 적정하였더니 24.50 mL가 소비되었다.

1) 적정 반응식을 완결하라.
2) 묽은 황산 대신 HNO_3나 HCl을 사용하면 어떻게 되나?
3) 적정 시 70℃로 가온하는 이유는?
4) 0.10 N $KMnO_4$ 1 mL에 대응하는 $Na_2S_2O_3$의 g수는?
5) $KMnO_4$의 농도는?
6) $KMnO_4$의 factor는?

13. 철광시료 0.500 g을 녹여 아연아말감으로 환원시킨 다음 $KMnO_4$로 적정하였을 때 48.10 mL가 소비되었다. 철광시료 중의 Fe의 함량(%)을 구하라.

14. 철광석 시료 0.5000 g을 36 w/v% HCl 약 20 mL에 넣고 서서히 가열하여 녹인 후 약 5 mL가 되도록 농축한다. 가능하면 소량의 $SnCl_2$ 용액으로 철을 환원시키고 남은 $SnCl_2$은 $HgCl_2$ 용액을 가하여 제거하고, 여기에 Zimmermann-Reinhardt 시약 30 mL를 넣고 400 mL가 되도록 물로 묽힌다. 이 용액을 0.1 N $KMnO_4$($f = 1.0000$)로 적정하였더니 23.50 mL가 소비되었다. 철광석 시료 중의 철의 함량(%)을 구하라.

15. 구리광석 1000.0 mg에 KI 용액을 가하여 유리되는 아이오딘을 0.1000 M $Na_2S_2O_3$로 적정하였더니 12.10 mL가 소비되었다. 구리광석 중 구리의 함량(%)을 구하라.

16. 다음 적정의 적정곡선을 그려라.

1) 0.1000 M Cr^{3+} 50.00 mL를 0.1000 M Fe^{3+}로 적정하는 경우

2) 0.10000 M $Fe(CN)_6^{4-}$ 50.00 mL를 0.0500 M Tl^{3+}로 적정하는 경우

3) 0.10000 M Ti^{3+} 50.00 mL를 0.0200 M MnO_4^-로 적정하는 경우

제 12 장

킬레이트 적정

1. 착염과 킬레이트의 구조

착염과 킬레이트의 정의와 구조를 설명하기 위하여 우선 화학결합의 종류와 성질을 이해할 필요가 있다. 원자 또는 원자단들 사이에 작용하는 힘에 의하여 하나의 화합물이 형성되며, 이때 관여하는 힘을 **화학결합**(chemical bond)이라고 한다.

화학결합은 이온결합(ionic bond), 공유결합(covalent bond), 배위결합(coordination bond) 및 금속결합(metallic bond) 등으로 나눌 수 있다. 이 중에서 착염과 킬레이트를 설명하기 위하여 반드시 필요한 공유결합과 배위결합을 설명하여 보자.

수소, 탄소 및 IV, V, VI 및 VII족 사이의 비금속 원소끼리 결합할 때는 이온결합과 같이 양이온과 음이온에 의한 결합이 아니라 각 원자가 같은 수의 최외각 전자를 내어 전자쌍(electron pair)을 이루어 서로 공유하여 결합하며 이때의 결합을 **공유결합**이라고 한다. 공유결합을 간단하게 표현하면 다음과 같다.

$$A\cdot + B\cdot = A:B \tag{12-1}$$

공유결합을 두 원자는 전자쌍을 공유함으로써 각각 최외각 전자가 8개(H는 2개로 예외)가 됨으로써 팔우설(octet rule)을 만족하게 된다.

예를 들면, 메테인(methane) 분자에서 탄소 원자 주위에는 8개의 전자가 있으며, 수소 원자 주위에는 2개의 전자가 있음으로써 팔우설을 만족하는 상태로 되어 안정한 메테인 분자가 된다.

$$\cdot\dot{\underset{\cdot}{C}}\cdot \quad + \quad 4H^{\times} \longrightarrow \begin{matrix} & H & \\ & \overset{\times}{\cdot} & \\ H \,\overset{\cdot}{\times} & C & \overset{\times}{\cdot}\, H \\ & \overset{\times}{\cdot} & \\ & H & \end{matrix}$$

이때 탄소 원자 외각의 4개 전자와 수소 원자 외각의 1개 전자를 **홀전자**(unpaired electron)라고 하며, 이것이 서로 쌍을 이루었을 때를 **전자쌍**(electron pair)이라고 한다.

암모니아에서는 N에 있는 5개의 전자 중 3개의 홀전자와 H에 있는 1개의 홀전자가 서로 공유결합하여 암모니아 분자를 형성하며, 나머지 2개의 전자는 남아 있게 되는데 이것을 **비공유전자쌍**(unshared electron pair) 또는 **고립전자쌍**(lone pair electron)이라고 한다.

$$\cdot\ddot{\underset{\cdot}{N}}\cdot \quad + \quad 3H^{\times} \longrightarrow \begin{matrix} & \cdot\cdot & \\ H \,\overset{\cdot}{\times} & N & \overset{\times}{\cdot}\, H \\ & \overset{\times}{\cdot} & \\ & H & \end{matrix}$$

실제 암모니아는 용액 중의 수소 이온으로 인하여 N의 고립전자쌍과 전자가 하나도 없는 수소 이온이 서로 결합하여 암모늄 이온(ammonium ion)을 생성한다.

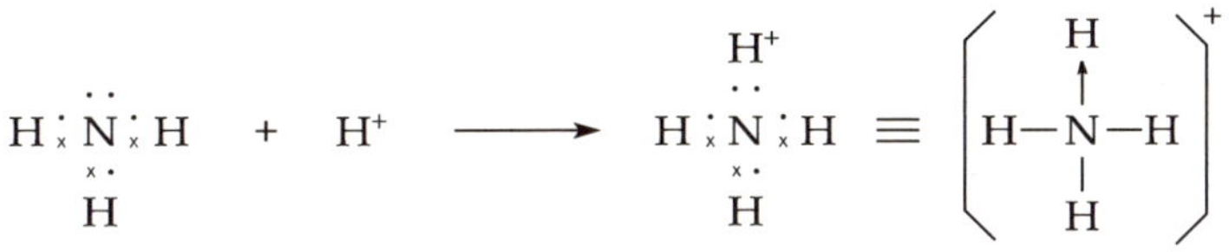

$$\mathrm{H:\ddot{N}:H}\ (\text{with H below}) + H^+ \longrightarrow \mathrm{H:\overset{H^+}{\ddot{N}}:H}\ (\text{with H below}) \equiv \left[\begin{array}{c} H \\ \uparrow \\ H-N-H \\ | \\ H \end{array}\right]^+$$

이와 같이 한쪽의 원자만이 일방적으로 전자쌍을 제공하고 다른 한쪽은 전자쌍을 받음으로써 일어나는 결합을 **배위결합**(coordinate bond)이라고 한다. 위의 구조식에서 보는 바와 같이 단순 공유결합은 $-$ 로 표현하고 배위결합은 전자쌍을 주는 쪽에서 받는 쪽으로 $\rightarrow$로 표현한다.

여기서 전자쌍을 제공하는 원자나 원자단을 **전자주개**(electron donor)라고 하며, 전자쌍을 받는 쪽을 **전자받개**(electron acceptor)라고 한다. 일반적으로 N, O, S 및 할로젠(halogen) 원소 등이 고립전자쌍을 가지는 경우가 많으므로 이들이 결합에서는 전자주개로 작용하게 된다.

예를 들어, 하이드로늄 이온도 배위결합에 의하여 형성되며, Cu(II)와 같은 금속이온은 물속에서 물 분자와 배위결합을 하여 아쿠아 이온을 형성한다.

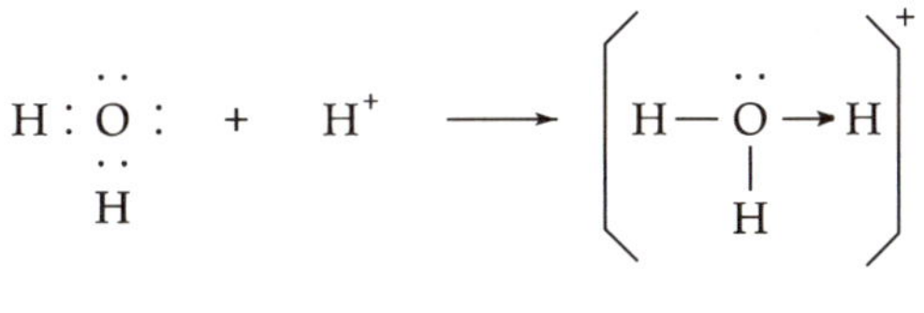

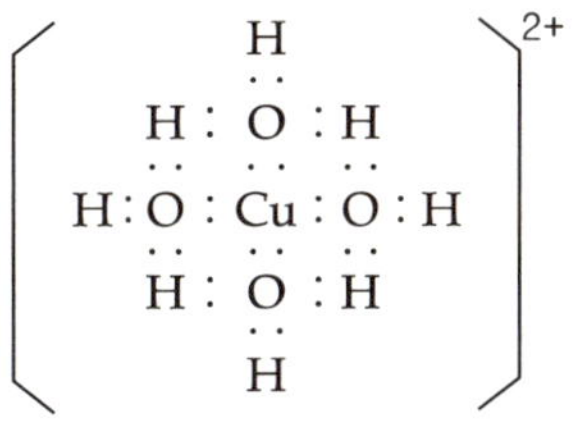

$$\mathrm{H:\ddot{O}:}\ (\text{with H below}) + H^+ \longrightarrow \left[\begin{array}{c} H-O\rightarrow H \\ | \\ H \end{array}\right]^+ \qquad \left[\begin{array}{ccccc} & & H & & \\ & H: & O & :H & \\ H: & O: & Cu & :O & :H \\ & H: & O & :H & \\ & & H & & \end{array}\right]^{2+}$$

일반적으로 배위결합에 의하여 결합한 화합물을 **배위화합물**(coordination compound)이라고 한다. 배위결합에 의하여 형성되어 전하를 갖는 원자단을 **착이온**(complex ion)이라고 하며, 착이온을 함유하는 화합물을 **착화합물**(complex compound)이라고 한다.

착화합물을 형성할 때 전자쌍을 제공하는 분자나 이온을 **배위자** 또는 **리간드**(ligand)라고 하며, 예를 들어 $[Cu(H_2O)]^{2+}$에서 구리는 중심원자가 되며, H_2O는 리간드가 된다. 착화합물에서 중심원자는 일반적으로 금속이므로 **중심금속**이라고 한다. 한편, H_2O나 NH_3와 같이 중심원자에 제공할 수 있는 전자쌍이 1쌍일 때 이것을 **한 자리 리간드**(unidentate or monodentate ligand)라고 한다. Ethylenediamine($H_2N-CH_2-CH_2-NH_2$)는 분자의 양쪽에 비공유전자쌍을 갖는 질소가 각각 하나씩 있으므로 중심원자에 두 쌍의 전자쌍을 제공할 수 있으므로 이와 같은 분자를 **두 자리 리간드**(bidentate ligand)라고 한다. 따라서 전자쌍을 제공할 수 있는 능력에 따라 **세 자리 리간드**(tridentate ligand), **네 자리 리간드**(quadridentate ligand) … 등이 있다. 이 중에서 두 자리 이상의 리간드를 **여러 자리 리간드**(polydentate 또는 multidentate ligand)라고 한다.

다음에서 보는 바와 같이 중심원자에 두 자리 이상의 리간드가 배위결합하게 되면 중심원자와 리간드 사이에는 고리가 형성되는데 이 고리를 **킬레이트 고리**(chelate ring)라고 하며, 킬레이트 고리가 형성되는 반응을 **킬레이트화 반응**(chelation)이라고 한다.

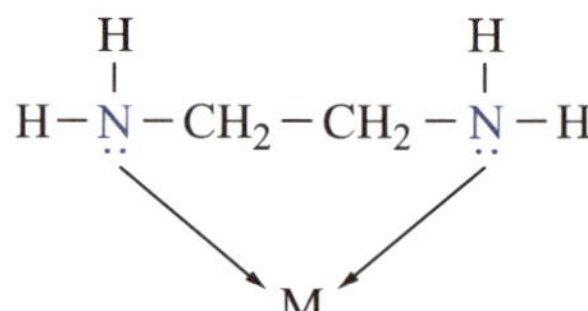

이때 두 자리 이상의 리간드를 **킬레이트제**(chclating agent)라고 하며, 이것에 의하여 형성된 화합물을 **킬레이트화합물**(chelate compound)이라고 한다. 킬레이트화합물과 구별하기 위하여 한 자리 리간드에 의하여 생성된 화합물을 단순히 **금속착염**(metal complex salt)라고 한다.

따라서 배위화합물은 중심원자가 대부분 금속이므로 **금속배위화합물**(metal coordination compound)이라고 하며, 여기에는 한 자리 리간드에 의하여 생성된 금속착염과 여러 자리 리간드에 의하여 생성된 금속킬레이트화합물이 포함되는 것이다.

중심원자인 금속은 종류에 따라 결합할 수 있는 리간드의 수가 정해져 있는데 그 수를 **배위수**(coordination number)라고 한다. 가장 흔한 배위수는 2, 4, 6인데, 예를 들면 Ag^+는 $Ag(NH_3)^+$에서 보는 바와 같이 배위수가 2이며, $Cu(NH_3)_4{}^{2+}$와 $Fe(CN)_6{}^{4-}$에서 보는 바와 같이 Cu^{2+}와 Fe^{3+}는 배위수가 각각 4와 6이다. Ag^+가 NH_3와 결합할 때는 NH_3 2분자가 필요하지만 ethylenediamine과 같은 두 자리 배위자와 결합한다면 1분자의 ethylenediamine이 필요하게 된다. 마찬가지로 ethylenediamine이 Fe^{3+}와 결합한다면 Fe^{3+}는 배위수가 6이므로 3분자의 ethylenediamine이 필요하게 된다.

금속배위화합물을 형성하는 금속이온과 리간드는 공간적인 관계를 가지며 일반적으로 리간드끼리 최대거리를 유지한다. 금속배위화합물의 기하학적 구조는 그 금속의 전자배치에 따른 혼성궤도의 종류와 배위수에 의존하며 가장 흔한 구조들은 그림 12-1과 같다.

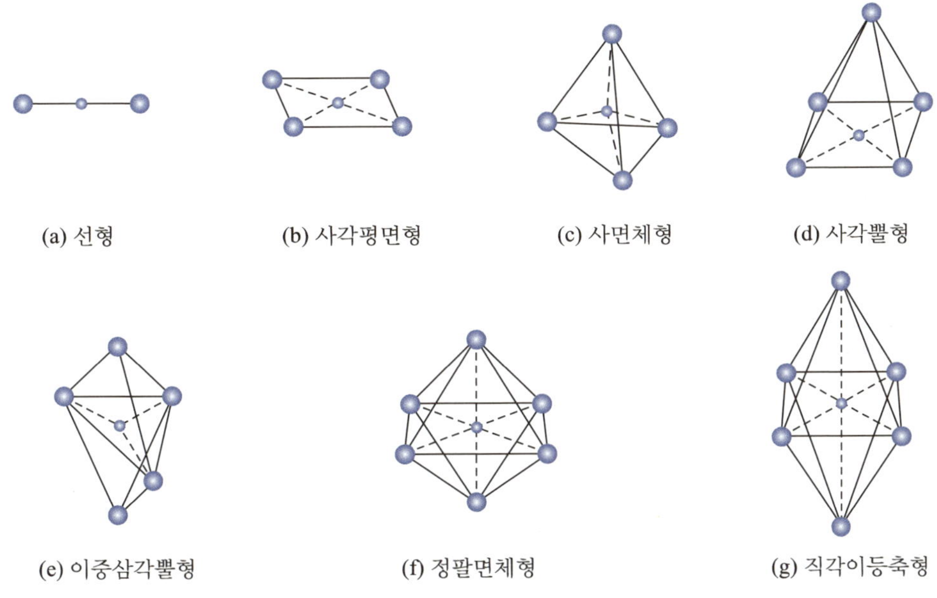

그림 12-1. 금속배위화합물의 구조

2. 킬레이트 적정법의 원리

수용액 중에서 금속이온(M)과 킬레이트제인 리간드(L)가 반응하여 금속착물 ML_n을 생성한다면 그 반응식은 다음과 같다.

$$M + nL \rightleftharpoons ML_n \tag{12-2}$$

이 반응은 일반적인 다른 부피분석법의 조작에서도 적용되는 다음의 조건을 만족한다면 M에 대응하는 L의 양으로부터 M의 양을 결정할 수 있게 된다.

첫째, 반응속도가 빠르고 부반응이 없어야 한다.
둘째, 화학반응이 정량적으로 일어나야 한다.
셋째, 생성된 킬레이트화합물의 안정도상수가 충분히 커야 한다.

식 (12-2)에서 평형상수는

$$K = \frac{[ML_n]}{[M][L]^n} \tag{12-3}$$

로 나타내며, K를 안정도상수(stability constant) 또는 **킬레이트생성상수**(formation constant)라고 한다. K값은 킬레이트화합물의 안정도를 나타내며, K값이 클수록 안정한 것을 의미한다. 2종 이상의 금속이온 또는 리간드가 공존할 때는 원칙적으로 K가 큰 것이 우선적으로 생성되며 점차로 K가 작은 것이 생성된다.

위의 화학평형 반응식을 거꾸로, 다시 말해 해리하는 쪽으로 쓸 수도 있다. 그럴 경우 평형상수에서 분자와 분모가 서로 바뀌게 되어 안정도상수의 역이 되는데, 이것을 **불안정도상수**(instability constant) 또는 **해리상수**(dissociation constant)라고 한다.

한편, 금속이온과 리간드가 1 : 1로 반응한다면 1단계로 착화합물이 생성되지만 1 : 2 이상인 경우에는 단계적으로 착화합물이 생성된다. 단계적으로 착화합물이 생성되는 반응은 다음과 같이 나타낸다.

$$M + L \rightleftharpoons ML \tag{12-4}$$

$$ML + L \rightleftharpoons ML_2 \tag{12-5}$$

$$ML_2 + L \rightleftharpoons ML_3 \tag{12-6}$$

$$\vdots$$

$$ML_{n-1} + L \rightleftharpoons ML_n \tag{12-7}$$

위 반응식의 평형상수는 각각 다음과 같이 나타낸다.

$$K_1 = \frac{[ML]}{[M][L]} \tag{12-8}$$

$$K_2 = \frac{[ML_2]}{[ML][L]} \tag{12-9}$$

$$K_3 = \frac{[ML_3]}{[ML_2][L]} \tag{12-10}$$

$$\vdots$$

$$K_n = \frac{[ML_n]}{[ML_{n-1}][L]} \tag{12-11}$$

이 식들의 K_1, K_2, K_3, ⋯, K_n을 **단계적 안정도(생성)상수**[stepwise stability(formation) constant]라고 한다.

한편, 위의 반응식 (12-4)~(12-7)은 다음과 같이 나타낼 수도 있다.

$$M + L \rightleftharpoons ML \quad (12\text{-}12)$$

$$M + 2L \rightleftharpoons ML_2 \quad (12\text{-}13)$$

$$M + 3L \rightleftharpoons ML_3 \quad (12\text{-}14)$$

$$\vdots$$

$$M + nL \rightleftharpoons ML_n \quad (12\text{-}15)$$

위의 식들에 대한 평형상수도 역시 다음과 같이 나타낼 수 있다.

$$\beta_1 = K_1 = \frac{[ML]}{[M][L]} \quad (12\text{-}16)$$

$$\beta_2 = K_1 \cdot K_2 = \frac{[ML_2]}{[M][L]^2} \quad (12\text{-}17)$$

$$\beta_3 = K_1 \cdot K_2 \cdot K_3 = \frac{[ML_3]}{[M][L]^3} \quad (12\text{-}18)$$

$$\vdots$$

$$\beta_n = K_1 \cdot K_2 \cdot K_3 \cdots \cdot K_n = \frac{[ML_n]}{[M][L]^n} \quad (12\text{-}19)$$

이 식들의 β_1, β_2, ⋯, β_n을 **총괄안정도(생성)상수**[overall stability(formation) constant]라고 한다.

식 (12-15)에서 $n=1$일 때, 즉 금속이온과 리간드(킬레이트시약)가 1 : 1 mole비로 반응한다면 0.1 mole 금속이온 용액을 0.1 mole 킬레이트시약으로 적정할 때 종말점에서는 부피가 2배로 증가하므로 이때 만들어지는 금속킬레이트의 농도는 0.05 mole이 된다. 이때 금속킬레이트가 0.1% 이상 이온화하지 않는다고 가정하면 다음과 같이 금속이온이나 킬레이트시약의 최대농도는 5×10^{-5} mole이 된다.

$$\underset{(0.05\ M)}{ML} \rightleftharpoons \underset{(0.05 \times 0.1/100\ M)}{M} + \underset{(0.05 \times 0.1/100\ M)}{L}$$

ML의 안정도상수 K는

$$K = \frac{[ML]}{[M][L]}$$

$$\fallingdotseq \frac{0.05}{(5\times 10^{-5})^2} = 2\times 10^7$$

이 되며, 실제 실험에서는 0.01 mole 정도의 적정액을 사용하므로 안정도상수는 10^8 또는 그 이상의 값이 되는 것이 좋다.

NH_3와 CN^-를 이용하여 H^+, Cd^{2+} 및 Cu^{2+}를 적정하는 경우 안정도상수는 다음과 같이 10^8 이상이다.

$$H^+ + NH_3 \rightleftharpoons NH_4^+ \qquad K = 2.00\times 10^9$$

$$Cu^{2+} + 4NH_3 \rightleftharpoons Cu(NH_3)_4^{2+} \qquad K = 3.16\times 10^{12}$$

$$H^+ + CN^- \rightleftharpoons HCN \qquad K = 1.38\times 10^9$$

$$Cd^{2+} + 4CN^- \rightleftharpoons Cu(CN)_4^{2-} \qquad K = 6.31\times 10^{18}$$

그러나 실제로 적정하였을 경우 그림 12-2와 같이 H^+는 당량점에서 급격한 pH 변화를 볼 수 있으므로 NH_3와 CN^-를 이용하면 적정을 통하여 정량할 수 있지만 Cu^{2+}와 Cd^{2+}는 당량점에서의 농도변화가 작아서 종말점을 판단할 수 없으므로 적정이 불가능하다.

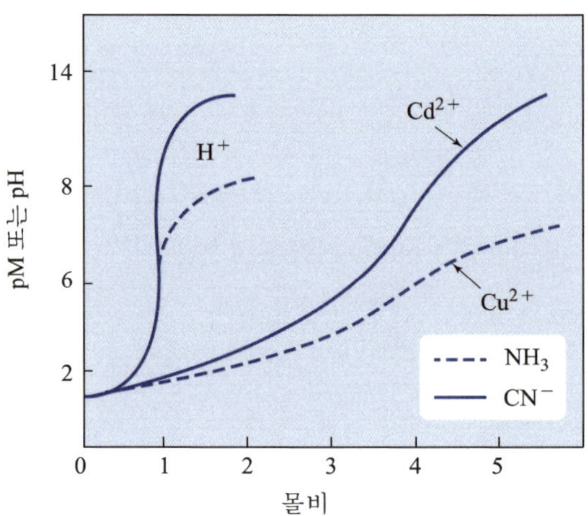

그림 12-2. NH_3와 CN^-를 이용한 H^+, Cd^{2+} 및 Cu^{2+}의 적정곡선

만약 NH_3 대신 두 자리 리간드인 에틸렌다이아민(etnylenediamine; $NH_2-CH_2-CH_2-NH_2$; en)을 이용하여 적정하면 그림 12-3에서 보는 바와 같이 당량점 부근에서 농도의 변화가 매우 크므로 종말점을 쉽게 판단할 수 있게 된다.

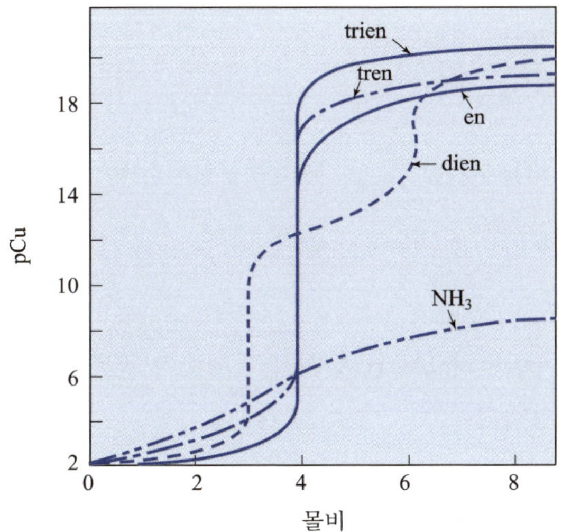

그림 12-3. 여러 자리 리간드에 의한 Cu^{2+}의 적정곡선

그림 12-3에서 보는 바와 같이 한자리 리간드인 NH_3보다는 두 자리 리간드인 en으로, en 보다는 네 자리 리간드인 trien으로 적정하였을 때 종말점에서 Cu^{2+}의 농도가 더 크게 변하는 것을 알 수 있다.

종말점에서 농도 변화가 크다는 것은 안정도상수가 크다는 것을 의미하며, 이와 같이 한자리 리간드보다는 두 자리 이상의 리간드를 사용함으로써 안정도상수가 커지게 되는 것을 **킬레이트 효과**(chelate effect)라고 한다.

3. 킬레이트제

금속의 종류에 따라 킬레이트화합물은 고유한 색깔을 띠든가 그 이온화상수 또는 용해도가 매우 작은 것이 있으므로 부피분석에 이용되는 킬레이트제는 여러 가지가 있다.

1) 일반 킬레이트제

(1) 두 자리 리간드

$NH_2-CH_2-CH_2-NH_2$ 에틸렌다이아민(ethylenediamine); en

(2) 세 자리 리간드

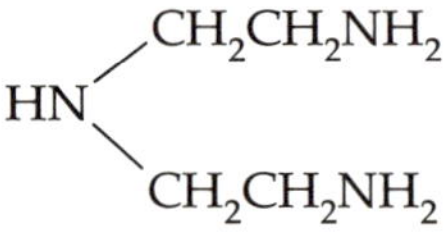

$$HN\begin{matrix} \diagup CH_2CH_2NH_2 \\ \diagdown CH_2CH_2NH_2 \end{matrix}$$

다이에틸렌트라이아민(diethylenetriamine); dien

(3) 네 자리 리간드

다음에 나타낸 NTA는 일반적으로 H_3X로 표시하며, 이것은 물에 녹지 않으므로 적정에서는 Na_2HX의 형태로 이용한다.

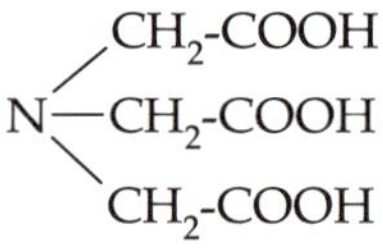

$$N\begin{matrix} \diagup CH_2\text{-}COOH \\ -CH_2\text{-}COOH \\ \diagdown CH_2\text{-}COOH \end{matrix}$$

나이트릴로삼아세트산(nitrilotriacetic acid); NTA

$$NH_2-CH_2-CH_2-NH_2-CH_2-CH_2-NH_2-CH_2-CH_2-NH_2$$

트라이에틸렌테트라민(triethylenetetramine); trien

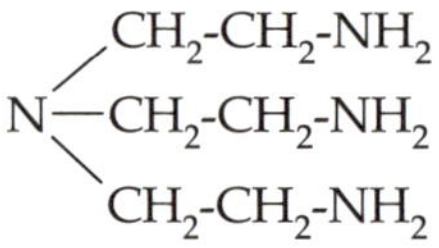

$$N\begin{matrix} \diagup CH_2\text{-}CH_2\text{-}NH_2 \\ -CH_2\text{-}CH_2\text{-}NH_2 \\ \diagdown CH_2\text{-}CH_2\text{-}NH_2 \end{matrix}$$

트라이아미노에틸아민(triaminoethylamine); tren

(4) 여섯 자리 리간드

EDTA는 일반적으로 H_4Y로 나타내며, 물에 녹지 않으므로 $Na_2H_2Y \cdot 2H_2O$의 형태로 적정에 이용한다.

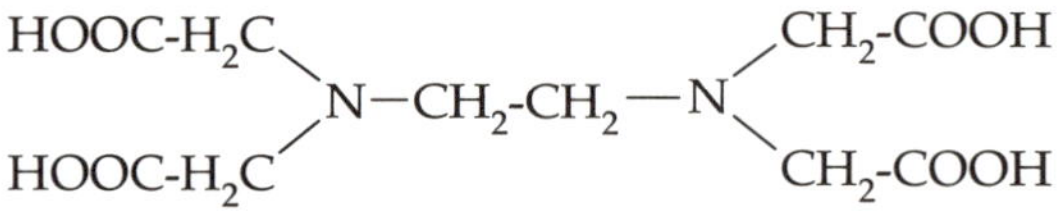

$$\begin{matrix} HOOC\text{-}H_2C \diagdown \\ HOOC\text{-}H_2C \diagup \end{matrix} N-CH_2\text{-}CH_2-N \begin{matrix} \diagup CH_2\text{-}COOH \\ \diagdown CH_2\text{-}COOH \end{matrix}$$

에틸렌다이아민사아세트산(ethylenediaminetetraacetic acid); EDTA

EDTA로 적정하였을 때 생성되는 금속킬레이트화합물의 안정도상수가 작아서 적정이 곤란한 경우에는 다음의 CyDTA를 이용하면 비교적 안정도가 높은 금속킬레이트화합물을 얻을 수 있게 된다.

사이클로헥산다이아민사아세트산(cyclohexanetetraacetic acid); CyDTA

2) 특정 금속과 반응하는 킬레이트제

(1) 다이메틸글라이옥심[dimethylglyoxime; $(CH_3)_2C_2(NOH)_2$]

$$Ni^{2+} + 2\ \begin{matrix} CH_3-C=NOH \\ | \\ CH_3-C=NOH \end{matrix} \rightleftharpoons Ni(C_4H_7N_2O_2)_2$$

다이메틸글라이옥심은 네 자리 리간드로서 중성, HAc 산성 또는 NH_3 염기성 용액에서 Ni^{2+}와 반응하여 다음과 같이 분홍색의 난용성 침전을 형성한다.

다이메틸글라이옥심은 Co^{2+}와도 반응하지만 수용성 착이온을 만들므로 Co^{2+} 공존 하에서도 Ni^{2+}를 선택적으로 정량할 수 있다.

(2) 알루미논(aluminon, ammonium aurintricarboxylate)

이것은 HAc와 NaAc로 된 완충용액에서 여러 종류의 금속과 반응하여 붉은색의 레이크를 만들며, 물에 녹는 적갈색 가루로 되어 있다.

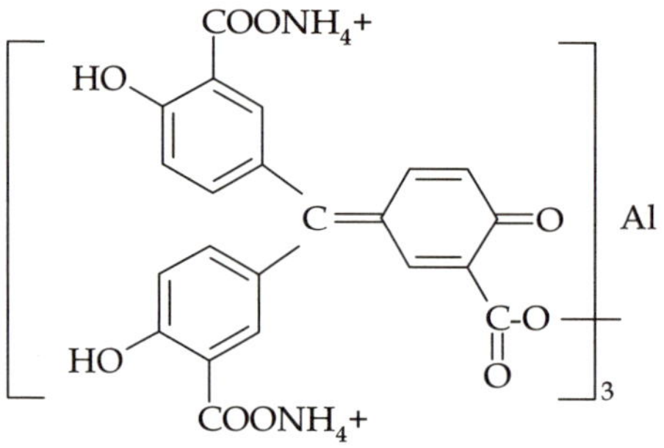

NH_4OH와 $(NH_4)_2CO_3$ 완충용액 속에서는 Al^{3+}만이 반응하여 붉은색의 침전을 만들므로 주로 Al^{3+}의 검출 및 정량에 이용한다.

(3) 다이싸이존(dithizone, diphenylthiocarzone)

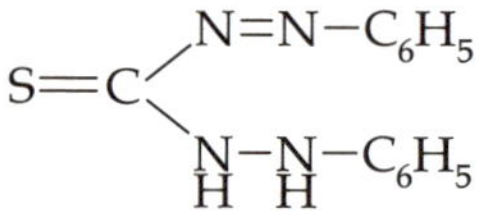

$$S=C\begin{matrix} N=N-C_6H_5 \\ \underset{H}{N}-\underset{H}{N}-C_6H_5 \end{matrix}$$

흑갈색의 가루로서 물이나 묽은 산에는 녹기 어려우나 $CHCl_3$나 CCl_4 등에 잘 녹으며 초록색을 나타낸다.

Ag^+와 반응하여 불용성의 보라색 침전을 만들며, 적당한 전처리와 마스킹제(masking agent)를 가하면 각종 금속이온에 대한 특이성을 나타낼 수 있으므로 Cd, Cu, Hg, Ag, Zn, Pb 등의 금속이온의 검출 및 정량에 이용한다.

(4) 다이페닐카바자이드(diphenylcarbazide)

흰색 결정 모양의 가루로서 물에 녹기 어렵고 C_2H_5OH에 잘 녹는다. 다수의 금속이온과 착색한 킬레이트화합물을 만든다.

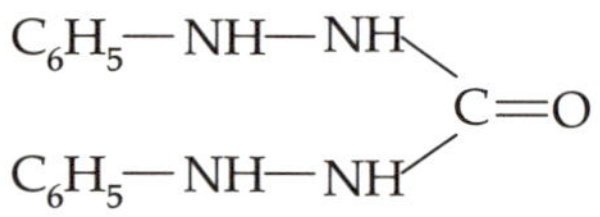

$$\begin{matrix} C_6H_5-NH-NH \\ C_6H_5-NH-NH \end{matrix}\!\!>C=O$$

(5) 쿠프론(cupron; α-benzoinoxime)

물에 녹지 않고 C_2H_5OH에 녹는 흰색 결정성의 가루이다.

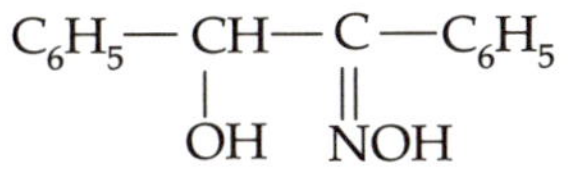

$$\begin{array}{l} C_6H_5-CH-C-C_6H_5 \\ \qquad\quad | \qquad \| \\ \qquad\quad OH \quad NOH \end{array}$$

NH_3 염기성 용액에서 Cu^{2+}와 반응하여 다음과 같이 초록색 침전을 만들며, 다른 금속이온의 방해는 별로 받지 않는다.

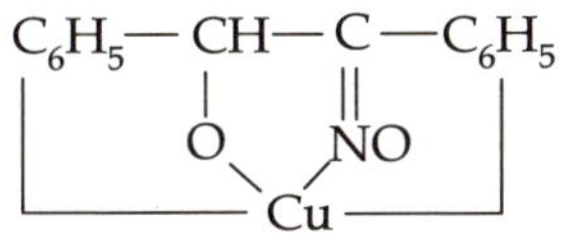

$$\begin{array}{l} C_6H_5-CH-C-C_6H_5 \\ \qquad\quad | \qquad \| \\ \qquad\quad O \quad\; NO \\ \qquad\quad\; \diagdown \;\diagup \\ \qquad\qquad Cu \end{array}$$

4. EDTA

H_4Y 형태의 EDTA는 물에 녹지 않고 Na_4Y형은 조해성이 있으므로 킬레이트 적정에서는 $Na_2H_2Y \cdot 2H_2O$ 형태로 사용한다. EDTA는 2가 이상의 금속과 매우 안정된 수용성 화합물을 형성한다.

1) EDTA 평형

EDTA는 네 개의 양성자가 단계적으로 이온화하므로 네 개의 K값을 가지고 있다.

$$H_4Y \rightleftharpoons H^+ + H_3Y^- \qquad K_1 = 1.0\times10^{-2} = \frac{[H^+][H_3Y^-]}{[H_4Y]} \qquad (12\text{-}20)$$

$$H_3Y^- \rightleftharpoons H^+ + H_2Y^{2-} \qquad K_2 = 2.2\times10^{-3} = \frac{[H^+][H_2Y^{2-}]}{[H_3Y^-]} \qquad (12\text{-}21)$$

$$H_2Y^{2-} \rightleftharpoons H^+ + HY^{3-} \qquad K_3 = 6.9\times10^{-7} = \frac{[H^+][HY^{3-}]}{[H_2Y^{2-}]} \qquad (12\text{-}22)$$

$$HY^{3-} \rightleftharpoons H^+ + Y^{4-} \qquad K_4 = 5.5\times10^{-11} = \frac{[H^+][Y^{4-}]}{[HY^{3-}]} \tag{12-23}$$

위에서 보는 바와 같이 EDTA의 총농도 중 해리된 Y^{4-}의 분율은 $[H^+]$의 농도, 즉 pH에 따라 변한다. pH에 따른 EDTA의 각 형에 대한 분율을 그림 12-4에 나타내었다.

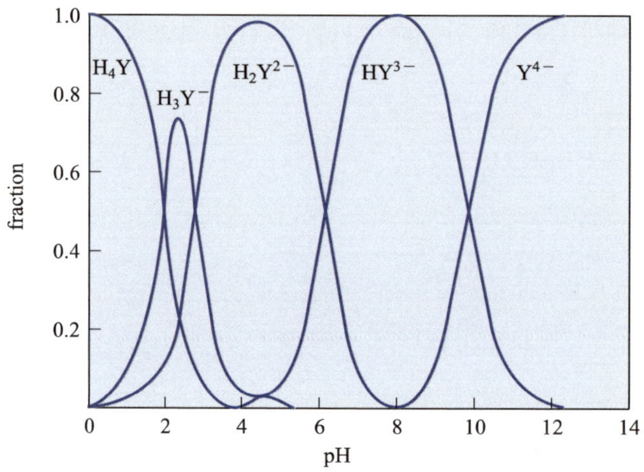

그림 12-4. pH에 따른 EDTA의 분율

2) EDTA 킬레이트화합물의 생성

6자리 리간드인 EDTA는 알칼리금속을 제외한 거의 모든 금속과 1 : 1 몰비로 반응하여 다음 그림과 같은 안정한 착물을 형성한다. EDTA는 금속이온과 그 이온의 원자가에 상관없이 1 : 1 몰비로 결합하기 때문에 금속이온이 한 자리 리간드와 결합할 때처럼 단계적인 반응을 볼 수 없다.

일반적으로 EDTA가 금속이온 M^{n+}와 만드는 킬레이트화합물의 생성반응과 그 화합물의 형성상수는 다음과 같으며, 몇 가지 금속이온과 만드는 킬레이트화합물의 형성상수를 표 12-1에 나타내었다.

$$M^{n+} + Y^{4-} \rightleftharpoons MY^{n-4}$$

$$K_{MY} = \frac{[MY^{n-4}]}{[M^{n+}][Y^{4-}]} \tag{12-24}$$

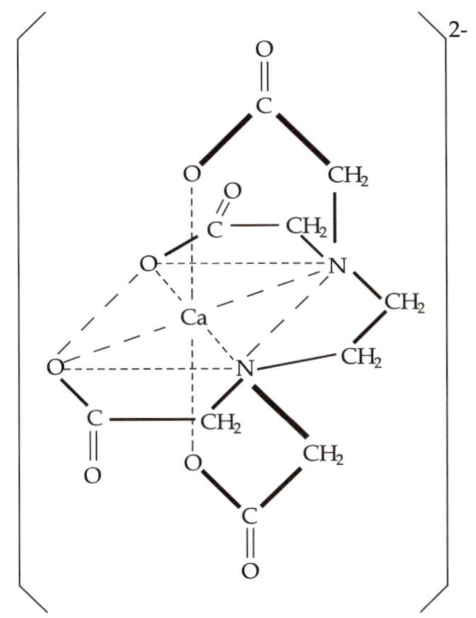

표 12-1. EDTA 킬레이트화합물의 생성상수

금속이온	pK_{MY}	금속이온	pK_{MY}
Al^{3+}	16.13	Mn^{2+}	14.04
Ba^{2+}	7.76	Hg^{2+}	21.80
Cd^{2+}	16.46	Ni^{2+}	18.62
Ca^{2+}	10.70	Sc^{3+}	23.10
Co^{2+}	16.31	Ag^{+}	7.32
Cu^{2+}	18.80	Sr^{2+}	8.63
Ga^{3+}	20.27	Th^{4+}	23.20
In^{3+}	24.95	Ti^{3+}	21.30
Fe^{2+}	14.33	TiO_2^{2+}	17.30
Fe^{3+}	25.10	V^{2+}	12.70
Pb^{2+}	18.04	V^{3+}	25.90
Mg^{2+}	8.69	VO^{2+}	18.77
Y^{3+}	18.09	Zn^{2+}	16.50

EDTA 킬레이트화합물은 중성 또는 염기성 용액에서 안정도가 높고 산성 용액에서는 다음과 같이 Y^{4-} 이온의 일부가 수소 이온과 반응하기 때문에 EDTA 킬레이트가 분해하는 경향이 크다.

$$MY^{n-4} + 2H^{+} \rightleftharpoons M^{n+} + H_2Y^{2-}$$

중성 또는 염기성에서는 주로 H_2Y^{2-}와 HY^{3-} 등의 화학종이 많이 존재하고 이들이 금속 이온과 반응하면 다음과 같이 수소 이온을 내어놓게 된다.

$$M^{n+} + H_2Y^{2-} \rightleftharpoons MY^{n-4} + 2H^+$$

$$M^{n+} + HY^{3-} \rightleftharpoons MY^{n-4} + H^+$$

그러므로 이러한 상태에서 금속이온을 EDTA로 적정하면 용액의 pH는 감소하고 킬레이트 생성반응은 중지되거나 역반응이 일어나게 된다. 따라서 적정용액 중에 미리 적당한 완충용액을 가하여 pH의 변화를 막아야 한다.

한편, 안정한 킬레이트화합물을 만드는 Cd^{2+}, Cu^{2+}, Ni^{2+}, Zn^{2+} 등을 EDTA로 적정할 경우 다소 약한 산성 하에서도 적정할 수 있다. 그러나 킬레이트화합물의 형성상수가 낮은 금속이온의 경우에는 pH를 10 정도로 유지하여야 하는데 이때는 금속이온이 수산화물로 침전하게 된다. 그러므로 금속수산화물의 침전을 방지하고 높은 pH를 유지하기 위하여 NH_4OH-NH_4Cl 등의 완충용액을 사용한다.

예제 12-1

0.0100 M $MgCl_2$ 용액 50.00 mL를 0.0100 M EDTA로 적정할 때 적정곡선을 그려라.
(단, Mg-EDTA의 안정도상수는 5.0×10^8이다.)

풀이 ① **적정 전**(EDTA를 가하지 않았을 경우)

$$[Mg^{2+}] = [MgCl_2] = 0.0100$$

$$pMg = -\log[Mg^{2+}] = -\log 0.0100 = 2.00$$

② **당량점 이전**

$MgCl_2$와 EDTA의 농도와 부피를 N_1, V_1와 N_2, V_2라 하고, 예를 들어 EDTA가 49.99 mL 소비되었다고 가정하자.

$$[Mg^{2+}] = \frac{N_1V_1 - N_2V_2}{V_1 + V_2} = \frac{0.0100 \times 50.00 - 0.0100 \times 49.99}{50.00 + 49.99} = 1.0 \times 10^{-5}$$

$$pMg = -\log[Mg^{2+}] = \log(1.0 \times 10^{-5}) = 5.0$$

③ **당량점**

당량점에서는 Mg은 모두 Mg-EDTA로 변하기 때문에 Mg-EDTA의 농도는 다음과 같다.

$$[Mg-EDTA] = \frac{0.01 \times 50.00}{100} = 0.005$$

따라서 Mg-EDTA의 안정도상수

$$K = \frac{[Mg-EDTA]}{[Mg^{2+}][EDTA]} = 5.0 \times 10^{8}$$

으로부터 $[Mg^{2+}]$을 구할 수 있다. 당량점에서는 $[Mg^{2+}] = [EDTA]$이다.

$$\frac{[Mg-EDTA]}{[Mg^{2+}]^2} = \frac{0.005}{[Mg^{2+}]^2} = 5.0 \times 10^{8}$$

$$[Mg^{2+}] = 3.16 \times 10^{-6}$$

$$pMg = -\log[Mg^{2+}] = -\log(3.16 \times 10^{-6}) = 5.50$$

④ **당량점 이후**

예를 들어, EDTA가 60.0 mL가 소비되었다고 가정하자.

$$[EDTA] = \frac{N_2 V_2 - N_1 V_1}{V_1 + V_2}$$

$$= \frac{0.01 \times 60.00 - 0.01 \times 50.00}{50.00 + 60.00}$$

$$= 9.1 \times 10^{-4}$$

$$\frac{[Mg-EDTA]}{[Mg^{2+}][EDTA]} = 5.0 \times 10^{8}$$

$$[Mg^{2+}] = \frac{[Mg-EDTA]}{[EDTA] \times (5.0 \times 10^{8})}$$

$$= \frac{\frac{0.01 \times 50.00}{50.00 + 60.00}}{(9.1 \times 10^{-4}) \times (5.0 \times 10^{8})}$$

$$= 9.99 \times 10^{-9}$$

$$pMg = -\log[Mg^{2+}] = -\log(9.99 \times 10^{-9}) = 8.00$$

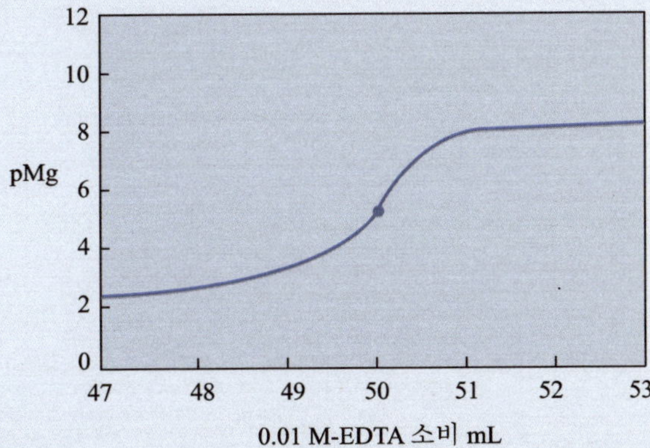

그림 12-5. 0.01 M Mg^{2+} 50.00 mL를 0.01 M EDTA로 적정할 때 적정곡선

5. 적정법의 종류

1) 직접 적정법(direct titration)

Ca^{2+} 등 약 40종의 금속이온을 포함하는 미지시료 용액을 EDTA와 같은 킬레이트 표준용액으로 직접 적정하여 당량점에서 소비된 킬레이트 표준용액의 부피로부터 미지시료의 농도를 확인하는 방법이다.

종말점은 금속 지시약(metal indicator), f를 사용하여 확인할 수 있다. 먼저 시료용액에 금속 지시약을 가하면 금속 지시약은 일종의 킬레이트제이므로 금속이온과 반응하여 킬레이트화합물을 형성하여 착색이 된다. 적정이 진행되는 동안 안정도상수의 차이에 따라 금속 지시약은 금속이온으로부터 떨어져 나와 그 지시약의 고유 색깔로 돌아가게 되며, 이때가 종말점이 되는 것이다.

$$\underset{\text{(킬레이트 색깔)}}{M-f} + EDTA \rightarrow M-EDTA + \underset{\text{(고유 색깔)}}{f} \qquad (12\text{-}25)$$

적정은 일반적으로 pH 7 이상의 용액에서 수행하며, pH를 일정하게 하기 위하여 적당한 완충용액을 사용한다. 지시약은 당량점에서의 M의 농도에 따라 결정되고 적정할 때의 pH는 목적하는 금속의 킬레이트화합물의 안정도상수와 금속 지시약의 변색능력에 따라 결정된다. 그림 12-6은 각 금속이온이 EDTA와 킬레이트화합물을 형성할 수 있는 최저 pH를 나타낸 것이다.

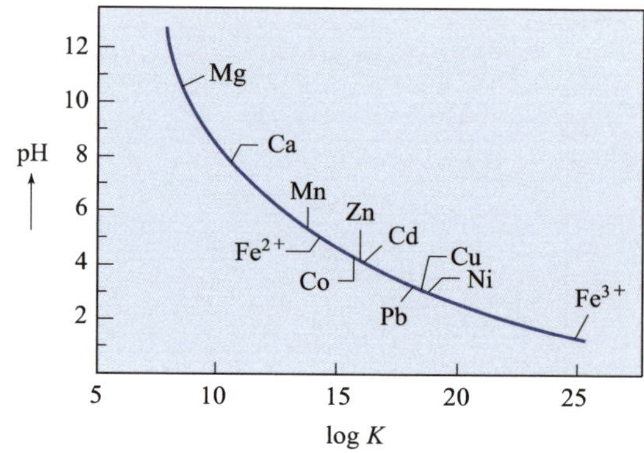

그림 12-6. EDTA로 적정할 수 있는 최저 pH 및 킬레이트 평형상수와의 관계

2) 역적정(back titration)

시료 용액에 과잉량의 킬레이트 표준용액을 가하여 금속이온과 반응시키고 남은 킬레이트 표준용액을 금속이온 표준용액으로 역적정하는 방법이다. 이 방법은 pH가 높아서 목적 금속 이온이 수산화물로 침전하거나 적당한 금속 지시약이 없을 때, 또는 직접 적정법으로 적정할 때 반응속도가 느릴 경우에 사용하는 방법이다.

이때 적정하고자 하는 금속이온 M과 킬레이트제 L의 생성물인 ML의 안정도상수가 표준용액으로 사용하는 금속이온 M′의 생성물인 M′L의 안정도상수보다 낮으면 다음과 같이 치환반응이 일어나 적정값의 오차를 가져온다.

$$\mathrm{ML} + \mathrm{M'} \rightleftharpoons \mathrm{M'L} + \mathrm{M}$$

따라서 ML의 안정도상수는 M′L의 안정도상수보다 충분히 커야 한다. 예를 들어, Hg-EDTA의 $\log K = 21.8$이며, Mg-EDTA의 $\log K = 8.7$이므로 Hg^{2+}는 EDTA와 Mg^{2+} 표준용액을 이용하여 역적정할 수 있다. 즉,

$$\mathrm{Hg^{2+}} + \mathrm{EDTA}(\text{과잉량}) \rightarrow \mathrm{Hg{-}EDTA} + \mathrm{EDTA}(\text{남은 양})$$

$$\mathrm{EDTA}(\text{남은 양}) + \mathrm{Mg^{2+}} \rightarrow \mathrm{Mg{-}EDTA}$$

3) 치환 적정(displacement titration)

정량하려는 금속이온 M을 포함하는 용액에 M′L이라는 금속킬레이트 표준용액을 과잉량 가하면 다음과 같이 M′이 유리되며,

$$\mathrm{M} + \mathrm{M'L} \rightarrow \mathrm{ML} + \mathrm{M'}$$

유리된 M′을 킬레이트 표준용액으로 적정한다. 이때 ML의 안정도상수 값은 M′L보다 충분히 커야 한다.

예를 들어 Hg^{2+}를 Mg-EDTA와 EDTA로 치환 적정할 때의 반응은 다음과 같다.

$$\mathrm{Hg^{2+}} + \mathrm{Mg{-}EDTA} \rightarrow \mathrm{Hg{-}EDTA} + \mathrm{Mg^{2+}}$$

$$\mathrm{Mg^{2+}} + \mathrm{EDTA} \rightarrow \mathrm{Mg{-}EDTA}$$

6. 금속 지시약(Metal indicator)

금속 지시약은 유기 색소의 성질이 있는 여러 자리 리간드로서 금속이온과 킬레이트화합물을 형성하여 특이한 색깔을 띠며, 금속이온으로부터 유리되었을 때는 금속 지시약 본래의 색깔로 돌아오게 되는 것이다.

다시 말해 다음과 같이 목적 금속이온을 포함하는 시료용액에 금속 지시약 f를 가하면 금속이온과 킬레이트화합물을 형성하여 특이한 색깔을 나타내게 된다.

$$\mathrm{M} + f \rightleftharpoons \mathrm{M}-f$$

이것을 EDTA 등의 킬레이트 표준용액으로 적정하면 당량점에서는 금속 지시약 f가 유리되어 그 자신의 고유한 색깔로 되돌아오게 된다.

$$\mathrm{M}-f + \mathrm{EDTA} \rightleftharpoons \mathrm{M}-\mathrm{EDTA} + f$$

일반적으로 금속이온을 킬레이트제로 적정할 때, 즉 킬레이트화합물의 형성은 pH의 영향을 크게 받으므로 적정하는 금속이온의 종류에 따라 적당한 완충용액으로 pH를 조절하고 적합한 금속 지시약을 선택하여야 한다.

금속 지시약은 다음과 같은 세 가지 조건을 만족하여야 한다.

① 금속 지시약은 금속이온과 반응하여 킬레이트화합물을 형성할 수 있어야 한다.
② 금속 지시약이 금속이온과 반응하여 형성하는 킬레이트화합물의 안정도상수는 킬레이트 표준용액이 금속 지시약과 반응하여 형성하는 킬레이트화합물의 안정도상수보다 작아야 한다.
③ 이때 금속 지시약과 금속이온이 만드는 킬레이트화합물은 분명하게 특이한 색깔을 띠어야 한다.

금속이온에 대한 킬레이트제 및 금속 지시약의 안정도상수를 각각 K_y 및 K_f라고 할 때 적정 실험에서 명확한 종말점을 얻기 위해서는 다음과 같은 조건을 만족하여야 한다.

① $K_y/K_f = 4$ 이상일 것
② K_f가 $10^4 \sim 10^5$ 정도가 될 것(pH를 높이면 이것을 만족할 수 있다.)

③ 사용하는 금속 지시약의 농도를 가능한 한 적게 하고 금속이온의 농도는 가능한 한 크게 할 것

킬레이트 적정에서 자주 사용하는 금속 지시약은 다음과 같다.

1) Eriochrom black T (EBT)

Eriochrom black T는 Erio T, BT 또는 EBT로 나타내며, 검은색의 분말로서 물이나 염기에 잘 녹는다. 이것은 pH 6 이하에서는 자신들끼리 적갈색의 중합체를 형성하기 때문에 금속이온과 반응하지 않는다. 그러므로 EBT는 pH 6 이상에서 사용하는데 pH 7~11에서는 Hf^{2-}(청색)로 되고 pH 12 이상에서는 f^{3-}(등색)로 변한다. 즉,

$$\underset{\text{적색}}{H_2f^-} \xrightleftharpoons{pK_1 = 6.3} \underset{\text{청색}}{Hf^{2-}} \xrightleftharpoons{pK_2 = 11.5} \underset{\text{등색}}{f^{3-}}$$

따라서 pH 7~11에서 EBT는 금속이온과 반응하여 청색에서 적색으로 아주 예민하게 변색한다.

Zn과 Mg은 EBT에 의하여 특히 예민하게 변색하며, Ca, Mg, Mn, Pb, Hg(II), Cd, In 등의 적정에 이용할 수 있다.

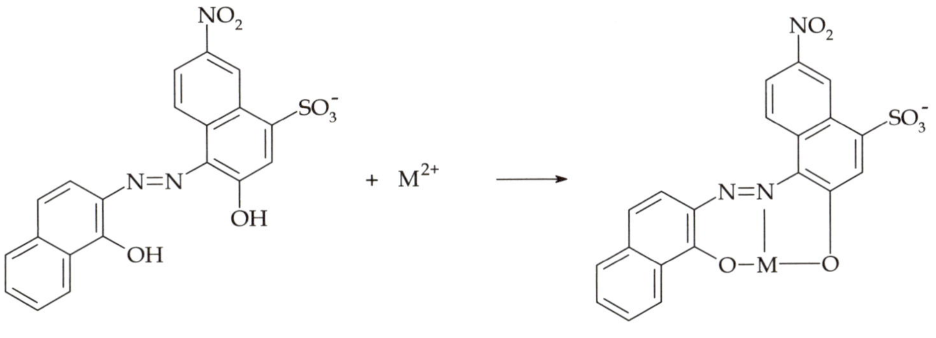

NO$_2$ SO$_3^-$ N=N OH OH + M^{2+} ⟶ NO$_2$ SO$_3^-$ N=N O—M—O

H_2f^- $M\text{-}f^-$

한편, EBT를 사용하였을 때 안정도가 낮아 오차가 수반될 때는 eriochromblueblack을 사용하게 되는데 이 지시약의 구조는 다음과 같으며, 칼콘(calcon)이라고도 한다.

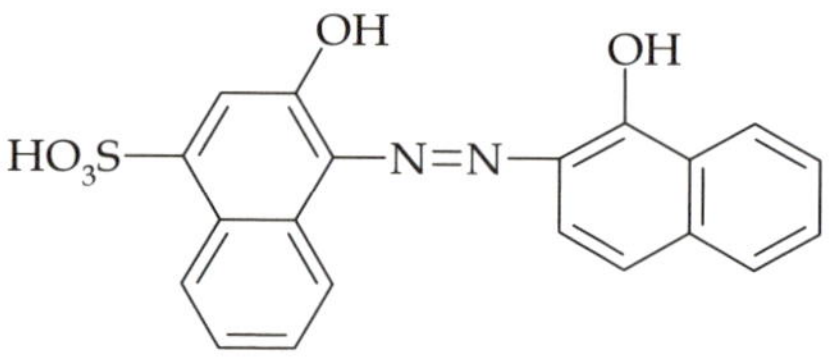

2) Murexide (MX)

검붉은색의 분말인 murexide는 ammonium purpurate로 Ca, Co, Cu, Ni 등의 많은 금속과 킬레이트를 형성하는데 그 구조는 여러 학설이 있으나 다음과 같은 구조를 갖는다고 일반적으로 알려져 있다.

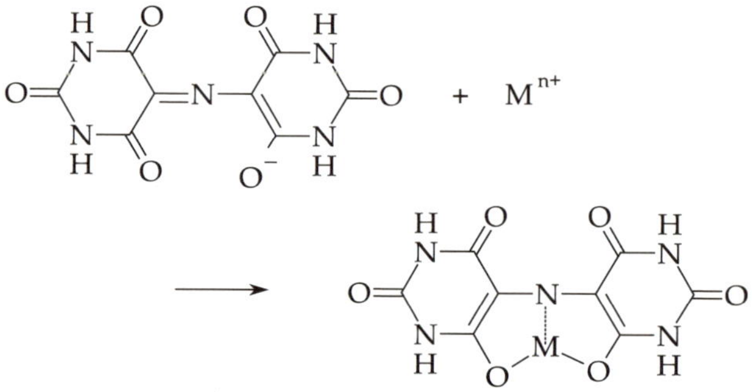

Murexide는 용액의 pH에 따라 NH의 H가 이온화하므로 다음과 같이 pH에 따라 여러 가지 색깔을 나타낸다.

$$\underset{\text{황색}}{H_5f} \overset{pK_1}{\rightleftharpoons} \underset{\text{적자색}}{H_4f^-} \overset{pK_2}{\rightleftharpoons} \underset{\text{자색}}{H_3f^{2-}} \overset{pK_3}{\rightleftharpoons} \underset{\text{청자색}}{H_2f^{3-}}$$

3) PAN

PAN은 1-(2-pyridylazo)-2naphthol로서 Bi, In, Cu, Ni(50~60℃), Zn, Cd 등과 킬레이트를 형성하며 산성 용액에서 사용하며, 적자색에서 황색으로 변색한다. Cu-PAN은 대단히 안정하므로 거의 모든 금속이온은 치환 적정으로 정량이 가능하다.

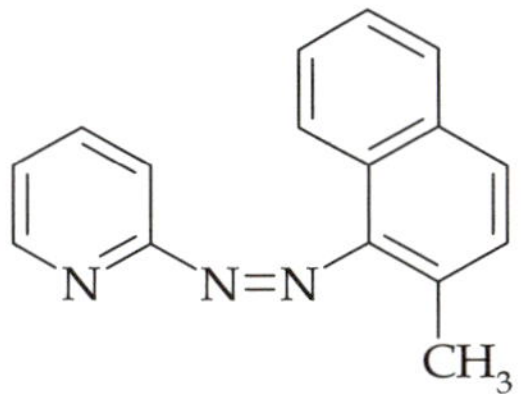

4) PV (pyrocatechol violet)

수용액의 색깔은 푸른색으로 킬레이트화합물을 형성할 때 산성에서는 황색으로 변하며, 염기성에서는 자색으로 변한다. 특히 pH 2~3의 산성에서는 Th^{4+}, Bi^{3+}에 대한 변색이 매우 예민하므로 이들 금속이온 표준용액으로 여러 가지 금속이온들을 역적정할 수 있다.

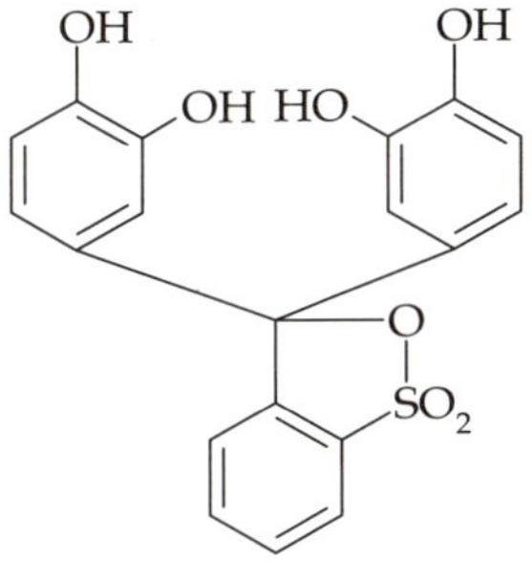

5) NN (2-hydroxy-1-2-hydroxy-4-sulfo-1-naphtholazo-3-naphthoic acid)

이 지시약은 pH 12에서 Ca과 안정한 킬레이트화합물을 형성하는데 이때 푸른색에서 붉은색으로 변색하며, 특히 Mg^{2+}와 Ca^{2+}가 공존할 때 Ca^{2+}의 적정 시 사용한다.

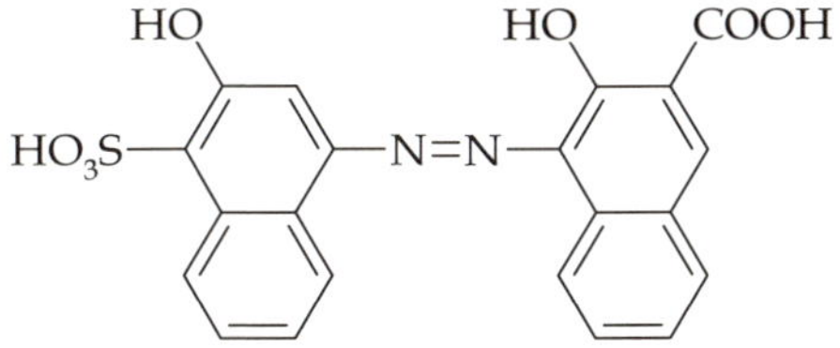

7. 마스킹제(masking agent)

대부분의 킬레이트제는 여러 금속과 안정한 킬레이트화합물을 생성하므로 목적하는 성분만을 선택적으로 정량하려면 pH 조건을 변화시키거나 방해하는 금속이온만을 침전시키든지 이온교환수지로 분리하는 방법 등이 있다.

그러나 공존하는 다른 금속이온을 분리하는 시약으로 유기 또는 무기시약을 사용하는데 이를 **마스킹제**(masking agent) 또는 **가리움제**라고 한다. 이 마스킹제는 다음과 같은 조건을 만족하여야 한다.

① 마스킹제와 방해하는 금속이온이 만드는 화합물은 무색이거나 색이 엷어야 한다.
② 목적성분 이외의 것과는 부반응을 일으키지 않아야 한다.
③ 마스킹제를 첨가함으로써 pH가 크게 변하여서는 안 된다.

표 12-2. 자주 사용하는 마스킹제

마스킹제	가려지는 금속	사용 방법
KCN (potassium cyanide)	Fe, Co, Ni, Cu, Zn, Ag, Cd, Hg, 백금족 원소	반드시 pH 7 이상의 염기성에서 사용하여야 하며 맹독성이다. Zn, Cd은 formalin으로도 demasking된다.
트라이에탄올아민 (triethanolamine)	Al, Mn, Fe	Ca과 Fe이 혼합된 시료에 사용하며, pH 10 이상에서 사용한다.
$Na_2S(H_2S)$	Cu, Ni, Co, Cd, Zn, Hg	중금속이온이 미량 존재할 때 적당하며, KCN보다는 못하다.
2,3-다이머캅토프로판올 (2,3-demercaptopropanol; BAL)	Zn, As, Cd, Sn, Sb, Hg, Pb, Bi, Co, Ni, Cu	여러 가지 금속이온을 가리며, KCN과 비슷한 가리움 능력을 가지며 독성이 없어서 좋기는 하나 고가이고 장기 보존이 곤란하다.
Tiron	Al, Ti, Fe	금속 지시약으로도 사용되며, 염기성에서 사용한다. Ti, Fe와의 킬레이트화합물은 착색되므로 미량일 때 사용할 수 있다.
NH_4F	Al, Ti, Fe, Sn, 알칼리토금속류	대단히 안정한 착물을 형성한다.
Thiourea	Cu, Pb, Pt	pH 2.5~3.5에서는 Cu를, pH 5~6에서는 Cu, Pb, Pt를 가린다.

마스킹제는 미량의 중금속이라도 포함되지 않은 순수한 것을 사용하여야 하며, 묽은 암모니아수에 녹여 EBT를 가하였을 때 청색을 나타내면 중금속을 함유하지 않았다는 것이고 적색을 나타내면 중금속을 함유하고 있다는 증거이다. 자주 사용하는 마스킹제를 표 12-2에 나타내었다.

8. EDTA 적정

1) 0.01 M EDTA 표준용액의 제조; EDTA - 2Na · $2H_2O$ = 372.24

EDTA – 2Na · $2H_2O$ 특급시약 약 10 g을 80℃에서 2시간 말리고 데시케이터에서 식힌 다음 3.7224 g을 정확히 취하여 전체가 1 L가 되도록 증류수로 녹여 사용하고 polyethylene병에 보관한다.

2) 표준화

표준물질로 사용할 수 있는 순수한 아연금속(99.99% 이상)을 1 M HCl로 씻어 표면의 산화피막을 제거한다. 그 다음으로 아세톤으로 씻어서 물기를 제거하고 105℃에서 5분간 건조시키고 데시케이터에서 식힌 다음 0.33 g 정도를 정확하게 달아서 3 M HCl 5 mL로 완전히 용해시킨다. 이때 용해과정에서 브로민수(Br_2) 몇 방울을 가하면 수소기체가 발생을 억제할 수 있다. 용해된 아연용액에 pH 10 NH_3 – NH_4Cl 완충용액(표 12-3) 5 mL, EBT 지시약 분말 약 0.01 g 정도를 넣고 제조한 0.1 M EDTA 용액으로 적정하여 정확한 EDTA의 농도를 계산한다. 종말점은 용액의 색이 붉은색에서 파란색으로 변하는 점이다.

3) 아연의 정량

$Zn(NO_3)_2 \cdot 6H_2O$ 1.49 g을 정확하게 취하여 증류수에 녹이고 질산 0.1 mL를 가하고 이것을 용량플라스크에 옮기고 전체가 100 mL가 되도록 증류수로 묽힌다.

이 용액을 25.0 mL를 정확하게 취하여 NH_4OH – NH_4Cl 완충용액 10 mL를 가하고 증류수를 가하여 전체가 약 100 mL가 되도록 하고, 여기에 EBT 지시약 2~3방울을 가하고 0.05 M EDTA로 붉은색에서 푸른색이 될 때까지 적정한다.

- NH_4OH-NH_4Cl 완충용액 : 진한 암모니아수 600 mL에 NH_4Cl 70 g을 녹이고 증류수로 전체가 1 L가 되도록 한다.

표 12-3. 완충용액의 제법

pH	조 제 법
1	1 N HCl 용액을 사용
2~4	Glycol 및 그 염산염 사용
4~6.5	1 N HAc와 1 N NaAc를 적당량 혼합하여 사용
6.5~8	1 M triethanolamine 용액과 1 M HCl 용액을 적당히 혼합하여 사용
8~11	1 M NH_4OH 용액과 1 M NH_4Cl 용액을 적당히 혼합하여 사용
10	NH_4Cl 70 g을 진한 NH_4OH 50 mL에 넣고 증류수로 전체가 1 L가 되도록 하여 사용
10~13	1 N NaOH 용액을 사용

4) 마그네슘의 정량 및 블로킹이온 실험

마그네슘 이온을 포함하는 시료를 EBT 지시약을 사용하여 EDTA 표준용액으로 적정하고, 같은 시료에 블로킹이온인 니켈 이온을 미량 섞어서 적정한다. 이 두 가지 적정의 종말점의 변색을 관찰한다. 또 니켈 이온을 가하고 여기에 다시 마스킹제로 사이안화칼륨(KCN)을 가하여 같은 적정을 반복하여 보자.

EBT는 Zn(II), Mg(II), Cd(II), Mn(II), Pb(II) 및 희토류금속이온을 EDTA로 직접 적정하는 경우 훌륭한 지시약으로 사용된다. 그러나 Cu(II), Co(II), Ni(II) 및 Fe(III) 등의 금속이온과는 안정한 착물을 만들거나 그 착화합물이 EDTA와의 반응이 너무 느려 지시약의 구실을 제대로 할 수 없는데 이들이 블로킹이온이다.

이 블로킹이온이 적정용액에 미량만 들어 있어도 종말점에서 변색이 명확하게 나타나지 않는다. 증류수 중에도 미량의 구리, 철 이온이 들어 있는 수가 있고 EBT의 지시약 구실을 방해한다. 이러한 경우 사이안화칼륨을 조금만 가하면 이들 이온에 대하여 마스킹제 구실을 하며, 종말점의 인식을 명확하게 하여 준다.

① $Mg(NO_3)_2 \cdot 6H_2O$ 1.28 g을 정확하게 취하여 증류수에 녹이고 용량플라스크에 옮기고 질산 0.1 mL를 가한 다음 전체가 정확히 100 mL가 되도록 하고 이 용액 25.0 mL씩을 정확하게 취하여 3개의 삼각플라스크에 넣고 NH_4OH-NH_4Cl 완충용액 20 mL씩을 가한다.

② 이 중에서 한 개의 삼각플라스크에 EBT 지시약 두 방울을 가하면 Mg-EDTA 착화합물의 분홍색이 나타난다. 이것을 0.05 M EDTA 표준용액으로 용액의 색이 푸른색으로 변할 때까지 적정한다. 종말점 부근에서 반응이 느리면 용액을 50~60℃로 가열하면 반응이 빨라진다.

③ 두 번째 삼각플라스크에 0.01 M Ni(II) 용액 3방울을 가하고 위의 실험을 반복한다. 처음에는 분홍색을 띠지만 점차 Ni-EBT 착화합물의 연한 분홍색으로 변한다. 이것을 0.05 M EDTA 표준용액으로 적정하면 당량점에서 대단히 불선명한 변색이 나타난다.

④ 나머지 하나의 삼각플라스크에 ③과 같은 적정을 반복하는데 적정하기 전에 KCN 0.1 g을 가한다. 이때 Ni-EBT의 연한 분홍색이 다시 Mg-EBT의 선명한 분홍색으로 변하는 것을 볼 수 있다. 이것을 0.05 M EDTA 표준용액으로 적정하면 당량점에서 명확한 변색을 볼 수 있다.

5) 칼콘 지시약을 이용한 칼슘의 정량

EBT 지시약을 이용하여 칼슘을 정량하면 다소의 오차가 발생한다. 그러나 칼콘(chalcone) 지시약을 쓰면 좋은 결과를 얻을 수 있다. Mg과 Ca의 혼합용액에 염기를 가하여 pH를 12.5 정도로 하면 Mg만 수산화물로 침전된다. 이것을 칼콘 지시약으로 하여 EDTA로 적정하면 Ca만 정량할 수 있다.

① 탄산칼슘($CaCO_3$) 1.2 g을 취하여 0.5 M HCl 20 mL에 녹이고 가능한 한 산을 적게 사용하여 완전히 녹인 것을 용량플라스크에 넣고 전체가 250 mL가 되도록 증류수로 묽힌다.

② 이 용액 25.0 mL를 정확하게 취하여 삼각플라스크에 넣고 증류수 75 mL를 가하고 50% NaOH 용액 15방울을 가한다. 여기에 칼콘 지시약 2방울을 가하고 0.05 M EDTA 표준용액으로 분홍색이 푸른색이 될 때까지 적정한다.

• 칼콘 지시약 : 칼콘 0.1 g을 알코올 10 mL에 녹여 제조한다.

6) 물의 경도 측정

물의 경도는 제9장 산-염기 적정법으로 측정할 수도 있지만 킬레이트 적정법을 이용하면 산-염기 적정법보다 정확하게 측정할 수 있다.

① 시료 50 mL를 취하여 염산 몇 방울을 가하고 5분간 끓여서 탄산을 제거한다.
② 이것을 식히고 메틸레드 2방울을 가하고 탄산이 없는 염기 용액으로 중화시킨 다음 NH_4OH-NH_4Cl 완충용액 5 mL, 0.2~0.3 g의 아스코르브산, 사이안화칼륨 결정 몇 개를 가하고 20% triethanolamine 용액 2~3방울을 가하고 Mg-EDTA 용액 1 mL를 가하고 EBT 지시약을 사용하여 0.01 M EDTA 표준용액으로 적정한다.

이 방법은 물 1 L 중의 Ca과 Mg을 모두 $CaCO_3$로 보고 계산하여 물의 경도를 구하지만 Mg과 Ca이 공존할 때 Ca 경도만 따로 구하려면 다음과 같이 실험한다.

시료 50 mL를 취하여 중금속이 존재하면 KCN 또는 Na_2S를 가하어 중금속을 침전시킨 다음 1 N NaOH 2~5 mL를 가하여 pH를 12~13으로 조절하고, NN 지시약(또는 Eriochrome blue black R 지시약; EBBR)을 가하고 0.01 M EDTA 표준용액으로 붉은색이 푸른색(EBB R도 같음)으로 변할 때까지 적정한다.

7) 우유 중의 Ca, Mg 정량

pH 10에서는 Ca과 Mg이 모두 EDTA와 반응하지만 pH 12~13에서는 Mg이 $Mg(OH)_2$로 침전되어 Ca만 정량할 수 있는 원리를 이용하여 Ca과 Mg의 양을 결정할 수 있다.

시료 10 mL를 100 mL의 용량플라스크에 넣고 증류수 20 mL를 가하고 1 N HCl 20 mL를 가한 다음 10분간 방치한 후 0.5 N NaOH 2.5 mL를 가하고 pH 4.0~4.1로 하여 우유 중의 카세인(casein)을 완전히 침전시킨다. 증류수로 전체가 100 mL가 되도록 한 다음 카세인을 여과한다. 여과액 일정량을 취하여 pH 10의 완충용액을 가하고 EBT 지시약을 사용하여 적색이 청색이 될 때까지 EDTA로 적정한다.

다시 여과액을 같은 양 취하여 pH 12~13의 완충용액을 가하고 MX 지시약을 사용하여 오렌지색이 자색이 될 때까지 EDTA로 적정하여 Ca과 Mg의 양을 각각 계산한다.

연습문제 12

1. 0.0500 M EDTA 500.00 mL를 만드는데 $Na_2H_2Y \cdot 2H_2O$(Mw=372.24)는 몇 g 필요한가?

2. 0.1000 M EDTA의 적정값(titer)을 mg $CaCO_3$/mL로 표현하라.

3. 순수한 $CaCO_3$ 0.1001 g을 정확하게 취하여 물 100.0 mL에 녹이고, 이 용액 10.0 mL를 취하여 EDTA로 적정하였더니 9.00 mL가 소비되었다. EDTA의 몰농도와 factor를 구하라.

4. EDTA를 표준화하기 위하여 금속아연 0.0200 g을 1 M HCl로 씻고 아세톤으로 다시 씻은 다음 80℃에서 30분간 건조시킨다. 건조된 금속아연을 데시케이터에서 식히고 소량의 6 M HCl에 녹이고 pH 10인 완충용액 5 mL와 EBT 지시약 분말 0.01 g을 가하고 0.0100 M EDTA로 적정하였더니 28.10 mL가 소비되었다. EDTA의 factor를 구하라.

5. 0.0100 M $CaCO_3$ 25.00 mL를 취하여 EDTA로 적정하였더니 20.00 mL가 소비되었다.
1) EDTA의 몰농도를 구하라.
2) $CaCO_3$에 대한 EDTA의 적정값(titer)을 구하라.
3) Ca^{2+}에 대한 EDTA의 적정값(titer)을 구하라.

6. 철(III) 이온을 포함하는 어떤 강물 50.00 mL에 0.0100 M EDTA 25.00 mL를 가하고 0.0110 M Zn^{2+}으로 역적정하였더니 20.80 mL가 소비되었다. 철(III) 이온의 ppm농도를 구하라.

7. 어떤 강물 50.00 mL를 취하여 0.0100 M EDTA로 적정하였더니 12.00 mL가 소비되었다. 이 강물의 경도를 $CaCO_3$ ppm으로 계산하라.

8. 멸치 중 칼슘의 함량을 측정하기 위하여 시료 1.50 g을 태워서 재로 만든 다음 EDTA로 적정하였더니 12.30 mL가 소비되었다. EDTA 용액을 표준화하기 위하여 아연금속 1.2340 g을 6 M HCl에 녹인 후 1 L가 되도록 묽히고, 이 용액 10.0 mL를 적정하는데 EDTA 11.50 mL가 소비되었다. 우유 중 칼슘의 ppm농도를 구하라.

9. Ni(II) 시료 10.00 mL에 0.0100 M EDTA 20.00 mL를 가하여 반응시키고 남아 있는 EDTA를 0.0150 M Mg^{2+} 용액으로 역적정하였더니 4.56 mL가 소비되었다. 시료 중 Ni(II)의 몰농도를 구하라.

10. $CaCO_3$가 포함된 시료 1.2340 g을 3 N HCl을 가하고 끓여서 CO_2를 제거한 다음 탈염수를 가하여 250.0 mL가 되도록 하고, 이 용액 20.0 mL를 취하여 암모니아수로 중화한 후 pH 10인 완충용액과 NN 지시약을 가하고 0.0500 M EDTA 용액으로 용액의 색깔이 붉은색에서 푸른색으로 변할 때까지 적정하였더니 21.0 mL가 소비되었다. $CaCO_3$의 순도를 구하라.

11. 지하수 100.0 mL를 취하여 pH 10인 완충용액과 EBT 지시약을 가하고 0.0100 M EDTA 표준용액으로 적정하였을 때 67.89 mL가 소비되었다. 다시 같은 시료 100.0 mL를 취하여 1 N NaOH 2~3 mL를 가하여 pH 12~13으로 조절하였다. 여기에 NN 지시약을 가하여 0.0100 M EDTA로 적정하였더니 23.40 mL가 소비되었다. 시료 중의 Ca^{2+}과 Mg^{2+}의 양(mg/L)과 총경도(mg/L as $CaCO_3$)를 구하라.

12. 철강 시료 1.000 g을 혼산에 녹여 적당히 묽힌 다음 주석산을 가하고 암모니아 염기성으로 한다. 용존하는 Ni을 Ni-dimethylglyoxime으로 침전시키고 여과한다. 이 침전을 질산으로 녹이고 NH_4OH를 가하여 염기성으로 하고 MX를 지시약으로 하여 0.0100 M EDTA로 적정하였더니 10.30 mL가 소비되었다. 이 철강 시료 중 Ni의 함량(%)을 구하라.

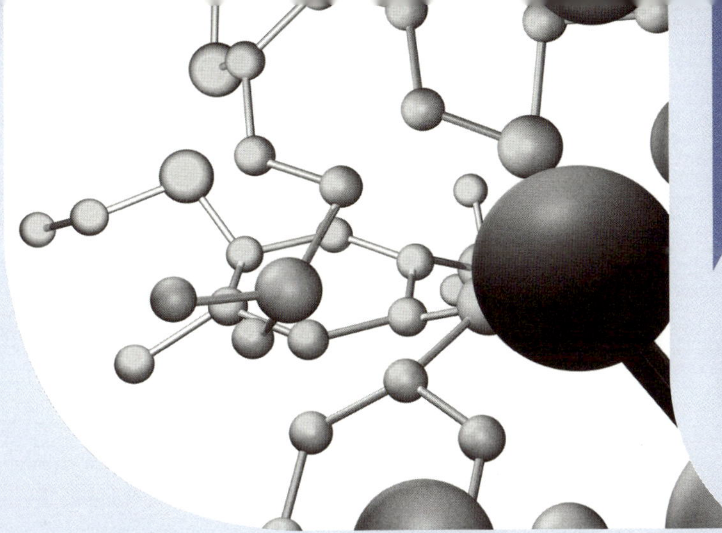

Appendix

부록

부록 | ➻ 분자량표

화합물	분자량	화합물	분자량
AgBr	187.784	Bi_2S_3	514.152
AgCl	143.333	B_2O_3	69.610
AgCN	133.898	$CaBr_2$	199.888
AgSCN	165.962	CaC_2	64.102
Ag_2CrO_4	331.732	$CaCl_2$	110.986
$Ag_3Cr_2O_7$	431.710	$CaCl_2 \cdot 6H_2O$	219.082
AgI	234.784	$CaCO_3$	100.089
$AgNO_4$	169.885	CaF_2	78.077
Ag_2O	231.759	$CaHPO_4 \cdot 2H_2O$	172.091
Ag_3PO_4	418.611	$Ca(H_2PO_4)_2 \cdot H_2O$	252.071
Ag_2S	247.82	$Ca(NO_3)_2$	164.090
Ag_2SO_4	311.817	$Ca(NO_3)_2 \cdot 4H_2O$	236.154
$AlCl_3$	133.341	CaO	56.079
$AlCl_3 \cdot 6H_2O$	214.433	$Ca(OH)_2$	74.094
$KAl(SO_4)_2 \cdot 12H_2O$	474.392	$Ca_3(PO_4)_2$	310.183
$NaAl(SO_4)_2 \cdot 12H_2O$	458.292	CaS	72.144
$NH_4Al(SO_4)_2 \cdot 12H_2O$	453.332	$CaSO_4$	136.142
Al_2O_3	101.961	$CaSO_4 \cdot 2H_2O$	172.174
$Al(OH)_3$	78.003	$CaSO_4 \cdot 1/2H_2O$	145.150
$Al_2(SO_4)_3$	342.148	$CdCl_2$	183.306
$Al_2(SO_4)_3 \cdot 19H_2O$	666.436	CdI_2	366.209
As_2O_3	197.841	$Cd(NO_3)_2$	236.410
As_2O_5	229.840	CdS	144.646
As_2S_3	246.035	CdSO	208.461
As_2S_5	310.163	CeO_4	172.188
$AuCl_3$	303.326	$Ce(SO_4)_2 \cdot 2(NH_4)SO_4 \cdot 2H_2O$	632.553
$BaBr_2 \cdot 2H_2O$	333.180	CCl_4	153.823
$BaCl_2$	208.246	$(CH_3CO)_2O$	102.091
$BaCl_2 \cdot 2H_2O$	244.278	CO	28.011
$BaCO_3$	197.349	CO_2	44.01
$BaCrO_4$	253.334	CS_2	76.139
$Ba(NO_3)_2$	261.350	$CoCl_2$	129.839
BaO	153.339	$CoCl_2 \cdot 6H_2O$	237.935
$Ba(OH)_2$	171.355	$CoCO_3$	118.942
$Ba(OH)_2 \cdot 8H_2O$	315.483	$CoNa_3(NO_2) \cdot 1/2\ H_2O$	412.944
$BaSO_4$	233.402	$Co(NO_3)_2 \cdot 6H_2O$	291.039
$Bi(NO_3)_3 \cdot 5H_2O$	485.075	CoO	74.943
Bi_2O_3	465.958	Co_2O_3	165.865
$Bi(OH)_3$	560.001	$Co(OH)_3$	109.954
$BiO(NO_3) \cdot H_2O$	305.000	CoS	90.997

화합물	분자량	화합물	분자량
$CoSO_4 \cdot 7H_2O$	281.107	$HCHO_2$(formic acid)	46.0257
$CrCl_3$	158.955	$HC_2H_3O_2$(acetic acid)	60.0528
$CrK(SO_4)_2 \cdot 12H_2O$	499.413	$HC_7H_5O_2$(salicylic acid)	122.1241
$Cr(NH_4)(SO_4)_2 \cdot 12H_2O$	478.35	$H_2C_4H_4O_6$(tartaric acid)	150.0188
$Cr(NO_3)_3 \cdot 9H_2O$	400.475	$H_3C_6H_5O_7$(citric acid)	192.12
Cr_2O_3	151.990	HCl	36.461
$Cr(OH)_3$	103.979	$HClO_3$	84.4592
$Cr_2(SO_4)_3 \cdot 18H_2O$	716.452	$HClO_4$	100.4586
$Cr_2(SO_4)_3$	392.1768	HCN	27.0258
$CuCl_2$	134.4520	$H_2C_2O_4 \cdot 2H_2O$	126.067
$CuCl_2 \cdot 2H_2O$	170.4826	HF	20.006
$CuSCN$	121.6278	HI	127.912
$CuCO_3 \cdot Cu(OH)_2$	221.159	HIO_3	175.911
CuI	190.504	HNO_3	63.014
$Cu(NO_3)_2 \cdot 3H_2O$	241.6017	H_2O	18.014
Cu_2O	143.0914	H_2O_2	34.015
CuO	79.5454	H_3PO_2	65.997
$Cu(OH)_2$	97.5606	H_3PO_3	81.996
Cu_2S	159.1560	H_3PO_4	97.995
CuS	95.6100	H_2S	34.380
$CuSO_4$	159.6076	H_2SO_3	82.078
$CuSO_4 \cdot 5H_2O$	249.684	H_2SO_4	98.078
$FeCl_3$	162.206	Hg_2Br_2	560.988
$FeCl_3 \cdot 6H_2O$	270.298	$HgBr_2$	360.988
$FeCO_3$	115.856	Hg_2Cl_2	472.398
$Fe(NH_4)_2(SO_4)_2 \cdot 6H_2O$	392.141	$HgCl_2$	271.496
$Fe(NH_4)(SO_4)_3 \cdot 12H_2O$	578.256	Hg_2I_2	654.989
$Fe(NO_3)_3 \cdot 19H_2O$	404.001	HgI_2	454.399
FeO	71.846	$HgNO \cdot 2H_2O$	280.610
Fe_2O_3	159.692	$Hg(NO_3)_2 \cdot 1/2\ H_2O$	333.608
Fe_3O_4	231.539	HgO	216.589
$Fe(OH)_3$	106.869	HgS	232.654
$Fe(PO_4) \cdot 2H_2O$	186.849	IBr	206.808
FeS	87.911	ICl	162.357
$FeSO_4 \cdot 7H_2O$	278.016	K_3AsO_3	240.226
$Fe_2(SO_4)_3$	399.879	KBr	119.006
$Fe(SO_4)_3 \cdot 9H_2O$	506.170	$KBrO_3$	167.004
$H_3AsO_4 \cdot 1/2\ H_2O$	150.9505	KCl	74.555
H_3BO_3	61.8329	$KClO_3$	122.553
HBr	80.9119	$KClO_4$	138.553

화합물	분자량	화합물	분자량
KCN	65.120	$Mg(OH)_2$	58.326
NCNS	97.184	$Mg_2P_2O_7$	222.567
K_2CO_3	138.213	Mg_2SO_4	120.374
K_2CrO_4	194.198	$MgSO_4 \cdot 7H_2O$	246.482
$K_2Cr_2O_7$	294.192	$MnNO_3 \cdot 6H_2O$	225.036
$K_3[Fe(CN)_6]$	329.262	MnO	70.938
$K_4[Fe(CN)_6]$	368.364	MnO_2	86.937
$K_4[Fe(CN)_6] \cdot 3H_2O$	422.410	Mn_3O_4	228.812
$KHCO_3$	100.119	$Mn_2P_2O_7$	283.820
KHC_2O_4	127.121	$MnSO_4 \cdot 7H_2O$	277.108
$KHC_2O_4 \cdot H_2O$	145.136	MoO_2	127.939
KH_2PO_4	174.183	MoO_3	143.934
$KHSO_4$	136.172	MoS_2	160.068
KI	166.006	Na_3AsO_3	191.889
KIO_3	214.005	$Na_2B_4O_7$	201.219
KIO_4	230.004	$Na_2B_4O_7 \cdot 10H_2O$	381.373
$KMnO_4$	158.038	$NaBO_2 \cdot 4H_2O$	137.861
$KNaCO_3$	122.101	NaBr	102.894
$KNaC_4H_4O_6 \cdot 4H_2O$	282.226	$NaBrO_3$	150.892
KNO_2	85.108	$Na_2C_4H_4O_6 \cdot 2H_2O$	230.083
KNO_3	101.107	$Na_2C_2O_4$	134.000
K_2O	94.203	$NaC_2H_3O_2$	82.035
KOH	56.109	NaCl	58.443
K_3PO_4	212.277	$NaClO_3$	106.441
K_2SO_4	174.266	$NaClO_4 \cdot H_2O$	104.456
$K_2S_2O_7$	254.323	NaCN	49.008
$K_2S_2O_8$	270.322	Na_2CO_3	106.004
LiCl	42.392	$Na_2CO_3 \cdot 10H_2O$	286.178
Li_2CO_3	73.887	$Na_2CrO_4 \cdot 10H_2O$	342.127
$LiNO_3$	68.944	NaF	41.988
LiOH	23.946	Na_2HAsO_3	169.907
$MgCl_2$	95.218	$NaH_2AsO_4 \cdot H_2O$	181.940
$MgCl_2 \cdot 6H_2O$	203.310	$Na_2HAsO_4 \cdot 12H_2O$	402.091
$MgCO_3$	84.321	$NaHC_2O_4$	112.018
$MgNH_4AsO_4$	181.270	$NaHCO_3$	84.007
$MgNH_4AsO_4 \cdot 6H_2O$	289.362	Na_2HPO_4	141.957
$MgNH_4PO_4$	137.322	$Na_3HPO_4 \cdot 12H_2O$	358.142
$MgNH_4PO_4 \cdot 6H_2O$	245.414	NaH_2PO_4	119.977
$Mg(NO_3)_2 \cdot 6H_2O$	256.414	$NaH_2PO_4 \cdot H_2O$	137.992
MgO	40.311	NaI	149.894

화합물	분자량	화합물	분자량
$NaIO_3 \cdot 5H_2O$	288.662	NH_2OH(hydroxylamine)	33.030
$NaIO_4 \cdot 3H_2O$	267.938	$NH_2OH \cdot HCl$	69.491
Na_2MoO_4	205.917	NO	30.006
$NaNO_2$	68.995	NO_2	46.006
$NaNO_3$	84.995	N_2O_3	76.012
Na_2O	61.979	$NiCl_2$	129.616
Na_2O_2	77.978	$NiCl_2 \cdot 6H_2O$	237.708
$NaOH$	39.997	$NiCO_3$	118.719
Na_3PO_4	163.940	$Ni[(CH_3)_2(CNO)_2H]_2$	288.935
$Na_3PO_4 \cdot 12H_2O$	380.125	$Ni[(NH_4)_2(SO_4)_2 \cdot 6H_2O$	395.004
Na_2S	78.044	$Ni(NO_3)_2 \cdot 6H_2O$	290.824
Na_2SO_3	126.042	NiO	74.709
$Na_2SO_3 \cdot 7H_2O$	252.150	Ni_2O_3	165.418
Na_2SO_4	142.041	$NiSO_4 \cdot 7H_2O$	250.879
$Na_2SO_4 \cdot 10H_2O$	322.195	$PbCl_2$	278.096
$Na_2S_2O_3$	158.106	$PbClF$	261.641
$Na_2S_2O_3 \cdot 5H_2O$	248.183	$PbCl_2 \cdot 2H_2O$	213.337
$Na_2WO_4 \cdot 2H_2O$	329.858	$PbCO_3$	267.199
NH_3	17.031	$2PbCO_3 \cdot Pb(OH)_2$	775.602
NH_4Br	97.943	$PbCrO_4$	323.184
NH_4Cl	53.492	$Pb(NO_3)_2$	331.200
NH_4ClO_3	101.490	PbO	223.189
NH_4ClO_4	117.490	PbO_2	239.188
NH_4SCN	76.121	Pb_2O_3	462.377
$(NH_4)_2CO_3$	96.087	Pb_3O_4	685.567
$(NH_4)_2C_2O_4 \cdot H_2O$	142.113	PbS	239.254
$(NH_4)_2CrO_4$	152.072	$PbSO_4$	303.252
$(NH_4)Cr_2O_7$	234.027	P_2O_5	141.945
$(NH_4)_4[Fe(CN)_6] \cdot 3H_2O$	338.158	P_2O_4	125.946
$(NH_4)_3[Fe(CN)_6] \cdot 3H_2O$	320.119	$[PtCl_6]H_2 \cdot 6H_2O$	517.916
$NH_4H_2PO_4$	115.026	$[PtCl_6]K_3$	486.012
$(NH_4)_2HPO_4$	132.057	$[PtCl_6]Na_2$	453.788
NH_4I	144.943	$[PtCl_6](NH_4)_2$	443.886
NH_4NO_3	80.044	$[PtCl_4]K_2$	415.106
NH_4OH	35.046	$SbCl_2$	228.109
$(NH_4)_3PO_4 \cdot 3H_2O$	203.134	$SbCl_5$	299.015
$(NH_4)_3PO_4 \cdot 12MoO_3$	1876.357	Sb_2O_3	291.498
$(NH_4)_2PtCl_6$	443.886	Sb_2O_4	307.497
$(NH_4)_2SO_4$	132.140	Sb_2O_5	323.496
NH_2-NH_2(hydrazine)	32.045	$SbO(C_4H_4O_6K) \cdot 1/2\ H_2O$	333.932

화합물	분자량	화합물	분자량
Sb_2S_3	339.692	UO_3	286.028
Sb_2S_5	403.820	WO_3	231.848
SeO_4H_2	144.974	$ZnCl_2$	136.276
SiC	40.097	$ZnCO_3$	125.379
SiF_4	104.08	ZnI_2	319.179
SiO	60.085	$ZnNH_4PO_4$	178.380
$SnCl_2 \cdot 2H_2O$	225.627	$Zn(NO_3)_2 \cdot 6H_2O$	297.472
$SnCl_4$	260.502	ZnO	81.369
SnO	134.689	ZnO_2	123.219
SnO_2	150.689	$Zn(OH)_2$	99.384
SO_2	64.063	ZnP_2O_7	239.313
SO_3	80.062	ZnS	97.434
TiO_2	79.899	$ZnSO_4 \cdot 7H_2O$	287.539

부록 II ➛ 용해도곱(원소기호 알파벳순)

화합물명	화학식	K_{sp}
silver arsenate	Ag_3AsO_4	1.0×10^{-22}
silver bromate	$AgBrO_3$	5.5×10^{-5}
silver bromide	$AgBr$	5.0×10^{-13}
silver carbonate	Ag_2CO_3	8.1×10^{-12}
silver chloride	$AgCl$	1.8×10^{-10}
silver chromate	Ag_2CrO_4	1.2×10^{-12}
silver cyanide	$AgCN$	2.2×10^{-16}
silver dichromate	$Ag_2Cr_2O_7$	2.7×10^{-11}
silver iodate	$AgIO_3$	3.1×10^{-8}
silver iodide	AgI	8.3×10^{-17}
silver oxalate	$Ag_2C_2O_4$	3.5×10^{-11}
silver oxide	Ag_2O ($\rightleftharpoons 2Ag^+ + 2OH^-$)	3.8×10^{-16}
silver phosphate	Ag_3PO_4	1.3×10^{-20}
silver sulfate	Ag_2SO_4	1.5×10^{-5}
silver sulfide	Ag_2S	8.0×10^{-51}
silver thiocyanate	$AgSCN$	1.1×10^{-12}
aluminum hydroxide(α)	$Al(OH)_3$	3.0×10^{-34}
barium carbonate	$BaCO_3$	5.0×10^{-9}
barium chromate	$BaCrO_4$	2.1×10^{-10}
barium fluoride	BaF_2	1.7×10^{-6}
barium iodate	$Ba(IO_3)_2$	1.5×10^{-9}
barium sulfate	$BaSO_4$	1.1×10^{-10}
calcium carbonate(calcite)	$CaCO_3$	4.5×10^{-9}
calcium fluoride	CaF_2	3.9×10^{-11}
calcium iodate	$Ca(IO_3)_2$	7.1×10^{-7}
calcium oxalate	CaC_2O_4	1.3×10^{-8}
cadmium carbonate	$CdCO_3$	2.5×10^{-14}
cadmium hydroxide(β)	$Cd(OH)_2$	4.5×10^{-15}
cadmium oxalate	CdC_2O_4	1.5×10^{-8}
cadmium sulfide	CdS	1.0×10^{-28}
cerium iodate	$Ce(IO_3)_3$	1.4×10^{-11}
cerium oxalate	$Ce_2(C_2O_4)_3$	2.6×10^{-29}
copper(I) bromide	$CuBr$	5.0×10^{-9}

화합물명	화학식	K_{sp}
copper(II) carbonate	$CuCO_3$	2.3×10^{-10}
copper(I) chloride	$CuCl$	1.2×10^{-6}
copper(I) iodide	CuI	5.1×10^{-12}
copper(II) sulfide	CuS	9.0×10^{-36}
iron(II) hydroxide	$Fe(OH)_2$	7.9×10^{-16}
iron(III) hydroxide	$Fe(OH)_3$	1.6×10^{-39}
iron(II) sulfide	FeS	8.0×10^{-19}
mercury(I) bromide	Hg_2Br_2	5.6×10^{-23}
mercury(II) bromide	$HgBr_2$	1.3×10^{-19}
mercury(I) chloride	Hg_2Cl_2	1.2×10^{-18}
mercury(I) iodide	Hg_2I_2	1.1×10^{-28}
mercury(II) sulfide	HgS	2.0×10^{-53}
lanthanum oxalate	$La_2(C_2O_4)_3$	1.0×10^{-25}
lanthanum iodate	$La(IO_3)_3$	1.0×10^{-11}
magnesium ammonium phosphate	$MgNH_4PO_4$	3.0×10^{-13}
magnesium carbonate	$MgCO_3$	1.0×10^{-5}
magnesium fluoride	MgF_2	6.6×10^{-9}
magnesium hydroxide	$Mg(OH)_2$	7.1×10^{-12}
magnesium oxalate	MgC_2O_4	8.6×10^{-5}
manganese sulfide	MnS	3.0×10^{-11}
nickel hydroxide	$Ni(OH)_2$	6.0×10^{-16}
nickel sulfide	$NiS(\beta)$	1.3×10^{-25}
lead bromide	$PbBr_2$	2.1×10^{-6}
lead carbonate	$PbCO_3$	7.4×10^{-14}
lead chloride	$PbCl_2$	1.7×10^{-5}
lead chromate	$PbCrO_4$	1.8×10^{-14}
lead fluoride	PbF_2	3.6×10^{-8}
lead iodate	$Pb(IO_3)_2$	2.5×10^{-13}
lead iodide	PbI_2	7.9×10^{-9}
lead oxalate	PbC_2O_4	4.8×10^{-10}
lead phosphate	$Pb_3(PO_4)_2$	1.5×10^{-32}
lead sulfate	$PbSO_4$	1.7×10^{-8}
lead sulfide	PbS	3.0×10^{-28}

화합물명	화학식	K_{sp}
strontium carbonate	$SrCO_3$	9.3×10^{-10}
strontium fluoride	SrF_2	2.9×10^{-9}
stronrium oxalate	SrC_2O_4	4.0×10^{-7}
strontium sulfate	$SrSO_4$	3.2×10^{-7}
thallium bromide	TlBr	3.6×10^{-6}
thallium bromate	$TlBrO_3$	1.7×10^{-4}
thallium chloride	TlCl	1.8×10^{-4}
thallium iodate	$TlIO_3$	3.1×10^{-6}
thallium iodide	TlI	5.9×10^{-8}
thallium thiocyanate	TlSCN	1.6×10^{-4}
thallium sulfide	Tl_2S	6.0×10^{-22}
zinc carbonate	$ZnCO_3$	1.0×10^{-10}
zinc hydroxide	$Zn(OH)_2$	3.0×10^{-16}
zinc iodate	$Zn(IO_3)_2$	3.9×10^{-6}
zinc phosphate	$Zn_3(PO_4)_2\cdot4H_2O$	5.0×10^{-36}
zinc sulfide	ZnS	2.0×10^{-25}

부록 III ➼ 약한전해질의 이온화상수

약전해질	K_a	pK_a	약전해질	K_a	pK_a
H_3AsO_3	6.0×10^{-10}	9.22	lactic acid	1.55×10^{-4}	3.81
H_3AsO_4	K_1 5.0×10^{-3}	2.30	phenol	1.3×10^{-10}	9.89
	K_2 8.3×10^{-8}	7.08	salicylic(acid)	K_1 1.06×10^{-3}	2.98
H_3BO_3	5.5×10^{-10}	9.26		K_2 1.0×10^{-13}	1.30
$HClO$	3.7×10^{-8}	7.43	resorcine	1.55×10^{-10}	9.81
HCN	7.0×10^{-10}	9.15	succinic acid	K_1 6.5×10^{-5}	4.18
H_2CO_3	K_1 4.3×10^{-7}	6.37		K_2 5.9×10^{-6}	5.23
	K_2 5.6×10^{-11}	10.25	sulphanilic acid	6.5×10^{-4}	3.18
HIO_4	2.3×10^{-2}	1.64	tartaric acid	K_1 9.7×10^{-4}	3.01
HNO_2	4.0×10^{-4}	3.40		K_2 9.0×10^{-5}	4.05
H_3PO_3	K_1 1.6×10^{-2}	1.80	valerianic acid	1.6×10^{-5}	4.80
	K_2 7.0×10^{-7}	6.15	NH_4OH	1.75×10^{-5}	4.76
H_3PO_4	K_1 7.5×10^{-3}	2.13	$H_2N\text{-}NH_2$	3.0×10^{-6}	5.52
	K_2 6.2×10^{-8}	7.21	$H_2N\text{-}OH$	1.0×10^{-8}	7.79
	K_4 4.8×10^{-13}	12.32	$CH_3\text{-}NH_2$	5.0×10^{-4}	3.30
$H_4P_2O_7$	K_1 1.4×10^{-1}	0.85	$C_6H_5\text{-}NH_2$	3.82×10^{-10}	9.42
	K_2 1.1×10^{-2}	1.96	$C_6H_5\text{-}NH\text{-}NH_2$	1.6×10^{-9}	8.8
	K_3 2.1×10^{-7}	6.68	$H_2N\text{-}C_6H_5C_6H_5\text{-}NH_2$	K_1 9.3×10^{-10}	9.03
	K_4 4.06×10^{-10}	9.39		K_2 5.6×10^{-11}	10.25
H_2S	K_1 8.4×10^{-8}	7.08	C_5H_5N(pyridine)	1.4×10^{-9}	8.85
	K_2 1.2×10^{-15}	14.92	aconitine	1.3×10^{-6}	5.89
H_2SO_3	K_1 1.7×10^{-2}	1.77	atropine	4.5×10^{-5}	4.35
	K_2 6.2×10^{-8}	7.21	brucine	K_1 9.2×10^{-7}	6.04
H_2SO_4	K_2 1.2×10^{-2}	1.92		K_2 2.5×10^{-12}	11.7
$HCOOH$	1.77×10^{-4}	3.75	cinchonine	K_1 1.4×10^{-6}	5.85
CH_3COOH	1.82×10^{-5}	4.74		K_2 1.1×10^{-10}	9.96
$CH_2ClCOOH$	1.51×10^{-3}	2.82	cocaine	2.6×10^{-6}	5.6
$CHCl_2COOH$	5.0×10^{-2}	1.30	codine	9.0×10^{-7}	6.05
CCl_3COOH	1.3×10^{-1}	0.89	morphine	7.4×10^{-7}	6.13
$(COOH)_2$	K_1 3.8×10^{-2}	1.42	nicotine	K_1 7.0×10^{-7}	6.16
	K_2 3.5×10^{-5}	4.46		K_2 1.4×10^{-11}	10.86
benzoic acid	6.3×10^{-5}	4.20	puinine	K_1 1.0×10^{-6}	6.0
citric acid	K_1 8.0×10^{-4}	3.10		K_2 1.3×10^{-10}	9.89
	K_2 5.0×10^{-5}	4.30	strychnine	K_1 1.0×10^{-6}	6.0
	K_3 3.0×10^{-6}	5.70		K_2 2.0×10^{-12}	11.7

부록 Ⅳ ➸ 산 및 암모니아의 비중(20℃)

% (w/w)	비 중					
	HCl	H_2SO_4	HNO_3	CH_3COOH	H_3PO_4	NH_4OH
1	1.0032	1.0051	1.0036	0.9996	1.0033	0.9939
2	1.0082	1.0118	1.0091	1.0012	1.0092	0.9895
3	1.0132	1.0184	1.0146	1.0025	1.0146	0.9853
4	1.0181	1.0250	1.0201	1.0040	1.0200	0.9811
5	1.0230	1.0317	1.0256	1.0055	1.0254	0.9770
6	1.0279	1.0385	1.0312	1.0069	1.0309	0.9730
7	1.0327	1.0453	1.0369	1.0083	1.0364	0.9690
8	1.0376	1.0522	1.0427	1.0097	1.0420	0.9651
9	1.0425	1.0591	1.0485	1.0111	1.0476	0.9613
10	1.0474	1.0661	1.0543	1.0125	1.0532	0.9575
11	1.0524	1.0731	1.0602	1.0139	1.0589	0.9538
12	1.0574	1.0802	1.0661	1.0154	1.0647	0.9501
13	1.0624	1.0874	1.0721	1.0168	1.0705	0.9465
14	1.0675	1.0947	1.0781	1.0182	1.0764	0.9430
15	1.0725	1.1020	1.0842	1.0195	1.0824	0.9396
16	1.0776	1.1094	1.0903	1.0209	1.0884	0.9362
17	1.0827	1.1168	1.0964	1.0223	1.0946	0.9328
18	1.0878	1.1243	1.1026	1.0236	1.1008	0.9295
19	1.0929	1.1318	1.1088	1.0250	1.1071	0.9262
20	1.0980	1.1394	1.1150	1.0263	1.1134	0.9229
21	1.1031	1.1471	1.1213	1.0276	1.1198	0.9196
22	1.1083	1.1548	1.1276	1.0288	1.1263	0.9164
23	1.1135	1.1626	1.1340	1.0301	1.1329	0.9132
24	1.1187	1.1704	1.1404	1.0313	1.1395	0.9101
25	1.1239	1.1783	1.1469	1.0326	1.1462	0.9070
26	1.1290	1.1862	1.1534	1.0338	1.1529	0.9040
27	1.1341	1.1942	1.1600	1.0349	1.1597	0.9010
28	1.1392	1.2023	1.1666	1.0361	1.1665	0.8980
29	1.1443	1.2104	1.1733	1.0372	1.1735	0.8950
30	1.1493	1.2185	1.1800	1.0384	1.1805	0.8920
31	1.1543	1.2267	1.1867	1.0395	1.1880	
32	1.1593	1.2349	1.1934	1.0406	1.1950	
33	1.1642	1.2432	1.2002	1.0417	1.2020	

% (w/w)	비 중				
	HCl	H_2SO_4	HNO_3	CH_3COOH	H_3PO_4
34	1.1691	1.2515	1.2071	1.0428	1.216
35	1.1740	1.2599	1.2140	1.0438	1.216
36	1.1789	1.2684	1.2205	1.0449	1.223
37	1.1837	1.2769	1.2270	1.0459	1.231
38	1.1885	1.2855	1.2335	1.0469	1.239
39	1.1933	1.2941	1.2399	1.0479	1.246
40	1.1980	1.3028	1.2463	1.0488	1.254
41		1.3116	1.2527	1.0498	1.262
42		1.3205	1.2591	1.0507	1.270
43		1.3294	1.2655	1.0516	1.277
44		1.3384	1.2719	1.0525	1.285
45		1.3479	1.2783	1.0534	1.293
46		1.3569	1.2847	1.0542	1.301
47		1.3663	1.2911	1.0551	1.309
48		1.3758	1.2975	1.0559	1.318
49		1.3854	1.3040	1.0567	1.326
50		1.3951	1.3100	1.0575	1.335
51		1.4049	1.3160	1.0582	1.344
52		1.4148	1.3219	1.0590	1.352
53		1.4248	1.3278	1.0597	1.361
54		1.4350	1.3336	1.0604	1.370
55		1.4453	1.3393	1.0611	1.379
56		1.4557	1.3449	1.0618	1.388
57		1.4662	1.3505	1.0624	1.397
58		1.4768	1.3560	1.0631	1.407
59		1.4875	1.3614	1.0637	1.416
60		1.4983	1.3667	1.0642	1.426
61		1.5091	1.3719	1.0648	1.436
62		1.5200	1.3769	1.0653	1.445
63		1.5310	1.3818	1.0658	1.455
64		1.5421	1.3866	1.0662	1.465
65		1.5533	1.3913	1.0666	1.475
66		1.5646	1.3959	1.0671	1.485
67		1.5760	1.4004	1.0675	1.495

% (w/w)	비 중			
	H_2SO_4	HNO_3	CH_3COOH	H_3PO_4
68	1.5874	1.4048	1.0678	1.505
69	1.5989	1.4091	1.0682	1.515
70	1.6105	1.4134	1.0685	1.526
71	1.6221	1.4176	1.0687	1.536
72	1.6338	1.4218	1.0690	1.547
73	1.6456	1.4258	1.0693	1.557
74	1.6574	1.4298	1.0694	1.568
75	1.6692	1.4337	1.0696	1.579
76	1.6810	1.4375	1.0698	1.589
77	1.6927	1.4413	1.0699	1.600
78	1.7043	1.4450	1.0700	1.611
79	1.7158	1.4486	1.0700	1.622
80	1.7272	1.4521	1.0700	1.633
81	1.7383	1.4555	1.0699	1.644
82	1.7491	1.4589	1.0698	1.655
83	1.7594	1.4622	1.0696	1.667
84	1.7693	1.4655	1.0693	1.678
85	1.7786	1.4686	1.0689	1.689
86	1.7872	1.4716	1.0685	1.700
87	1.7591	1.4745	1.0680	1.712
88	1.8022	1.4773	1.0675	1.723
89	1.8087	1.4800	1.0668	1.734
90	1.8144	1.4826	1.0661	1.746
91	1.8195	1.4850	1.0652	1.758
92	1.8240	1.4873	1.0643	1.770
93	1.8279	1.4892	1.0632	1.782
94	1.8312	1.4912	1.0619	1.794
95	1.8337	1.4932	1.0605	1.806
96	1.8355	1.4952	1.0588	1.819
97	1.8364	1.4974	1.0570	1.831
98	1.8361	1.5008	1.0549	1.844
99	1.8342	1.5056	1.0524	1.857
100	1.8305	1.5129	1.0498	1.870

부록 V ➸ 표준전극전위

반 쪽 반 응	E°(V)
$F_2(g) + 2H^+ + 2e^- \rightleftharpoons 2HF(aq)$	3.06
$O_3(g) + 2H^+ + 2e^- \rightleftharpoons O_2(g) + H_2O$	2.07
$S_2O_8^{2-} + 2e^- \rightleftharpoons 2SO_4^{2-}$	2.01
$CO^{3+} + e^- \rightleftharpoons CO^{2+}$	1.842
$H_2O_2 + 2H^+ + 2e^- \rightleftharpoons 2H_2O$	1.77
$MnO_4^- + 4H^+ + 3e^- \rightleftharpoons MnO_2(s) + 2H_2O$	1.695
$Ce^{4+} + e^- \rightleftharpoons Ce^{3+}$	1.61
$HClO + H^+ + e^- \rightleftharpoons 1/2\ Cl_2(g) + H_2O$	1.63
$H_5IO_6 + H^+ + 2e^- \rightleftharpoons IO_3^- + 3H_2O$	1.6
$BrO + 6H^+ + 5e^- \rightleftharpoons 1/2\ Br(l) + 3H_2O$	1.52
$MnO_4^- + 8H^+ + 5e^- \rightleftharpoons Mn^{2+} + 4H_2O$	1.51
$Mn^{3+} + e^- \rightleftharpoons Mn^{2+}$	1.51
$ClO_3^- + 6H^+ + 5e^- \rightleftharpoons 1/2\ Cl(g) + 3H_2O$	1.47
$PbO_2 + 4H^+ + 2e^- \rightleftharpoons Pb^{2+} + 2H_2O$	1.455
$Cl_2(g) + 2e^- \rightleftharpoons 2Cl^-$	1.359
$Cr_2O_7^{2-} + 14H^+ + 6e^- \rightleftharpoons 2Cr^{3+} + 7H_2O$	1.33
$Tl^{3+} + 2e^- \rightleftharpoons Tl^+$	1.25
$IO_3^- + 2Cl^- + 6H^+ + 4e^- \rightleftharpoons ICl_2^- + 3H_2O$	1.24
$MnO_2(s) + 4H^+ + 2e^- \rightleftharpoons Mn^{2+} + 2H_2O$	1.23
$O_2(g) + 4H^+ + 4e^- \rightleftharpoons 2H_2O$	1.229
$IO_3^- + 6H^+ + 5e^- \rightleftharpoons 1/2\ I_2(s) + 3H_2O$	1.195
$IO_3^- + 6H^+ + 5e^- \rightleftharpoons 1/2\ I_2(aq) + 3H_2O$	1.178
$SeO_4^{2-} + 4H^+ + 2e^- \rightleftharpoons H_2SeO_3 + H_2O$	1.15
$Br_2(l) + 2e^- \rightleftharpoons 2Br^-$	1.065
$Br_2(aq) + 2e^- \rightleftharpoons 2Br^-$	1.087
$ICl_2^- + e^- \rightleftharpoons 1/2\ I_2(s) + 2Cl$	1.06
$V(OH)_4^+ + 2H^+ + e^- \rightleftharpoons VO^{2+} + 3H_2O$	1.00
$HN_2 + H^+ + e^- \rightleftharpoons NO(g) + 2H_2O$	1.00
$Pd^{2+} + 2e^- \rightleftharpoons Pd(s)$	0.987
$NO_3^- + 3H^+ + 2e^- \rightleftharpoons HNO_2 + H_2O$	0.94
$2Hg^{2+} + 2e^- \rightleftharpoons Hg^{2+}$	0.920
$HO_2^- + H_2O + 2e^- \rightleftharpoons 3OH^-$	0.88
$Cu^{2+} + I^- + e^- \rightleftharpoons CuI(s)$	0.86
$Hg^{2+} + 2e^- \rightleftharpoons Hg(l)$	0.854
$Ag^+ + e^- \rightleftharpoons Ag(s)$	0.799
$Hg^{2+} + 2e^- \rightleftharpoons 2Hg(l)$	0.789
$Fe^{3+} + e^- \rightleftharpoons Fe^{2+}$	0.75

반 쪽 반 응	$E°$(V)
$H_2SeO_3 + 4H^+ + 4e^- \rightleftharpoons Se(s) + 3H_2O$	0.740
$PtCl_4^{2-} + 2e^- \rightleftharpoons Pt(s) + 4Cl^-$	0.73
$C_6H_4O_2$(quinone) $+ 2H^+ + 2e^- \rightleftharpoons C_6H_4(OH)_2$	0.699
$O_2(g) + 2H^+ + 2e^- \rightleftharpoons H_2O_2$	0.682
$PtCl_6^{2-} + 2e^- \rightleftharpoons PtCl_4^{2-} + 2Cl$	0.68
$Hg_2SO_4(s) + 2e^- \rightleftharpoons 2Hg(l) + SO_4^{2-}$	0.615
$Sb_2O_5(s) + 6H^+ + 4e^- \rightleftharpoons 2SbO^+ + 3H_2O$	0.581
$MnO_4^- + e^- \rightleftharpoons MnO_4^{2-}$	0.564
$H_3AsO_4 + 2H^+ + 2e^- \rightleftharpoons H_3AsO_3 + H_2O$	0.559
$I_3^- + 2e^- \rightleftharpoons 3I^-$	0.536
$I_2(s) + 2e^- \rightleftharpoons 2I^-$	0.5355
$I_2(aq) + 2e^- \rightleftharpoons 2I^-$	0.620
$Cu^+ + e^- \rightleftharpoons Cu(s)$	0.521
$H_2SO_3 + 4H^+ + 4e^- \rightleftharpoons S(s) + 3H_2O$	0.45
$Ag_2CrO_4(s) + 2e^- \rightleftharpoons 2Ag(s) + CrO_4^{2-}$	0.446
$VO^{2+} + 2H^+ + e^- \rightleftharpoons V^{3+} + 3H_2O$	0.361
$Fe(CN)_6^{3-} + e^- \rightleftharpoons Fe(CN)_6^{4-}$	0.36
$Cu^{2+} + 2e^- \rightleftharpoons Cu(s)$	0.337
$UO_2^{2+} + 4H^+ + 2e^- \rightleftharpoons U^{4+} + 2H_2O$	0.334
$BiO^+ + 2H^+ + 3e^- \rightleftharpoons Bi(s) + H_2O$	0.32
$Hg_2Cl_2(s) + 2e^- \rightleftharpoons 2Hg(l) + 2Cl$	0.268
$AgCl(s) + e^- \rightleftharpoons Ag(s) + Cl^-$	0.222
$SO_4^{2-} + 4H^+ + 2e^- \rightleftharpoons H_2SO_3 + H_2O$	0.17
$BiCl_4 + 3e^- \rightleftharpoons Bi(s) + 4Cl^-$	0.16
$Sn^{4+} + 2e^- \rightleftharpoons Sn^{2+}$	0.15
$Cu^{2+} + e^- \rightleftharpoons Cu^+$	0.15
$S(s) + 2H^+ + 2e^- \rightleftharpoons H_2S(g)$	0.141
$TiO^{2+} + 2H^+ + e^- \rightleftharpoons Ti^{3+} + H_2O$	0.1
$AgBr(s) + e^- \rightleftharpoons Ag(s) + Br^-$	0.095
$S_4O_6^{2-} + 2e^- \rightleftharpoons 2S_2O_3^{2-}$	0.08
$Ag(S_2O_3)_2^{3-} + e^- \rightleftharpoons Ag(s) + 2S_2O_3^{2-}$	0.01
$2H^+ + 2e^- \rightleftharpoons H_2(g)$	0.000
$Pb^{2+} + 2e^- \rightleftharpoons Pb(s)$	−0.126
$Sn^{2+} + 2e^- \rightleftharpoons Sn(s)$	−0.136
$AgI(s) + e^- \rightleftharpoons Ag(s) + I^-$	−0.151
$CuI(s) + e^- \rightleftharpoons Cu(s) + I^-$	−0.195
$N_2(g) + 5H^+ + 4e^- \rightleftharpoons N_2H^{5+}$	−0.23

반 쪽 반 응	E°(V)
$Ni^{2+} + 2e^- \rightleftharpoons Ni(s)$	−0.250
$V^{3+} + e^- \rightleftharpoons V^{2+}$	−0.255
$CO^{2+} + 2e^- \rightleftharpoons Co(s)$	−0.277
$Ag(CN)_2^- + e^- \rightleftharpoons Ag(s) + 2CN^-$	−0.31
$Tl^+ + e^- \rightleftharpoons Tl(s)$	−0.336
$PbSO_4(s) + 2e^- \rightleftharpoons Pb(s) + SO_4^-$	−0.356
$Ti^{3+} + e^- \rightleftharpoons Ti^{2+}$	−0.37
$Cd^{2+} + 2e^- \rightleftharpoons Cd(s)$	−0.403
$Cr^{3+} + e^- \rightleftharpoons Cr^{2+}$	−0.41
$Fe^{2+} + 2e^- \rightleftharpoons Fe(s)$	−0.440
$2CO_2(g) + 2H^+ + 2e^- \rightleftharpoons H_2C_2O_4$	−0.49
$Cr^{3+} + 3e^- \rightleftharpoons Cr(s)$	−0.74
$Zn^{2+} + 2e^- \rightleftharpoons Zn(s)$	−0.763
$Mn^{2+} + 2e^- \rightleftharpoons Mn(s)$	−1.18
$Al^{3+} + 3e^- \rightleftharpoons Al(s)$	−1.66
$Mg^{2+} + 2e^- \rightleftharpoons Mg(s)$	−2.37
$Na^+ + e^- \rightleftharpoons Na(s)$	−2.714
$Ca^{2+} + 2e^- \rightleftharpoons Ca(s)$	−2.87
$Ba^{2+} + 2e^- \rightleftharpoons Ba(s)$	−2.90
$K^+ + e^- \rightleftharpoons K(s)$	−2.925
$Li^+ + e^- \rightleftharpoons Li(s)$	−3.045

찾아보기

최신 **분석화학** 정가 25,000원

발 행 2024년 9월 10일 2판 2쇄
저 자 대학화학교재연구회
발행인 정우용
발행처 도서출판 **동 화 기 술**
경기도 파주시 광인사길 201(문발동, 파주출판도시)
Tel (031)955-4211~6 donghwapub@nate.com
Fax (031)955-4217 www.donghwapub.co.kr
(등록) 1977년 12월 19일/9-16호

ISBN 978-89-425-9326-2